GESCHICHTE DER RÜBE (BETA) ALS KULTURPFLANZE

VON DEN ÄLTESTEN ZEITEN AN BIS ZUM ERSCHEINEN VON ACHARD'S HAUPTWERK ‹1809›

FESTSCHRIFT ZUM 75 JÄHRIGEN BESTANDE DES VEREINS DER DEUTSCHEN ZUCKERINDUSTRIE

VON

PROF. DR. EDMUND O. VON LIPPMANN
DR.-ING. E. H. DER TECHNISCHEN HOCHSCHULE ZU DRESDEN
DIREKTOR DER „ZUCKERRAFFINERIE HALLE" IN HALLE A. S.

MIT EINER ABBILDUNG

VERLAG VON JULIUS SPRINGER IN BERLIN
1925

ISBN-13: 978-3-642-90050-1 e-ISBN-13: 978-3-642-91907-7
DOI: 10.1007/978-3-642-91907-7

Softcover reprint of the hardcover 1st edition 1925

Vorrede.

Die 1875 zum 25jährigen Bestehen des „Vereins der deutschen Zuckerindustrie" erschienene erste Festschrift, die C. SCHEIBLERS, behandelte die Anfänge der Rübenzuckerfabrikation; die zweite, 1900 von mir verfaßte, war der Entwicklung der Industrie von 1850 bis 1900 gewidmet; Inhalt der vorliegenden dritten, deren Herausgabe das Direktorium mir abermals anvertraute, ist die Geschichte der Rübe (Beta) als Kulturpflanze.

An einer systematischen Bearbeitung dieses wichtigen Gegenstandes fehlt es zur Stunde noch völlig, denn die wenigen Seiten, die ich ihm 1890 in meiner „Geschichte des Zuckers" einräumen konnte, erhoben weder den Anspruch, Erschöpfendes zu bieten, noch waren sie frei von Irrtümern, was bei einem ersten Versuche solcher Art verzeihlich erscheinen wird. Seit 1890 benutzte ich jeden geeigneten Augenblick, um für eine stets geplante und auch heute noch erhoffte Neuausgabe genannten Buches weitere Unterlagen zu sammeln; diese nahmen jedoch gerade bezüglich der Geschichte der Rübe allmählich einen Umfang an, der den Rahmen meines Werkes zu sprengen drohte, und so erstand der Gedanke, jenes Gebiet für sich in einer eigenen Schrift darzustellen, die nun hier vorliegt. Sie beginnt mit den ältesten Nachrichten über die Beta, die, wie sich zeigen wird, außerordentlich viel weiter zurückreichen, als man sehr allgemein anzunehmen pflegt, und endigt mit den Errungenschaften ACHARDS, wie er sie 1809 in seinem Hauptwerke niederlegte. Die Entwicklung jenseits dieser Zeitgrenze gehört nicht mehr der Kulturgeschichte an, sondern ist lediglich die eines Teilgebietes der Landwirtschaft und der landwirtschaftlichen Industrie, weshalb sie auch nach durchweg anderen Grundsätzen zu schildern wäre. Ihre Geschichte ist überdies, wenigstens den Hauptrichtlinien nach, für die letzten hundert Jahre zureichend bekannt, während man aussprechen darf, — und zwar ohne dem hohen Werte einzelner Beiträge nahezutreten, die Herr Dr. EMANUEL VON PROSKOWETZ im Laufe seiner denkwürdigen Arbeiten über Züchtung und Umzüchtung der Rübe veröffentlichte —, daß sie, als Ganzes, für die gesamte Vorzeit bisher teils in Dämmerschein lag, teils in Dunkel.

Daß ich dieses nur aufhellen konnte, nicht vollständig lichten, — darüber bin ich mir durchaus klar; gibt es doch sicherlich in der Literatur, namentlich in der ausländischen, noch ungezählte Werke, die mir unbekannt oder doch unerreichbar blieben und gar manches Beachtenswerte und Wichtige enthalten mögen. Aber auch das zugängliche Material bedurfte nicht selten erst näherer Aufklärung, oder gab zu allerlei Zweifeln Anlaß, zumal ich von den fremdsprachlichen Schriften mehr als eine nicht im Original zu studieren und zu vergleichen vermochte, von den orientalischen vollends gar keine. In allen diesen Fällen standen mir indessen bewährte Berater und Helfer zur Seite, als welche ich anzuführen habe: die Herren Geheimräte, Professoren und Doktoren HOLLRUNG (Halle), LOOFS (Halle), LÖW (Szegedin), ROBERT († Halle), RUSKA (Heidelberg), SPECHT (Halle), SUDHOFF (Leipzig), TSCHIRCH (Bern), VORETZSCH (Halle), WELLMANN (Potsdam), ZIMMERN (Leipzig); den Großgrund- und Fabrikbesitzer Herrn A. BOUCHON (†, Nassandres, Dpt. Eure); den Herausgeber der „Sucrerie indigène et coloniale" Herrn E. LÉGIER (†, Paris); die „SOCIEDAD GENERAL AZUCARERA DE ESPAÑA" (Madrid). Ihnen allen möchte ich auch an dieser Stelle aufrichtigen Dank aussprechen; ganz besonders gebührt solcher aber Herrn Prof. Dr. M. HOLLRUNG, der eine vollständige Korrektur mitlas und bei diesem Anlasse noch eine Reihe wertvoller Bemerkungen beisteuerte, sowie Herrn Prof. Dr. A. TSCHIRCH, der die Güte hatte, eine eigenhändige Durchzeichnung der frühesten bisher bekannten Abbildung der Beta aus dem DIOSKURIDES-Kodex der Wiener Hof- (Staats-) Bibliothek zu übermitteln.

Auf die Wiedergabe anderer alter, oft höchst interessanter bildlicher Darstellungen war leider, der hohen Kosten halber, Verzicht zu leisten; es mußte genügen, auf sie zu verweisen, was gelegentlich der Quellenangaben geschah. Diesen, sowie den Registern, deren Anfertigung ich meinem jüngsten Sohne, Cand. chem. ERNST VON LIPPMANN, verdanke, wurde die möglichste Sorgfalt gewidmet, und sie werden hoffentlich ihrem Zwecke entsprechen. Sollten die Leser des Werkes irgendwelchen Irrtümern oder Lücken begegnen, so bitte ich um Mitteilung, damit ich an passendem Orte jene berichtigen, diese ausfüllen könne.

LUTHER sagt über seine Abhandlung „Von der Etymologie der deutschen Eigennamen": „Exemplum vobis dedi ut plura faciatis!" — frei verdeutscht: „Die Grundschicht liegt, nun baut weiter!" In gleichem Sinne sei an festlichem Tage, als bescheidene Gabe, auch diese Schrift den Angehörigen der Industrie dargebracht, aus der ich hervorgegangen bin.

Halle a. S., 1. März 1925.

Der Verfasser.

Inhaltsverzeichnis.

Verzeichnis einiger öfter gebrauchter Abkürzungen.

A. Med. = Archiv für Geschichte der Medizin (Leipzig 1908ff.).
A. Nat. = Archiv für die Geschichte der Naturwissenschaften und der Technik (Leipzig 1909ff.).
M. G. M. = Mitteilungen zur Geschichte der Medizin und der Naturwissenschaften (Hamburg u. Leipzig 1902ff.).
Ö. = Österr.-Ungar. Zeitschrift für Zuckerindustrie und Landwirtschaft.
PW. = Pauly-Wissowa: Realenzyklopädie der klassischen Altertumswissenschaft (Stuttgart 1894ff.).

Zusätze in eckigen Klammern [ ] rühren vom Verfasser her.

Vor Benutzung des Buches wolle man anmerken, daß Nachträge vorhanden sind zu S. 10, 24, 33 auf S. 164; zu S. 33, 34, 35ff., 48 und 49, 84 auf S. 165; zu S. 86ff., 90, 141 auf S. 166; zu S. 142, 147, 149 auf S. 167.

Ihr Inhalt ist in den Registern noch mit berücksichtigt.

Druckfehler.

S. 4, Anm. 1, lies: Céleri statt Célari.
S. 9, Zeile 7 v. unten, lies: frißt statt frist.
S. 10, Anm. 1, lies: 1817 statt 1877.
S. 12, Anm. 3, lies: 1822 statt 1882.
S. 13, Zeile 8 v. unten, lies: britannisch statt brittanisch.
S. 20, Zeile 10 v. unten, lies: abgeblattet statt abgeplattet.
S. 47, Zeile 8 v. unten, lies: raphanós usw. statt ráphanos.
S. 54, Zeile 18 v. oben, lies: außert statt außert.
S. 54, Zeile 2 v. unten, lies: Apollonius statt Appolonius.
S. 68, Anm. 6, lies: Hoffmann statt Hofmann.
S. 123, Zeile 6 v. unten, lies: traité statt traitè.
S. 126, Anm. 5, lies: Gries statt Grieß.

Vorbemerkung.

1. Spuren der Rübe (Beta vulgaris) sind nach den übereinstimmenden Befunden von ENGLER[1]), SCHIMPER und SCHENK[2]), sowie POTONIÉ-GOTHAN[3]) in älteren geologischen Schichten nicht aufgefunden, und konnten nach BUSCHAN[4]) auch an den bisher durchforschten Stätten vorgeschichtlicher Kulturen nicht nachgewiesen werden. Die Rübe ist daher nicht nur überhaupt als eine sog. „rezente (jüngere) Bildung" anzusehen, sondern es gilt auch von ihr unter allen Umständen der Satz, den PROSKOWETZ im Laufe seiner grundlegenden, über ein Vierteljahrhundert umfassenden Untersuchungen aussprach: „Gegenüber dem durch vieltausendjährige Zucht gefestigten Uradel unserer Getreidearten ist die Rübe ein ganz modernes Kulturgewächs[5])." Zu weit in dieser Richtung ging indessen die Annahme DECANDOLLEs, die Kulturform der Beta sei erst im 4., allenfalls im 6. Jahrhundert vor Beginn unserer Zeitrechnung aus der wilden Rübe hervorgegangen[6]); die Beziehungen der wilden und zahmen (kultivierten, domestizierten) Rüben sollen an dieser Stelle noch nicht erörtert werden, hervorgehoben sei jedoch, daß der Betrag einer Schätzung, die im Mittel auf das 5. Jahrhundert v. Chr. hinausläuft, entschieden viel zu niedrig gegriffen und mindestens etwa zu verdoppeln ist (s. unten).

2. Der Erforschung der Geschichte der Rübe und ihrer Wandlungen im Verlauf eines hiernach auf fast drei Jahrtausende zu veranschlagenden Zeitraumes stehen eine Anzahl großer Schwierigkeiten entgegen, als deren bedeutsamste man folgende anzusehen hat:

a) Die älteren Überlieferungen in Schrift oder Bild sind spärlich, oft unbestimmt, und daher nicht stets mit Sicherheit auszulegen.

---

1) Versuch einer Geschichte der Pflanzenwelt Bd. 1, S. 200. Berlin 1879ff.
2) Palaeo-Phytologie. München 1890. 3) Palaeo-Botanik. Berlin 1921.
4) Vorgeschichtliche Botanik der Kultur- und Nutzpflanzen. Breslau 1895.
5) Ö. Bd. 33, S. 512. 1904.
6) Origines des plantes cultivées, S. 46. Paris 1883.

b) Die Benennungen erweisen sich häufig als vieldeutig und schwankend. Sehr allgemein gilt nämlich von den Nationen, was BJÖRKMAN betreffs der alten Deutschen sagt: „Für die Pflanzen kennt das Volk in zahlreichen Fällen seit jeher nur Gruppennamen, mit denen es alle jene Gewächse bezeichnet, die gewisse äußerliche Ähnlichkeiten zeigen, auch wenn sie im übrigen durchaus verschieden sind[1]).“ Man erinnere sich z. B., daß Eicheln, Nüsse, Kastanien und Mandeln noch zu Beginn der römischen Kaiserzeit, Erbsen, Linsen und Bohnen aber selbst in weit jüngeren Epochen (u. a. bei Slawen und Albanesen) sprachlich nicht scharf unterschieden wurden[2]), daß „Korn“ für den Norddeutschen Roggen bedeutet, für den Süddeutschen bald Roggen, bald Hafer, Weizen oder Dinkel, für den Schweden Gerste[3]), für den Nordamerikaner aber Mais, usf.

c) Auf Ähnlichkeiten erwähnter Art hin werden Pflanzen nicht nur gleich benannt, sondern auch tatsächlich miteinander verwechselt. Noch heutzutage gibt es selbst unter den Gebildeten zahllose, die nicht ahnen, daß z. B. der Mangold oder die rote Salatrübe zu den Chenopodien (Gänsefüßlern) zählt, die weiße Eßrübe zu den Cruciferen (Kreuzblütlern), die sog. gelbe Rübe aber (d. i. die Möhre oder Carotte), sowie die Kerbelrübe[4]) zu den Umbelliferen (Doldenträgern), — die vielmehr diese Angehörigen dreier einander ganz fernstehender Klassen für nichts anderes halten als für verschiedene Sorten „Rüben“, und zwar allein deshalb, weil ihre Wurzeln eine annähernd gleichartige Gestalt zeigen. Es kann darum nicht wundernehmen, daß Irrtümer gleicher Art schon im Altertum auftreten, bei den mittelalterlichen Autoren mancherlei Verwirrung stiften, aber auch in der Neuzeit weiter fortwähren, oft sogar bei Fachleuten: erklärt doch z. B. OLIVIER DE SERRES, der erste französische Agronom seiner Zeit, noch in dem gegen 1600 verfaßten „Theâtre d'Agriculture“ die rote Rübe für eine Art Pastinake, welche Pflanze in Wahrheit eine der Möhre verwandte Umbellifere ist[5]).

3. Die häufigsten und immer wiederkehrenden Verwechslungen der Beta sind, wie auch FISCHER-BENZON bezeugt[6]), die mit gewissen Arten Melde und Kohl; es sei deshalb hierüber einiges allgemein Wichtige gleich gelegentlich dieser ersten Erwähnung mitgeteilt, wäh-

[1]) Die Pflanzennamen der althochdeutschen Glossen. Zeitschr. f. dtsch. Wortforsch. Bd. 2, S. 206; Bd. 3, S. 297. Straßburg 1901ff.

[2]) HEHN: Kulturpflanzen und Haustiere, S. 211, 393. Berlin 1911.

[3]) BJÖRKMAN: a. a. O. Bd. 2, S. 222 und Bd. 3, S. 374. — HEHN: a. a. O. S. 558.

[4]) WITTMACK: Unsere Gemüsepflanzen und ihre Geschichte. Gartenflora, S. 528. Berlin 1902. Kerbelrübe = Chaerophyllum bulbosum.

[5]) S. 483: espèce de pastenade. Rouen 1623.

[6]) Altdeutsche Gartenflora, S. 129. Kiel 1894.

rend auf besondere Einzelheiten bei späteren Anlässen einzugehen sein wird.

Die Melde gehört samt ihren verschiedenen Verwandten zu der nämlichen Klasse der Chenopodien wie die Beta, zeigt weiteste Verbreitung, die schon in sehr alte Zeiten zurückreicht, — ihre Samen finden sich oft massenhaft in den Pfahlbauten[1]) —, und kommt wild sowie in zahlreichen kultivierten Formen vor. Die Blätter der Gartenmelde (Atriplex hortensis), die meist schön grüne, gelbe oder rote Farbe zeigen[2]), werden noch heute an vielen Orten als Gemüse (nach Art des Spinates) ganz ebenso gegessen, wie das ehemals bei denen der Rübe der Fall war; außerdem galten Meldenarten aber auch seit jeher als wirksame Arzneimittel und finden sich als solche unter den Namen Melte, Meltert, Milte, Molten u. dgl. bis gegen Ende des Mittelalters und auch noch während der Neuzeit häufig angepriesen[3]).

Was die zu den Cruciferen zählenden, äußerst mannigfachen und vielgestaltigen Kohlarten betrifft, so entfalten die einen (Kohl- und Wasserrüben) vorwiegend die Wurzel, die anderen (Kohlrabi) den Stamm, noch andere (eigentliche Kohlsorten) die Blätter, weitere (Blumenkohl) die Knospen, noch weitere (Rübsen, Raps) die Samen; aber weder nach diesen äußeren, noch nach sonstigen Kennzeichen lassen sie sich völlig zureichend und eindeutig klassifizieren. Derzeit werden zumeist vier Hauptsorten angenommen[4]), von denen hier nur zwei in Betracht kommen, nämlich die weiße oder Eßrübe, Brassica rapa, und die Steckrübe, Brassica napus (die beiden anderen sind Brassica oleracea, der Kohl, und Brassica nigra, der schwarze Senf, wohl zu unterscheiden vom weißen, dessen Samen das eigentliche Senföl enthalten). Varietäten der Br. rapa sind die rapifera (zu ihr gehören weiße und Eßrübe, die kleinen Rüben nach Art der Teltower, Mairüben, Wasserrüben, auch die sog. Turnips) und die oleifera (Rübsen); Varietäten der Br. napus aber gleichfalls eine rapifera (Kohlrübe) und eine oleifera (Raps), nach manchen ferner eine napobrassica (Erdkohlrabi). Diese Arten und Varietäten waren jedoch keineswegs schon seit altersher sämtlich bekannt; aber auch soweit sie es waren, verstand man es nicht, sie scharf zu trennen, und daher blieben sie um so leichter den Verwechslungen ausgesetzt, sowohl untereinander, als mit den Formen der Beta. Die Schwierigkeit, mit der sich die Namen Runkel Rübe,

---

[1]) Hehn: a. a. O. S. 563. [2]) Fischer-Benzon: a. a. O. S. 129.

[3]) Z. B. um 1450 durch den Magister Schindler. (Sudhoff: A. Med. Bd. 14, S. 153.) Ebenso im hochberühmten „Hortus Sanitatis“ (= Garten der Gesundheit) des Frankfurter Stadtarztes Johann von Kube (= Kaub), S. 39, Mainz 1485.

[4]) Blomeyer-Settegast: Kultur der landwirtschaftlichen Nutzpflanzen Bd. 2, S. 203ff. Leipzig 1891. — Fischer-Benzon: a. a. O. S. 210. — Wittmack: a. a. O. S. 527.

PHANES auch, wo er in den „Acharnern“ den Tragiker EURIPIDES verspottet, dessen Mutter bekanntlich eine Gemüsehändlerin war, ihm „Mangold aus seinem Muttererbe“ abfordern läßt, denn in den fraglichen Versen ist nicht von Rüben die Rede, sondern von Kerbel (Anthriscus cerefolium); dagegen berichtet der Komödiendichter KRATINOS, ein vielleicht etwas älterer Zeitgenosse des ARISTOPHANES, in einem Fragmente seines Stückes „Die Tiere“ von einer Art Schlaraffenland, in dem sich u. a. „die Rüben von selbst kochen“[1]). Die Kommentatoren bemerken zu diesen Stellen, daß die Rübe (*σεῦτλον*, Seútlon; attisch *τεῦτλον*, Teútlon) in Athen eine alltägliche Marktware vorstellte, und daß man sowohl die Blätter als die Wurzeln zu verzehren pflegte; sie zählte zum gewöhnlichen Gemüse, dessen Sammelname *λάχανον* war (Láchanon, von *λαχαίνω*, lacháino = hacken, graben) und das auf dem Grünzeugmarkte (*τὰ λάχανα*, ta láchana = die Gemüse) verkauft wurde[2]). Diese Angaben gründen sich anscheinend nicht auf bestimmte Unterlagen aus früherer Zeit, sondern teils auf die soeben angeführten selbst, teils auf solche jüngerer Herkunft, die man auch als für die Vergangenheit oder Halbvergangenheit zutreffend ansah, und das wohl nicht mit Unrecht.

8. Woher der Name *σεῦτλον* (Seútlon) oder *τεῦτλον* (Teútlon) rührt, ist etymologisch noch ganz unsicher; nach freundlicher Auskunft von Herrn Prof. Dr. FR. SPECHT in Halle läßt er sich an keine griechische Wurzel anknüpfen und geht vielleicht auf ein Fremdwort zurück, wie das bei vielen griechischen Bezeichnungen von Pflanzen der Fall ist, zumeist allerdings solcher, die dem ägäischen Kulturkreise entstammen. Daß aber die Rübe unter jenem Namen im 5. Jahrhundert schon eine wohlbekannte und seit langem gezüchtete Kulturpflanze war, lassen obige Anspielungen ohne allen Zweifel ersehen.

9. In Übereinstimmung hiermit steht die ausgedehnte Rolle, die die Rübe (*τεῦτλον*) in den hippokratischen Schriften spielt. Der hochberühmte Arzt HIPPOKRATES (460—377?), der allerdings (einem weitverbreiteten Glauben entgegen) nicht am Anfange der griechischen Medizin steht, sondern ihre ältere Entwicklungszeit abschließt, übte in praktischer Hinsicht hervorragenden Einfluß durch sein Festhalten an der Erfahrung als Grundlage allen Wissens und in theoretischer durch die Aufstellung der vier „Säfte“ (Blut, Schleim, gelbe und schwarze Galle), deren Beschaffenheiten und Mengen er als ausschlaggebend für Gesundheit und Krankheit ansah. Wir wissen nur sehr weniges über den persönlichen Anteil, der ihm an den mannigfaltigen Abhandlungen

[1]) KUDRIAFFSKY: Die historische Küche, S. 44. Wien 1880.

[2]) WITTMACK: a. a. O. Vgl. das lateinische Olus = Gewächs, von oleo = wachsen, insbesondere Küchengewächs, Kohl.

zukommt, die als die „hippokratischen“ überliefert sind[1]); einige von diesen scheinen von ihm selbst herzurühren, andere von seinen Zeitgenossen und unmittelbaren Jüngern, noch andere von späteren Angehörigen seiner Schule, zudem sind nachträgliche Überarbeitungen nicht ausgeschlossen. Die Zeit ihrer Abfassung verteilt sich wahrscheinlich auf die Frist von 440 bis 340, läßt sich aber wohl für keine einzige ganz fest datieren, so daß man auch für die vorkommenden Erwähnungen der Rübe bestimmte Jahreszahlen nicht anzugeben vermag.

Die Rübe gilt zunächst an zahlreichen Stellen, für sich sowie mit etwas Gewürz oder Fett schmackhaft gemacht, als zuträgliche und leichtverdauliche Krankenkost[2]), und auch Saft oder Brühe von gekochten Rüben ist zu empfehlen[3]); die Rübe selbst und ihr Saft wirken abführend[4]), ihre Blätter aber verstopfend[5]); der Saft dient, frisch und gekocht, als Heilmittel[6]), als Spülmittel[7]), als Klistier[8]), als Laktagogum[9]) und als Schutzmittel gegen Haarausfall[10]); eine Abkochung des Samens benützt man als Einguß bei Frauenkrankheiten[11]); Rübenblätter, in Wein getaucht, legt man auf Wunden[12]), und aus Rüben, die man mit warmem Wasser behandelt oder abgekocht hat, bereitet man auch Umschläge, die sich als wohltuend und kühlend bewähren[13]). Daß die Hippokratiker Rübensaft (eingekochten?) an Stelle von Honig benützten, berichtet Haeser[14]). Die angeführten, sehr mannigfaltigen Vorschriften erhielten sich nicht nur bei allen ihren ärztlichen Nachfolgern, sondern erbten sich zum Teil bis auf die heutige Zeit fort, wie denn z. B. noch 1898 Dragendorff in seinem großen Sammel-

[1]) In der Übersetzung von Fuchs (München 1895) umfassen sie 3 starke Bände; im folgenden sind sie nach den dort angegebenen und allgemein gebräuchlichen lateinischen Titeln zitiert.

[2]) De affect., cap. 41; Bd. 2, S. 368. De morbis 2, cap. 12, 48, 55, 57, 69, 71; Bd. 2, S. 413, 441, 447, 455, 457, 458. De morbis interior., cap. 21, 30, 42; Bd. 2, S. 508, 520, 532. De morbis mul., cap. 63; Bd. 3, S. 446.

[3]) De morbis inter., cap. 31, 46, 48; Bd. 2, S. 522, 537, 539.

[4]) De diaeta 2, cap. 18; Bd. 1, S. 329, 330. De affect., cap. 45; Bd. 2, S. 374. De morbis 2, cap. 74; Bd. 2, S. 460. De morbis inter., cap. 12; Bd. 2, S. 497.

[5]) De diaeta 2, cap. 18; Bd. 1, S. 329.

[6]) Epid. 7, cap. 100; Bd. 2, S. 337. De morbis inter., cap. 40; Bd. 2, S. 530.

[7]) De morbis mul., cap. 109 und 2, cap. 44; Bd. 3, S. 498 und 550.

[8]) De morbis inter., cap. 51; Bd. 2, S. 543.

[9]) De morbis mul., cap. 44; Bd. 3, S. 434.

[10]) Ebd. 2, cap. 80; Bd. 3, S. 571.

[11]) De morbis mul. 2, cap. 63; Bd. 3, S. 562.

[12]) De liq. usu, cap. 5; Bd. 3, S. 67. De articulis, cap. 63; Bd. 3, S. 154.

[13]) De morbis 2, cap. 27; Bd. 2, S. 424. De diaeta 3, cap. 15; Bd. 1, S. 357. De affect., cap. 38; Bd. 2, S 366. De natura muliebri, cap. 29; Bd. 3, S. 343. De morbis mul., cap. 78; Bd. 3, S. 479.

[14]) Lehrbuch der Geschichte der Medizin Bd. 1, S. 765. Jena 1875.

werke „Die Heilpflanzen" eine Anzahl von ihnen, innerliche und äußerliche Zwecke betreffende, als weitverbreitet erwähnt[1])!

10. Ein unmittelbarer Nachfolger des Hippokrates, nächst ihm der bedeutendste Arzt des 4. Jahrhunderts und Stimmführer der athenischen Ärzteschule nach 350, ist Diokles von Karystos, der übrigens viele seiner wichtigsten Kenntnisse dem Philistion verdankte, der wieder unter dem Einflusse der sizilischen Mediziner[2]) stand. Athenaios, ein durch seine unzähligen Zitate aus der sonst völlig verlorenen alten Literatur für uns sehr wichtiger Schriftsteller um 225 n.Chr., berichtet in seinen „Deipnosophisten" (Tischrednern)[3]), Diokles zähle zu den wild vorkommenden Pflanzen, die man nur in gekochtem Zustande genießen solle (*ἄγρια ἑψήματα*), neben Malve, Ampfer, Melde (*ἀνδράφαξυς*) auch die Rübe (*τεῦτλον*)[4]). Diese Nachricht ist bemerkenswert, weil sie vorerst die älteste darstellt, die ausdrücklich der wilden Rübe gedenkt und ersehen läßt, daß man fortfuhr, sie (zu arzneilichen Zwecken?) zu genießen, auch als es schon längst zahme Rüben gab. Auf die Frage der wilden Rübe wird erst an einer späteren Stelle dieser Schrift einzugehen sein; an der vorliegenden genüge daher der Hinweis, daß nach Sibthorp[5]), Fraas[6]) und Koch[7]), — deren beide erstere allerdings nach Meyer, dem ausgezeichneten Geschichtsschreiber der Botanik, nur mit Vorsicht zu benützen sind[8]) —, die Rübe auch jetzt noch in Griechenland vielfach wild wächst und daß die wilde von der weißen, deren Blätter als Gemüse dienen, und von der roten (*κοκιννογούλια, κοκιννογούλα*) ausdrücklich als *ἄγρια* (ágria = wilde) unterschieden wird. Das im neugriechischen Namen Kokinno-Gúlia oder -Gúla (= rote Rübe) steckende Wort *γούλια* (Gúlia) oder *γούλα* (Gúla) geht auf das altgriechische *γογγύλη* (Gongýle, wörtlich = Knollen) oder *γογγυλίς* (Gongylís) zurück[9]), das meistens die Kohlrübe bezeichnet[10]). Diokles gedenkt der *γογγύλη* ebenfalls und sagt, sie sei sehr groß, gut verdaulich, von süßlichem Geschmack und gedeihe vortrefflich bei Magnesia[11]); daß er sie zu loben pflegte, bestätigt Plinius (um 75 n. Chr.) in seiner „Naturgeschichte"[12]). Die Deutung *γογγύλη* = Kohlrübe ist übrigens, wie so manche andere, nicht ohne weiteres zu verallgemeinern;

---

1) S. 196. Stuttgart 1898.

2) Wellmann: Fragmentensammlung der griechischen Ärzte Bd. 1, S. 2, 51; 15, 68. Berlin 1901.

3) Lib. 2, cap. 61. 4) Wellmann: a. a. O. S. 167, 176.

5) Florae graecae prodromus. London 1806ff.

6) Synopsis plantarum florae classicae. München 1845.

7) Bäume und Sträucher der alten Griechen. Berlin 1884.

8) Geschichte der Botanik Bd. 1, S. 188 (Königsberg 1854): „Sie geben oft das völlig Ungewisse für wahrscheinlich, das nur Wahrscheinliche für gewiß."

9) So gewöhnlich bei den Attikern. 10) Wellmann: a. a. O. S. 184.

11) Ebd. S. 169, 184. 12) Lib. 20, cap. 19; Wellmann: a. a. O. S. 192.

MEYER sagt über die Unbestimmtheit auf dem Gebiete der Pflanzennamen[1]): „Die Alten wußten nur selten sichere Merkmale der Pflanzen von zufälligen Abänderungen der Form, Farbe, Größe usf. zu unterscheiden", und SCHRADER weist darauf hin, wie sehr oft Namen schon bekannter Pflanzen, zahmer oder wilder, auf andere, „für die Anschauung des Volkes irgendwie ähnliche", übertragen werden, weshalb man sich keineswegs stets nach den Bezeichnungen richten könne und in vielen Fällen die Herkunft wilder Pflanzen von der ihrer Kultur sorgfältig zu trennen und geschichtlich ganz für sich zu untersuchen habe[2]). Wie leicht Verwechslungen entstehen können, dafür bietet auch DIOKLES ein lehrreiches Beispiel: ῥαφανίς (Raphanís) bedeutet bei ihm den Rettich, ῥαφανός (Raphanós) aber den Kohl[3]).

In den Schriften des PAULUS VON AEGINA (um 650 n. Chr.)[4]), eines der letzten spätgriechischen Ärzte, ist uns ein Brief mit Ratschlägen zur Wahrung der Gesundheit erhalten, den DIOKLES etwa um 310 an den König ANTIGONUS schrieb, einen der sog. Diadochen, die sich nach dem Tode ALEXANDERS DES GROSSEN (323 v. Chr.) um der Teilung des zerfallenden mazedonischen Weltreiches willen in erbittertster Weise bekämpften; auch in diesem Schreiben empfiehlt er u. a. die Rübe (τεῦτλον) als wohlbekanntes und zweifellos bewährtes Mittel zur Erweichung des Leibes. — Einige Jahrzehnte später, zur Zeit des Königs NIKOMEDES von Bithynien, rühmt sich (nach einer von ATHENAIOS[5]) überlieferten Anekdote) dessen Koch, er habe dem Herrscher bis zwölf Tagereisen ins Innere des Landes hinein die verlangten Sardellen geliefert, indem er sie aus Rübenschnitzeln nachbildete und mit einer passenden Soße täuschend zurechtmachte[6])!

11. Von DIOGENES, dem berühmten cynischen Philosophen, den selbst ALEXANDER DER GROSSE seines Besuches für wert hielt, erzählt DIOGENES LAERTIOS, der um 250 n. Chr. sein nach Form und Inhalt gleich klägliches, für uns aber trotz dessen unschätzbares Sammelwerk „Leben und Lehren hervorragender Philosophen" verfaßte, er habe das Sprichwort im Munde geführt: „Ein Hund frist keine Rüben" (τευτλία)[7]).

12. Ein weiterer Arzt des 4. Jahrhunderts, DIPHYLOS VON SIPHNOS, empfahl (gleichfalls nach ATHENAIOS)[8]) die weiße Rübe, besonders die mit Senf gewürzte, als sehr bekömmliche Speise, die rote dagegen, die überdies nahrhafter und wohlschmeckender sei, als wirksames und mildes Diuretikum (harntreibendes Mittel); er benutzte ferner den Saft

---

1) A. a. O. Bd. 1, S. 102. 2) Bei HEHN. Vorr. S. 16, 21. Berlin 1911.
3) WELLMANN: a. a. O. S. 181.
4) Lib. 1, cap. 100; üb. BERENDES, S. 85. Leiden 1914. 5) Lib. 1, cap. 13.
6) BURCKHARDT: Griechische Kulturgeschichte Bd. 4, S. 406. Berlin 1902.
7) Ed. COBET, S. 147. Lib. 6, cap. 45. Paris 1850. 8) Lib. 9, cap. 11.

ansehen, andere für den Rettich[1]). Er teilt die damals allgemein herrschende Meinung, daß diese Pflanzen, wie auch viele sonstige, leicht gegenseitig ineinander überzugehen vermöchten, — eine Ansicht, die z. B. betreffs der Getreidearten noch in der römischen Kaiserzeit weitverbreitet[2]), aber selbst um die Mitte des 19. Jahrhunderts keineswegs ganz ausgestorben war!

SPRENGEL, der Historiker der Botanik und der Medizin, führt in seiner unter dem Titel „Naturgeschichte der Gewächse“ erschienenen Übersetzung des THEOPHRASTOS[3]) noch folgendes an: Die Rübe besitzt nur eine einzige, lange und dicke, gerade, oft sehr tiefgehende, jener des Rettichs gleichende Hauptwurzel, und erst von dieser zweigen vorhandene Seitenwurzeln ab; ihre Rinde ist dünn, ihr Fleisch saftig und süß, so daß manche sie roh verzehren, während andere sie rösten; der Samen bleibt 2—3 Jahre brauchbar, zuweilen auch 4, verliert aber mit dem Alter an Güte; außer im Frühjahr kann er auch zu sonstiger passender Zeit gesät werden. — Ob diese Angaben, die nach PROSKOWETZ[4]) „auf eine hochgezüchtete Sorte hinweisen“, anderen Handschriften entstammen als jenen, die der im vorstehenden benützten Ausgabe WIMMERS zugrunde liegen, oder ob sich SPRENGEL auch hier etwas weitgehende Deutungen und Zusätze gestattete[5]), bleibe vorerst dahingestellt. FUCHS merkt zu einer Stelle des HIPPOKRATES in seiner weiter oben erwähnten Übersetzung[6]) nur an, THEOPHRASTOS kenne die gewöhnliche rote (schwarze) Rübe, *τεῦτλον μέλαν*, die weiße, *τεῦτλον λευκόν*, und die wilde, *τεῦτλον ἄγριον*. Doch scheint er letzterer nur im Gegensatz zur angebauten zu gedenken, sie aber nicht ausdrücklich als *ἄγρια* zu bezeichnen. FUCHS glaubt, diese drei Sorten als Beta vulgaris, cicla und maritima ansprechen zu sollen (s. hierüber weiter unten).

14. Daß NIKANDER (um 150 n. Chr.), bekannt durch die poetische Verherrlichung des „Theriak“ genannten Allheilmittels, in seiner landwirtschaftlichen Schrift „Georgika“ auch die Rübe anführe, ist eine irrtümliche Behauptung. In einem der erhalten gebliebenen Fragmente (Nr. 3) empfiehlt er nur, die *γογγυλίς* (Gongylís = weiße Eßrübe) und die *βουνιάς* (Buniás = Steckrübe, Kohlrübe?) bloß in gut vorbereitetes Land zu säen, und sagt, von ersterer gebe es mehr längliche und mehr rundliche Sorten, die man auch in Scheibchen geschnitten trockne und dann im Winter, mit Salzwasser, Essig und Senf angemacht, genieße[7]).

[1]) H., lib. 7 (4), 2. [2]) HEHN: a. a. O. S. 557. [3]) Altona 1882.
[4]) Ö. Bd. 25, S. 739. 1896.
[5]) Vgl. hierüber MEYER: a. a. O. Bd. 1, S. 149, 187.
[6]) Bd. 1, S. 329.
[7]) Poetae bucolici et didactici, S. 159. Paris 1851.

Der berühmte Arzt ASKLEPIADES (119—29 v. Chr.) spricht in seinen Schriften gelegentlich von der Rübe, sowohl von der weißen wie von der roten[1]); sein Zeitgenosse MNESITHEOS (116—27 v. Chr.) erklärt sie, gleich allen Wurzeln, für schwer verdaulich und unzuträglich, was jedoch von anderer Seite bestritten wurde[2]).

Zweiter Abschnitt.

Das ältere Italien.

15. Der erste römische Autor, der, soweit wir wissen, der Rübe gedenkt, ist CATO (234—149 v. Chr.), der Wahrer altväterischer Genügsamkeit und Strenge und der eigentliche Begründer der lateinischen Prosa. In seiner Anleitung zur Bewirtschaftung der Güter „De re rustica", die uns freilich nicht mehr in unveränderter Gestalt vorliegt, spricht er (nur nebenbei und als von etwas Wohlbekanntem) von der Rübe, beta, deren Saft abführend wirkt[3]). Jene Rübe (rapina), die man nach ihm auch noch im Herbste säen kann[4]) und deren Samen (semen rapicium) zu den Opfern gehört, die man der CERES vor der Ernte darbringt[5]), ist vermutlich die weiße Eßrübe (Brassica rapa). Wie PLUTARCH (40?—120 n. Chr.) in seiner Biographie des CATO erzählt[6]), ließ der überaus einfache und sparsame Mann auch als Siegespreise Rüben austeilen; welche Sorte dies war, bleibt indessen zweifelhaft.

16. Wie die Herkunft des Wortes τεῦτλον, so ist, nach freundlicher Auskunft von Herrn Prof. Dr. FR. SPECHT in Halle, auch die von beta unbekannt. Im Lateinischen findet beta nirgendwo eine Anknüpfung, und die aus dem Keltischen versuchten Herleitungen hält THURNEYSEN, einer der gründlichsten Kenner dieser Sprache, für unzutreffend. Wenn die Beta in einer offenbar aus späterer Zeit stammenden Glosse als „brittanisch" bezeichnet wird, so kann dies (auch sofern die Bretagne gemeint wäre) keinesfalls als beweisend gelten, um so mehr als nichts dafür spricht, daß die Römer diese Pflanze, deren Kultur für im Süden heimisch gilt, in einem nördlich gelegenen Lande kennengelernt haben sollten.

17. Von HANNIBAL erzählen STRABON (68? v. Chr. bis 20 n. Chr.)[7]) und LIVIUS (59 v. Chr. bis 17 n. Chr.), er habe die Belagerung der Stadt Casilinum in Unteritalien aufgehoben (215 v. Chr.?)[8]), weil die Einwohner

[1]) VILAS: Asklepiades von Bithynien, S. 53, 70. Wien 1903.
[2]) MEYER: a. a. O. Bd 1, S. 261.
[3]) Ed. NISARD, S. 47; cap. 158. Paris 1844. [4]) Ebd. S. 4; cap. 5.
[5]) Ebd. S. 36; cap. 134. [6]) Cap. 46. [7]) Lib. 5 (14), 10. [8]) Lib. 23, cap. 19.

listigerweise an der Hauptmauer Rüben bauten, so daß er sie sehr gut verproviantiert glaubte, wenn sie deren Reife abwarten könnten. Die Art dieser Rübe steht jedoch ebenso dahin, wie die im älteren Falle des MANIUS CURIUS (um 290 v. Chr.), den die Gesandten der Samniter, die ihn mit Gold zu bestechen kamen, Rüben röstend neben dem Herde sitzend fanden[1]). Ein solches Gebaren, als Zeichen altererbter Einfachheit, schrieb man übrigens schon den Begründern Roms zu: noch SENECA (gest. 65 n. Chr.), der philosophische Schriftsteller zur Zeit NEROS, führt das Sprichwort im Munde: „Mit ROMULUS Rüben verzehren"[2]), und der Satiriker MARTIAL (gest. um 102 n. Chr.) erwähnt in seinen Epigrammen[3]): „Rüben, die ROMULUS' Mahl pflegen im Himmel zu sein."

18. Bei PLAUTUS, dem Lustspieldichter, der um 204—184 v. Chr. seine Komödien schrieb, die eine unserer Hauptquellen für die Kenntnis altrömischen Lebens bilden, gilt die Rübe (beta) für ein allgemein gebräuchliches Essen der kleinen Leute; im „Pseudolus"[4]) wird diesen vorgehalten, sie bewirteten ihre Gäste gleich Kühen mit allerlei Grünzeug, wie mit Melde (blitum), Ampfer (rumex) und Mangold (beta).

Auch CICERO (106—43 v. Chr.) erwähnt die Beta, die leicht Durchfall erregt, als eine gemeine Speise[5]); wegen ihres an sich faden Geschmackes, den man meist durch Zutat von Senf, Essig oder Gewürzen zu heben versuchte, galt sie für kraftlos und schlaff, und CATULL (87—54 v. Chr.), der größte römische Lyriker und einer der hervorragendsten überhaupt, gebraucht in diesem Sinne „sicula beta" (sizilische Rübe) zu einer obszönen Anspielung[6]).

VARRO (116—27 v. Chr.), der zur Zeit CICEROS seine mannigfaltigen, zumeist nur bruchstückweise erhaltenen Werke verfaßte, leitete von beta ein Wort betaceus ab, analog wie von malva (Malve) malvaceus[7]); schon der ausgezeichnete französische Forscher SAUMAISE (SALMASIUS, 1588—1653), ein Mann von umfassendster antiquarischer Gelehrsamkeit, erkannte, daß es sich bei dieser auch von einigen späteren Autoren aufgenommenen Bildung wohl um betaceus oder malvaceus pes handle (pes = Fuß, in der Bedeutung von radix = Wurzel), also um die Rüben- oder Malvenwurzel[8]). In VARROS vollständig auf uns gekommenem Buche über die Landwirtschaft („De agricultura") ist von der Beta nicht die Rede, wohl aber von der weißen Eßrübe (rapum), die

---

[1]) PLINIUS: Lib. 19, cap. 87; vgl. PLUTARCH: Cato, cap. 2.

[2]) Spottschrift über den Tod des Kaisers CLAUDIUS, cap. 9.

[3]) Lib. 13, Nr. 16. [4]) Akt III, Szene 2.

[5]) Epistulae ad famil., lib. 7, Nr. 26. [6]) Ed. HEYSE, S. 196. Berlin 1855.

[7]) LINDEMANN: Corpus grammaticorum latinorum Bd. 4, S. 20, 89. Leipzig 1840.

[8]) Plinianae Exercitationes Bd. 1, S. 583. Utrecht 1689.

man mit Senf anmacht[1]) und die leicht in Kohl übergeht und umgekehrt[2]).

19. Wenn also von verschiedenen neueren Schriftstellern angeführt wird, gegen Ende der Republik sei die Rübe eine Hauptkost der unteren Klassen gewesen, die sie gekocht, verschiedentlich gewürzt und eingemacht, oder auch geröstet mit Vorliebe genossen[3]), so ist dies, nach allem obigen, sicherlich zutreffend; ungewiß bleibt aber auch hier, welche Sorte Rüben im Einzelfalle gemeint sei, denn aus verschiedenen der Hinweise ergibt sich unzweifelhaft, daß nicht Beta in Betracht kommen kann, sondern nur Rapum oder Napus[4]).

Dritter Abschnitt.

Römische Kaiserzeit. Ausgang des Altertums. Die Byzantiner.

20. Für die allgemeine Verbreitung der Rübe in Italien um und seit Beginn unserer Zeitrechnung sprechen die häufigen Erwähnungen, denen wir bei Schriftstellern und Dichtern, Ärzten und Naturforschern begegnen. Leitete doch, wie SUETONIUS (75—150?) in seinen „Kaiser-Biographien" erzählt, schon Kaiser AUGUSTUS von Beta ein Wort „betizare" ab (= langweilig, abgeschmackt sein), um die Geisteslosigkeit fader Menschen mit dem ebensolchen Geschmacke abgekochten Mangolds zu vergleichen[5]). — Die so wohlschmeckenden Rüben hingegen, die sein Nachfolger TIBERIUS von deutschen rheinischen Stämmen jährlich als Tribut eingefordert haben soll, waren wohl schwerlich, wie einige Autoren annahmen[6]), besonders süßer Mangold, sondern vielleicht sog. Zuckerwurzeln (Sium sisarum, zu den Doldenträgern gehörig)[7]) oder Mohrrüben[8]).

---

[1]) Lib. 1, cap. 59; ed. NISARD, S. 97. Paris 1844.

[2]) Lib. 1, cap. 40; ed. NISARD, S. 89.

[3]) VOLZ: Beiträge zur Kulturgeschichte S. 110. Leipzig 1852. — FRIEDLAENDER: Darstellungen aus der Sittengeschichte Roms Bd. 1, S. 298. Leipzig 1910. — SPECK: Handelsgeschichte des Altertums. Bd. 3 (2), S. 616, 621. Leipzig 1900ff. — ORTH in PAULY-WISSOWAS Real-Enzyklopädie des klassischen Altertums Bd. 11, S. 959. Stuttgart 1921.

[4]) VOLZ: a. a. O. S. 110. — SPECK: a. a. O. Bd. 3, S. 690.

[5]) De Octaviano, cap. 87; üb. STAHR: S. 185. Stuttgart 1864.

[6]) Z. B. BEER: Geschichte des Welthandels, Bd. 1, S. 226. Wien 1860/84.

[7]) VOLZ: a. a. O. S. 140.

[8]) WEINHOLD: Die deutschen Frauen in dem Mittelalter Bd. 2, S. 75. Wien 1882.

gekocht, ausgepreßt, zerrieben und mit Essig gewürzt wird, weshalb man sie auch, allein oder zusammen mit Linsen, zur Stillung der Ruhr verordnet[1]).

23. Gegen 75 n. Chr. verfaßte PLINIUS, Soldat von Beruf und Schriftsteller aus Neigung, seine „Naturgeschichte“ (Historia naturalis), eine mit höchstem Fleiße, aber ohne jede Kritik, an Hand zahlloser, seither zum überwiegenden Teile völlig verlorengegangener Quellen aufgebaute Kompilation von mannigfaltigstem Inhalte und außergewöhnlichem Umfange (37 Bücher). Sie übte auf die Folgezeit, namentlich auf das gesamte Mittelalter, unermeßlichen Einfluß aus, und wir müssen es als eine besondere Gunst des Zufalls ansehen, daß uns gerade dieses Werk vollständig erhalten blieb. Seine gesamten Angaben über die „Olera hortensia et sylvestria“ (Garten- und wilde Gewächse) schöpfte PLINIUS nach WELLMANN[2]) hauptsächlich aus den (nicht erhalten gebliebenen) Werken dreier Vorgänger; es sind dies SEXTIUS NIGER, ein vorwiegend rein sachlicher Schriftsteller des 1. Jahrhunderts v. Chr., DEMOKRATES AUS APHRODISIAS, ein Hauptträger neupythagoreischen Aberglaubens, und SOLON AUS SMYRNA, der zu Beginn der Kaiserzeit eine Abhandlung über Ernährung und Diät herausgab, die selbst wieder auf HERAKLEIDES AUS TARENT zurückgeht, einen Schüler alexandrinischer Gelehrsamkeit. Neben diesen kommt noch ANTONIUS CASTOR in Frage, ebenfalls ein Autor der beginnenden Kaiserzeit. Ihnen entnahm PLINIUS oft fast wahllos das Verschiedenste; seine Nachrichten über die Gartenmelde z. B. setzte er aus viererlei Quellen zusammen und übersah dabei völlig, daß, wo diese bald von Atriplex sprechen, bald von Chrysolachanon, in Wirklichkeit von der nämlichen Pflanze die Rede ist! Doch mag ihm dabei zur Entschuldigung gereichen, daß im Altertume noch keine einheitliche botanische Nomenklatur bestand, vielmehr verschiedene Gegenden den Pflanzen auch verschiedene Namen zuteilten[3]). — Auch was PLINIUS über Beta, Rapum und Napus beibringt, ist aus den angegebenen Ursachen sehr beachtenswert und erfordert eingehende Berücksichtigung.

Die Beta zählt zu den Gartenpflanzen[4]) und die griechischen Schriftsteller führen zwei Hauptarten an, die schwarze (nigra = die rote) und die weiße (alba, candida), die auch sicula (sizilische) heißt und besonders geschätzt wird, obgleich sie weniger Samen trägt. Je nach Beschaffenheit des Bodens gedeiht sie in verschiedener Weise und entwickelt sich bald mehr in die Länge, bald mehr in die Breite, letzteres besonders, wenn man sie mit einem kleinen Gewicht oder Steinchen beschwert, wobei sich dann die Blätter bis 2 Fuß weit ausdehnen[5]).

---

[1]) PUSCHMANN: Nachträge zu ALEXANDER VON TRALLES S. 27, 43, 45. Berlin 1886.
[2]) Zeitschrift „Hermes“ 1924, S. 129. [3]) Ebd. S. 153.
[4]) Lib. 19, cap. 132; zitiert nach der Ausgabe von SILLIG. Gotha 1851 ff.
[5]) Lib. 19, cap. 132 ff.; lib. 20, cap. 69, 231; lib. 22, cap. 144.

Sie wächst nach Art einer Staude, ohne erst einen eigentlichen Kopf zu bilden[1]), und ihre Wurzel ist fest und fleischig[2]).

Der Samen steckt in einer Hülle und wird samt dieser ausgesät[3]), vom beginnenden Frühjahr an bis in den Juni[4]); in der warmen Jahreszeit geht er binnen 6 Tagen auf, in der kalten binnen 10, und zwar älterer rascher als ganz frischer[5]). Nicht aller keimt sofort, vielmehr kommt er zum Teil oft erst im 2. oder 3. Jahre nach; 2—3jähriger ist noch brauchbar, älterer aber nicht[6]). Allgemein ratsam ist es, die Samen vor dem Aussäen in Sodalösung, Ölsatz, Wein, Harn usf. einzuquellen[7]). Sobald die junge Pflanze 5 Blätter zeigt, wird sie ausgestochen und versetzt, wobei man sie, mit Mist beschmiert, in gutes und feuchtes Erdreich bringt[8]); das Versetzen wirkt auf die Rüben günstig, kräftigt die schwächlichen und macht die übrigen größer und besser. Weiterhin hat man fleißig zu hacken, von Unkraut freizuhalten und zu begießen, wobei auch solches Wasser tauglich ist, das Salze enthält, da es das Wachstum und Gedeihen fördern soll[9]).

Die Beta ist sehr leicht verdaulich (levissima) und wird in vielerlei Formen verspeist, für sich oder mit Senf und anderen Zutaten bereitet, auch zusammen mit Linsen oder Bohnen, und endlich in Asche gebacken[10]). Man behauptet auch, sie vermöge unter Umständen den Geschmack beschädigten Weines wieder herzustellen[11]).

Viele Ärzte halten den Nährwert der Beta nur für gering, erklären sie für weniger bekömmlich als Kohl und versichern, daß die weiße abführe, die schwarze aber verstopfe[12]). Der Wurzel, ihrem Safte oder Absude, sowie den Blättern und dem Samen schreibt man zahlreiche innerliche und äußerliche medizinische Wirkungen zu[13]), und ebenso viele abergläubische: soll doch z. B. die Rübe, an einem Bande getragen, vor Schlangenbiß schützen und sich auch als Gegengift bewähren! — Für viel wirksamer als die zahme Rübe und namentlich für viel stärker abführend gilt die wilde, Beta sylvestris, der man den griechischen Namen Limonium beilegt[14]).

Bezeichnend für die Wertschätzung der verschiedenen Rübengewächse bei den Griechen ist es, daß im Tempel zu Delphi als Weihgeschenk eine Beta aus Silber hing, eine Steckrübe (nach anderen aber ein Rettich) aus Gold und eine weiße Eßrübe (rapum) aus Blei[15]).

[1]) Lib. 19, cap. 121. [2]) Lib. 19, cap. 98. [3]) Lib. 19, cap. 119.

[4]) Lib. 19, cap. 132ff. [5]) Lib. 19, cap. 117, 118. [6]) Ebd.

[7]) Teer, Ruß und den scharfen Saft des Mauerpfeffers empfiehlt hierzu auch Columella. Lib. 11 (3), 62.

[8]) Lib. 19, cap. 132ff. [9]) Lib. 19, cap. 182.

[10]) Lib. 19, cap. 132ff.; lib. 22, cap. 61; lib. 28, cap. 209; lib. 19, cap. 113.

[11]) Lib. 19, cap. 132ff. [12]) Ebd.

[13]) Lib. 20, cap. 69ff., 220, unter Berufung auf Hippokrates; lib. 24, cap. 58; lib. 28, cap. 214. Blätter: lib. 22, cap. 143; lib. 29, cap. 40. Samen: lib. 25. cap. 44.

[14]) Lib. 20, cap. 71. [15]) Lib. 19, cap. 86.

Die weiße Eßrübe, Rapum, ist an Nützlichkeit nur dem Getreide und den Bohnen zu vergleichen, da sie noch auf dürftigem Boden gedeiht, auch wo Nebel, Reif und Kälte herrschen, die sie sogar süßer machen, während allzu große Hitze sie in die Blätter treiben läßt; jenseits des Po gilt sie, neben Getreide und Wein, für die dritte ertragreiche Frucht, und ihre Wurzel, die fleischig ist und eine feste Rinde besitzt, wird bis 40 Pfund schwer[1]). Die Griechen unterscheiden die längliche „männliche", die aus dicht gesätem Samen entsteht, und die rundliche „weibliche", die süßer und haltbarer ist; beide gehen aber leicht ineinander über[2]). Ferner sprechen sie noch von einer wilden, deren Wurzel dem Rettich gleiche[3]). Der Samen besitzt eine Hülle und der feinste gilt für den wertvollsten[4]); man sät ihn in der ersten Hälfte des März, aber auch zu jeder anderen Jahreszeit[5]), am besten bei zunehmendem Monde[6]), und zwar nur in gut gedüngtes Land[7]). Wer im Frühjahr säen will, verteile den Mist schon im Winter, auch ist es besser, öfter etwas zu düngen als stark auf einmal, da übermäßig gedüngte Äcker die Pflanzen verbrennen[8]). Durchaus erforderlich ist es, einen bestimmten Fruchtwechsel einzuhalten, z. B. Rübe (auch Hirse oder Bohnen), Getreide und Wiesengras[9]). Beim Anbau sei der Sämann unbekleidet, spreche ein Gebet und sage darin „er säe für die Nachbarn"[10]); letzterem Aberglauben begegneten wir als einem schon alten bereits bei Columella, und was das Säen (und Ernten) in unbekleidetem Zustande betrifft [d. h. in aufgegürtetem Leibrock und ohne Mantel], so erwähnen diesen kultischen Brauch auch Vergil in den „Georgica[11])" ja bereits Hesiod (8. Jahrhundert v. Chr.) in den „Hauslehren"[12]). — Das Versetzen der Rübe macht sie kräftiger und besser; später wird sie behackt, mit Erde angedeckt und behäufelt[13]); abgeplattet und mit Erde bedeckt wächst sie aus[14]).

Blätter und Wurzeln sind, frisch und abgekocht, ein treffliches Futter für das Vieh, die jungen Blätter und Triebe auch eine wohlschmeckende Nahrung für die Menschen. Die Wurzeln liefern, für sich oder nebst Senf, Essig und anderen Zutaten, zahlreiche Speisen, auch werden sie eingemacht und dabei mit allerlei Farbstoffen gefärbt, u. a. purpurrot. Einige Zeit im Keller aufbewahrte sind bei vielen beliebter als frische; getrocknet oder in Essig eingelegt halten sie sich so lange bis es wieder neue gibt. Die besten sind die von Amiternum und Nursia;

[1]) Lib. 18, cap. 126ff., 170; lib. 19, cap. 98.
[2]) Lib. 18, cap. 126ff.; lib. 19, cap. 75. [3]) Lib. 19, cap. 119.
[4]) Lib. 19, cap. 119; lib. 18, cap. 126ff. [5]) Lib. 18, cap. 126ff., 314.
[6]) Ebd. [7]) Lib. 18, cap. 192. [8]) Ebd.
[9]) Lib. 18, cap. 191, 259. Columella empfiehlt als vierjährige Fruchtfolge Rübe, Gerste, Klee (oder Bohnen) und Weizen.
[10]) Lib. 18, cap. 126ff. [11]) Ges. 1, Vers 299. [12]) Vers 391.
[13]) Lib. 18, cap. 192; lib. 19, cap. 183, 22. [14]) Lib. 19, cap. 122.

1 Pfund kostet 1 Sesterz, in Notzeiten 2 [= einige Pfennige Silber wert][1]).

Die Ärzte sind über Nährwert und Verdaulichkeit dieser Rüben verschiedener Meinung, schreiben ihnen vielerlei medizinische Wirkungen zu und halten den Samen für ein allgemein wirksames Gegengift[2]). — Wie viele andere Pflanzen, so gehen auch Rapum, Napus, Brassica (Kohl) u. dgl. leicht ineinander über[3]).

Die Steckrübe, Napus, trägt einen Namen, der wohl mit dem griechischen *νάπυ* (Nápy) zusammenhängt, der Bezeichnung für die verwandte Senfpflanze, *σίνηπι* (Sínepi, lat. sinapis)[4]). Die Griechen unterscheiden zwei Arten, *βούνιον* (Búnion) und *βουνιάς* (Buniás), deren Samen als Gegengift gelten[5]), ferner ein Pseudo-Bunion, das besonders in Kreta gedeihen soll[6]), sowie eine wilde Form[7]). Ihre Ärzte hingegen sprechen sogar von fünf Sorten, verschieden nach Gestalt (länglich, rundlich), Eigenschaften, Empfindlichkeit gegen Kälte u. dgl.; unter ihnen zeichnet sich die böotische durch schöne Gestalt und Süßigkeit aus, im ganzen aber sind sie desto süßer, je zarteres Blattwerk sie haben. Die größte der griechischen Arten ist die von Korinth, die allein auch aus der Erde herauswächst; unter den italischen sind die besten die von Amiternum und Nursia[8]).

Das Aussäen geschieht zweckmäßig nicht vor Mitte des März[9]) und nur in gut gedüngtes Land[10]). Die Steckrübe geht sehr rasch auf, im Garten schon am dritten Tag[11]), gedeiht auch in kühlerem Klima[12]) und lohnt sorgfältiges Behacken und Anhäufeln[13]). Vor Erdflöhen, Raupen u. dgl. Schädlingen schützt man sie für den Anfang durch Dazwischensäen von Bockshornklee und weiterhin durch Besprengen mit Absud von Wermut, Hauslauch od. dgl. scharfen Kräutern[14]).

---

[1]) Lib. 18, cap. 126ff. [2]) Lib. 20, cap. 18ff. [3]) Lib. 19, cap. 176.

[4]) Lib. 19, cap. 171; nach Stucken soll der Name auf das babylonische sanabu zurückgehen.

[5]) Lib. 20, cap. 21. [6]) Lib. 24, cap. 153. [7]) Lib. 19, cap. 75ff.

[8]) Lib. 19, cap. 75ff. [9]) Lib. 18, cap. 50, 131, 314. [10]) Lib. 18, cap. 192.

[11]) Lib. 19 cap. 117. [12]) Lib. 18, cap. 131. [13]) Lib. 18, cap. 192; lib. 19, cap. 62.

[14]) Lib. 19, cap. 177, 179. — Bockshornklee ist Trigonella foenum graecum, sog. griechisches Heu, „Foenumgraek", das viel Cumarin enthält und daher einen starken aromatischen Geruch verbreitet. Nach dem „Buch der Landwirtschaft" des spanischen Arabers Ibn al Awâm aus dem 12. Jahrhundert (üb. Clement-Mullet, Bd. 2, S. 94. Paris 1864) schrieben deshalb die Nabatäer und nach ihnen die Syrer dieser Pflanze ungewöhnliche Kräfte zu, u. a. die Fähigkeit „alles gesund zu bewahren". Syrer waren aber für Griechen und Römer die eigentlichen Lehrer der Gartenkunst, die bei ihnen in höchster Blüte stand (vgl. Plinius, lib. 20 cap. 23); daher das Sprichwort „Multa Syrorum olera": „Die Syrer haben vielerlei Gemüse" (s. Hehn, S. 437. Berlin 1911). — Des Schutzes auszusäender Samen durch Besprengen mit dem Safte von Trigonella, über deren Anbau im großen u. a. Josephus um 80 n. Chr. in der „Geschichte des jüdischen Krieges" be-

Auch aus der Steckrübe werden zahlreiche Speisen zurechtgemacht und sie gibt sogar, für sich oder unter Zusatz von Senf, eine Art Wein [einen medizinischen?][1]).

24. Gleichzeitig mit PLINIUS und zum großen Teile aus den nämlichen Quellen schöpfend, jedoch völlig unabhängig von ihm, verfaßte der römische Militärarzt DIOSKURIDES in griechischer Sprache sein Werk über die Heilmittel, bekannt als „Materia medica", das länger als 1500 Jahre den Rang eines an Reichhaltigkeit und Vollständigkeit unübertrefflichen Kompendiums der Botanik und Pharmakologie behauptete und nicht geringeren Einfluß ausübte als jenes des PLINIUS. Da die Schriften der Vorgänger, auch die der unmittelbareren, z. B. des so bedeutsamen KRATEUAS (1. Jahrhundert v. Chr.), ganz oder bis auf Bruchstücke verlorengingen, so sind auch die fünf Bücher der „Materia medica" für uns von unvergleichlicher Wichtigkeit.

Von der Rübe (*τεύτλον*, Teútlon) kennt DIOSKURIDES zwei Hauptarten, die weiße (*λευκόν*) und die schwarze (*μέλαν*, d. i. die rote); die weiße ist bekömmlicher, die rote verstopft (besonders zusammen mit Linsen genossen), aber der Saft beider ist *νιτρώδης* (nitródes = alkaliähnlich) und daher minderwertig. Medizinisch dienen Abkochungen der Wurzeln und Blätter gegen Ungeziefer und Hautkrankheiten, Ausschläge und Entzündungen, auch reinigt der Saft, in die Nase eingegossen, Kopf und Rachenhöhle, stillt Gesichts- und Ohrenschmerzen usf.[2]). Zahlreiche derartige Anwendungen der Wurzeln und Blätter, des rohen und gekochten Saftes, für sich oder zusammen mit anderen Pflanzensäften, Wein, Alaunlösung usf. befürwortet auch ein anderes Werk des DIOSKURIDES, „Über die Heilstoffe", dessen früher oft bestrittene Echtheit nach WELLMANN nicht anzuzweifeln ist[3]); in ihm heißt die Rübe nur *σεῦτλον* (Seútlon).

Den Blättern des Teútlon ähnlich, aber zarter, größer und zahlreicher, sind die des *λειμώνιον* (Leimónion, d. i. der Beta sylvestris des PLINIUS), das auf feuchten Wiesen und in Sümpfen wächst[4]); [es ist offenbar keine Art der Rübe und dieser nicht verwandter als etwa der Wegerich, der an einer Stelle für sie Ersatz bieten soll[5]): Wegerich nebst Linsen, statt Rübe nebst Linsen].

Die weiße Eßrübe, *γογγύλη* (Gongýle; rapum), erweist sich gekocht als nahrhaft, aber als blähend, erregend und wenig bekömmlich; mit Salz eingemacht ist sie lange haltbar und regt den Appetit an;

richtet (lib. 3, cap. 7, 29), gedenken bereits die noch weiter unten zu erwähnenden „Geoponischen Schriften" der ausgehenden Antike (Löw: Aramaeische Pflanzennamen, S. 317. Leipzig 1881).

[1]) Lib. 14, cap. 106; lib. 23, cap. 52. [2]) Lib. 2, cap. 149, 129.

[3]) Lib. 1, cap. 30, 72, 118, 178. [4]) Lib. 4, cap. 16.

[5]) Lib. 2, cap. 152.

die abgekochten jungen Triebe wirken harntreibend. In der Medizin wird sie innerlich und äußerlich häufig angewandt und ihr Same heilt als Gegengift die Bisse giftiger Tiere[1]). In wilder Form ist sie ebenfalls bekannt[2]).

Die Steckrübe, βουνιάς, Bunias [von βουνός, Bunós = die Höhe, wo ursprünglich wachsend?], besitzt, abgekocht oder in Salz eingemacht, nur geringen Nährwert, wirkt aufblähend und trägt reichlich Samen, der ebenfalls ein Gegengift darstellt[3]); sie ist verschieden sowohl von βούνιον (Búnion) als auch vom kretischen Pseudo-Bunion[4]).

25. Die vorstehende ausführliche Wiedergabe der von Plinius und Dioskurides gemachten Angaben rechtfertigt sich nicht nur mit Rücksicht auf deren wichtigen Inhalt, sondern auch weil sie bei unzähligen Nachfolgern ebensowohl eine Hauptquelle richtiger Erkenntnisse wie andauernder, viel Verwirrung stiftender Verwechslungen sind. Aber nicht erst bei diesen geraten a. u. die Berichte über Beta, Rapum und Napus durcheinander, vielmehr sind auch schon die klassischen Autoren selbst keineswegs von Unsicherheiten freizusprechen; dies trifft namentlich auf Plinius zu, der (wie schon angedeutet) seine verschiedenen Vorlagen kritiklos ausschreibt, wobei ihm allerlei Mißverständnisse unterlaufen, irrtümliche Wiederholungen an unrichtigen Stellen Platz greifen usf. Schon der oben genannte große französische Gelehrte und Kritiker Salmasius (Saumaise) wies z. B. darauf hin, daß Plinius den Rettich des Theophrastos fälschlich mit Napus übersetzt, während Napus in der Tat Buniás ist, woraus Plinius an anderer Stelle wieder eine Abart des Napus macht; der Name des Napus hängt aber auch nicht mit dem des Rettichs zusammen, sondern mit jenem des Senfs (σίνηπι, Sínepi), ganz so wie der des Rapum mit dem griechischen (dorischen) ῥάφα, ῥάφυς, ῥάπυς (Rápha, Ráphys, Rápys)[5]); Rapum ist die Gongylís des Dioskurides[6]) und es ist ein Fehlgriff, wenn spätere Autoren diese für identisch mit der Buniás, oder Buniás und Búnion für das nämliche halten[7]).

26. Unter den Dichtern und Schriftstellern der beginnenden Kaiserzeit spricht Persius (34—62) in den „Satiren“[8]) von der „plebejischen Rübe“ (plebeja beta); die „Satiren“ seines Zeitgenossen Petronius (gest. 66) erklären sie ebenfalls für eine gemeine Gartenpflanze[9]), und als solche ist sie nach Lenz auf den Stilleben der pompejanischen

[1]) Lib. 2, cap. 134.

[2]) Lib. 2, cap. 135; dies soll die Crucifere Bunias erucago sein, der sog. Bergkohl?

[3]) Lib. 2, cap. 136. [4]) Lib. 4, cap. 122, 123.

[5]) Plinianae Exercitationes Bd. 3, S. 34. [6]) Ebd. Bd. 2, S. 682, 684.

[7]) Ebd. Bd. 3, S. 34. [8]) Nr. 3, Vers 114.

[9]) Ed. Bücheler, S. 146. Berlin 1871.

Malereien zu sehen[1]). MARTIAL (gest. um 102) gedenkt in seinen „Epigrammen" der Rüben, „die für den trägen Leib helfen"[2]), und bietet drei sehr charakteristische Distichen über Beta, Rapum und Napus:

Betae:

Daß die Speise des Schmieds, die fade Bete, dir schmecke,
Viel wird dazu der Koch Pfeffer erbitten und Wein[2]).

Rapa:

Nimm hier Rüben von mir, des Dezemberfrosts sich erfreuend,
Wie sie des ROMULUS Mahl pflegen im Himmel zu sein[3]).

Napi:

Diese erzeugt Amiternums Gebiet in gesegneten Gärten;
Seltener bietet sich dir Nursias „runde" zum Mahl[4]).

Auch derlei Anspielungen bestätigen, daß die Beta eine sehr gebräuchliche Speise der kleinen Leute und Handwerker war, und daß auch die Rapa und Napi, mindestens die feineren Abarten, noch in Gemüsegärten gehegt wurden; wie leicht hiernach und infolge des geschätzten süßlichen Geschmacks auch dieser Rüben Verwechslungen der verschiedenen Sorten entstehen konnten, bedarf keines nochmaligen Hinweises.

27. Mit welchem Rechte POLYAINOS (gegen 175) in seiner völlig wertlosen Zusammenstellung kriegerischer Betrachtungen weiße Eßrüben (*γογγυλίς*), in Salzwasser eingemacht, als eine am persischen Hofe übliche Speise bezeichnet[5]), steht dahin. — Sein Zeitgenosse ARTEMIDOROS (135—200?), der Verfasser des umfangreichen Handbuches der „Traumdeutungen" (des Urquells des noch heute in unzähligen Auflagen verbreiteten „Großen ägyptischen Traumbuches"), sagt über die Rüben: Sie bedeuten eitle Hoffnungen, weil sie den Magen füllen ohne entsprechend zu nähren; sie mahnen an Gläubiger, weil sie, so wie diese, in steter Bewegung erhalten, nämlich den Magen und Darm; endlich verkündigen sie, da man sie zu zerschneiden und zu zerhacken pflegt, Niedermetzelungen und Zerstückelungen durch eiserne Waffen[6]).

28. Aus der Zeit zwischen etwa 150 und 200 stammen die Werke des weltberühmten Arztes GALENOS, die bis in die Neuzeit hinein von

[1]) Botanik der Griechen und Römer, S. 226. Gotha 1859. — Geh.-Rat Prof. Dr. C. ROBERT (†) in Halle wußte mir eine Quelle für diese Angabe nicht zu bezeichnen; nach BERNHARD's „Pflanzenbildern auf griechischen und römischen Münzen" (Zürich 1924) ist auch auf diesen Beta nicht nachzuweisen.

[2]) Lib. 3, Nr. 47. [3]) Lib. 13, Nr. 16. [4]) Lib. 13, Nr. 20.

[5]) Lib. 4 (3), 32: Ein Verzeichnis der Lieferungen für die königlichen Mahlzeiten, das auch diese Rüben enthält, soll auf einer ehernen Säule eingegraben gewesen sein!

[6]) Üb. KRAUSS, S. 77, 78. Wien 1881.

weit- und tiefgehendstem Einflusse blieben und namentlich, kraft ihrer wissenschaftlichen Systematik, das gesamte Studium der Medizin fast unbeschränkt beherrschten. Auf ihre Vorzüge und Fehler kann an dieser Stelle nicht eingegangen werden, vielmehr sei nur erwähnt, daß sie zwar außerordentlich umfang- und inhaltsreich sind, in botanischer Hinsicht aber wenig Originalität verraten und die Ansichten der Vorgänger, auch widersprechende, oft ohne oder doch ohne genügende Kritik wiedergeben. Was GALENOS über die Rübe (τεῦτλον) sagt, läßt sich in folgende Sätze zusammenfassen[1]: Sie ist νιτρώδης (nitródes = alkaliähnlich)[2] und besitzt die entsprechenden Eigenschaften, die sie aber durch Abkochen völlig verliert; die weiße wirkt abführend, verteilend und reinigend, vor allem wenn man ihren Saft in die Nase eingießt, die schwarze (rote) aber verstopfend, insbesondere die Wurzel; für sich genossen ist sie nicht unverdaulich, aber nur von geringer Nährkraft und wenig bekömmlich, mit Essig, Senf und Öl angemacht beseitigt sie hingegen die Stauungen in Leber und Milz. — Wie man sieht, schöpft GALENOS hauptsächlich aus THEOPHRASTOS und DIOSKURIDES, und diesem ist auch entnommen, was er über die Gongylís vorbringt. Bemerkenswert ist seine Angabe, τεῦτλον wachse nicht wild[3], welche unrichtige Behauptung nach PROSKOWETZ[4] „einen indirekten Beweis für das Alter der Rübenkultur darstellt" und zeigt, daß deren Anfänge längst jeder Erinnerung entschwunden waren und das so häufige Vorkommen der wilden Rübe selbst von Fachleuten nicht mehr beachtet wurde.

SAMONICUS (gest. 211) erwähnt in „De medicina praecepta" die Beta mehrfach[5], ebenso sein Zeitgenosse GARGILIUS MARTIALIS, aus dessen „Medicinae ex oleribus et pomis" (Heilmittel aus Gemüsen und Obstarten) wir indessen nur einen dürftigen Auszug des 6. Jahrhunderts kennen, der u. a. im „Codex Hertensis" aus dem 9.—12. Jahrhunderte erhalten blieb[6]. Dem Ende des 3. Jahrhunderts zugehören dürfte auch das Buch über die Hausmittel („Euporiston") des PRISCIANUS; er spricht in ihm von der weißen und der roten Rübe (rubra)[7], von wässeriger Rübenabkochung[8], von Rübensaft nebst allerlei Zutaten als Desinfiziens[9], von abgekochten Blättern[10], abgeblatteten Stengeln[11], Rübensamen[12]) usf.

---

1) ISRAELSON: Die Materia medica des GALENOS, S. 134. Dorpat 1894.
2) Ed. KÜHN, Bd. 12, S. 138. Leipzig 1821ff.
3) Ed. KÜHN, Bd. 6, S. 660, in „De alimentorum facultate".
4) Ö. Bd. 25, S. 739. 5) MEYER: a. a. O. Bd. 2, S. 216.
6) SUDHOFF: A. Med. Bd. 10, S. 295.
7) Ed. ROSE, S. 6, 322. Leipzig 1894. 8) Ebd. S. 6, 26, 206, 384.
9) Ebd. S. 13—16, 48, 269. Rübensaft mit Honig als Einguß in die Nase: S. 315.
10) Ebd. S. 24, 99. 11) Ebd. S. 68. 12) Ebd. S. 322.

29. Gegen 222 verfaßte auch APICIUS sein ausführliches Kochbuch („De re coquinaria"), das aber nur in einem Auszuge des 4. oder 5. Jahrhunderts auf uns gekommen ist[1]). APICIUS erwähnt darin, daß der Saft der Beta angenehm süß schmeckt[2]), daß sich die Blätter auf Zusatz von etwas Nitron (Rohsoda) beim Kochen besonders schön grün färben[3]), sowie daß weiße und rote Rüben zu Beilagen, Füllseln, Gerichten und Konserven verschiedener Art dienen[4]).

30. Im Jahre 301 erließ Kaiser DIOKLETIAN seinen berühmten „Maximaltarif", der hauptsächlich bezweckte, den festbesoldeten militärischen und Zivilbeamten inmitten einer Zeit traurigster Finanzlage und unabsehbarer Geldentwertung durch Vorschreiben von Höchstpreisen die Möglichkeit weiteren Daseins zu fristen; dieser Versuch, einer der ersten und großartigsten seiner Art, mißlang übrigens ebenso wie alle späteren, obwohl der Kaiser, in der richtigen Erkenntnis, daß Höchstpreise ohne Höchstlöhne unmöglich seien, auch diese von vornherein festlegte. An verschiedenen Stellen des (lateinisch und griechisch erhaltenen) Textes wird auch der Betae (*σεῦτλα*) gedacht sowie der Rapae (*γόγγυλοι, μουνιαδικά = βουνιαδικά,* was sonst napi, Steckrüben, bedeutet); von ersteren sollen 5 Stück „maximae" (größte) oder 10 Stück „sequentes" (nächstgrößte) 4 Denare kosten [etwa 7 Pfennige Silberwert], von letzteren 10 Stück maximae oder 20 Stück sequentes die nämliche Summe[5]).

31. In die zweite Hälfte des 4. Jahrhunderts fällt die landwirtschaftliche Schrift („De re rustica") des PALLADIUS (350—410?), die fast nur Auszüge aus älteren Autoren bringt, u. a. auch aus dem oben erwähnten GARGILIUS MARTIALIS, und schon den entschiedenen Charakter der Verfallszeit trägt. Von der Beta heißt es, man solle sie nur in nicht nassen Boden säen[6]), am besten vom Frühjahr ab in gut gedüngtes Gartenland, nachher (sobald vier oder fünf Blätter vorhanden sind) rechtzeitig versetzen, sowie öfter behacken und begießen[7]). Auch Rapa und Napi verlangen gut bearbeiteten und gedüngten Boden und werden vereinzelt, falls man sie etwa zu dicht gesät hat[8]); „weiblich" nennt man unter ihnen jene, die von feinerer Gestalt sind, zarteres Blattwerk haben und weniger herb schmecken[9]). Die Pflanzen und Samen der Rapa und Napi verwandeln sich leicht ineinander[10]), aber auch alter

[1]) Ed. GIARRATANO und VOLLMER, Vorrede. Leipzig 1922.
[2]) Lib. 3, cap. 2. [3]) Lib. 3, cap. 1.
[4]) Lib. 1, cap. 12; lib. 3, cap. 2, 11; lib. 4, cap. 5; lib. 6, cap. 2; lib. 8, cap. 7.
[5]) Ed. BLÜMNER und MOMMSEN, S. 16, 85, 86. Berlin 1893.
[6]) Lib. 11, cap. 11; ed. NISARD, S. 622.
[7]) Lib. 3, cap. 24; lib. 7, cap. 4; ed. NISARD, S. 568, 605.
[8]) Lib. 8, cap. 2; ed. NISARD, S. 609.
[9]) Lib. 9, cap. 5; ed. NISARD, S. 612.
[10]) Lib. 3, cap. 24; lib. 8, cap. 2; ed. NISARD, S. 568, 609.

Kohlsamen geht leicht in Rübensamen über[1]) und entfaltet sich, wenn man ihn, ohne daß er mit Eisen in Berührung kommt, in den Kopf einer Lauchpflanze einsetzt, zu mächtiger Größe[2]). Äußere Umstände sind eben von weitgehendem Einfluß auf die Pflanzen, so z. B. ist der Meerrettich ursprünglich ein bloßer wilder, unbrauchbarer Rettich, wird er aber in kultivierten Boden verpflanzt, so nimmt er alsbald die bekannte treffliche Beschaffenheit an[3]).

32. Aus dem Ende des 4. Jahrhunderts dürfte die botanische Schrift des PSEUDO-APULEJUS herrühren, die, soweit wir sie noch besitzen, ausschließlich Entlehnungen aus PLINIUS, eigenes aber gar nicht bietet[4]). — Unter den Ärzten dieser Zeit empfiehlt PHILAGRIUS die Beta als kühlende Krankenspeise[5]). ORIBASIOS, Leibarzt des Kaisers JULIANUS APOSTATA (361—363), — dieser erwähnt in seinen eigenen Schriften, der Genuß von Rüben sei den Priestern der syrischen Göttin KYBELE verboten[6]) —, beschränkt sich in seiner ursprünglich 72 Bücher umfassenden, leider aber nicht mehr vollständig erhaltenen Enzyklopädie, dem Vorbilde aller späteren Sammelwerke gleicher Art, auf Zitate aus den Vorgängern: Teútlon z. B. gilt ihm also für gut verdaulich und abführend, Gongylís hält er für identisch mit Buniás, abweichend von DIOSKURIDES, aber übereinstimmend mit einer Stelle des GALENOS[7]) usf.

33. Im 5. Jahrhundert verfaßte CAELIUS AURELIANUS unter starker Anlehnung an ältere hervorragende griechische Ärzte, die wir zum Teil nur mehr durch ihn des näheren kennen, ein in vieler Hinsicht beachtenswertes medizinisches Werk; er benützt in ihm des öfteren die Beta und Beta nigra[8]), den Rübensaft[9]) und die Seutlo- oder Teutlopháke, d. i. das Mischgericht aus Rüben und Linsen[10]), in hergebrachter Weise. — ANTHIMUS, der um 530 seine „Diaetetik“ schrieb, empfiehlt neben Malve und Lauch (porrus) auch die Beta als ein Gemüse, das man zu jeder beliebigen Jahreszeit genießen könne[11]). — Das große Kompendium des AËTIOS (um 540) gibt nur die altbekannten Vor-

[1]) Lib. 3, cap. 24; ed. NISARD, S. 568. [2]) Ebd.; ed. NISARD, S. 569.

[3]) Lib. 11, cap. 11; ed. NISARD, S. 622.

[4]) Vgl. SILLIGS Ausgabe des PLINIUS Bd. 5, Gotha 1851, besonders auch die Vorrede S. 28, 29.

[5]) PUSCHMANN: Nachträge zu ALEXANDER VON TRALLES, S. 77. Berlin 1886.

[6]) Oratio Nr. 5; s. CHWOLSOHN: Die Ssabier und der Ssabismus Bd. 2, S. 110. Petersburg 1856. Anlaß zu diesem Verbote gab wohl die blähende, also verunreinigende Wirkung; vgl. jenes der Bohnen bei den ägyptischen Priestern und den Pythagoráern.

[7]) Ed. KÜHN, Bd. 6, S. 648.

[8]) Ed. AMMAN, S. 37, 276, 593; 357. Amsterdam 1709.

[9]) Ebd. S. 526. [10]) Ebd. S. 49, 175.

[11]) Ed. ROSE, S. 85. Berlin 1870. De observatione ciborum epistula. Leipzig 1877.

schriften wieder, es sei denn, daß es anrät, Rübensaft auch zum Putzen der Zähne zu benützen[1]). — ALEXANDER VON TRALLES (um 550) verwendet die Rübe (τεῦτλον) zu vielerlei Nähr- und Heilzwecken[2]) (u. a. wegen ihrer „Zartheit“ auch bei Leberleiden)[3]), den Saft, für sich oder nebst Honig, als Einguß in die Nase u. dgl.[4]), die Blätter zu einem Haarfärbemittel[5]) und den Samen gegen Samenfluß[6]). — Bei THEODORUS (um 600?) heißt es in der „Diaeta“, die weiße und schwarze Beta sei von kalter Natur, „netrosa“ (alkaliähnlich), diuretisch, gut für Nase und Magen, sowie geeignet zur Förderung der Verdauung[7]).

34. Am Ende der antiken Literatur steht im Westen der lateinisch schreibende, völlig kritiklose Kompilator ISIDORUS HISPALENSIS, Erzbischof von Sevilla, im Osten PAULOS VON AEGINA, „der letzte griechische Arzt“ genannt. ISIDORUS (gest. 636) sagt in den „Origines“: „Beta ist bei den Griechen ein Buchstabe, bei uns eine Art Kohl“[8]), gedenkt ferner der Rübenblätter[9]) und spricht auch von Rapum und Napus[10]). Nach PAULOS VON AEGINA (gegen 650) bedient man sich der weißen Rübe als Gemüse[11]), der alkaliähnlichen roten Rübe (τεῦτλον) zur Reinigung von Magen und Leber[12]), des Rübensaftes und -absudes zu allerlei Heilzwecken und zu Salben[13]), desgleichen der frischen und der mit Wasser oder Öl abgekochten Blätter[14]), sowie des herb und adstringierend schmeckenden Samens[15]). [Mit letzterem könnte vielleicht jener der sog. wilden Rübe, des Leimonions, gemeint sein.]

35. Bereits in das byzantinische Zeitalter, etwa in das 10. Jahrhundert, fällt die letzte Redaktion der sog. „Geoponika“, einer den verschiedenartigsten älteren Quellen entstammenden Sammlung landwirtschaftlicher Schriften und Ratschläge, von der wir anscheinend nur stark entstellte Umarbeitungen besitzen, sowie mehr oder minder vollständige und zuverlässige Übersetzungen in einige orientalische Sprachen. Sie geben im wesentlichen allein die Meinungen und Vorurteile „bewährter“ Autoritäten wieder (oft sehr fragwürdiger!) und erwähnen demgemäß, daß die Rübe (σεῦτλον) eine große, weiße, gut bekömmliche, als Nähr- oder Heilmittel sehr nützliche Wurzel besitze[16]), daß es mehrere Arten mit verschieden geformten und gefärbten Blättern und Wurzeln

---

[1]) LEHMANN: Die zahnärztlichen Lehren des AËTIOS, S. 17. Leipzig 1921.
[2]) Ed. PUSCHMANN, Bd. 1, S. 500, 541; Bd. 2, S. 403, 455, 459. Wien 1878.
[3]) Ebd. Bd. 2, S. 383. [4]) Ebd. Bd. 1, S. 587; Bd. 2, S. 75, 249.
[5]) Ebd. Bd. 1, S. 455. [6]) Ebd. Bd. 2, S. 497.
[7]) SUDHOFF: A. Med. Bd. 8, S. 387.
[8]) Lib. 7, cap. 10, 15. [9]) Lib. 17, cap. 9, 30. [10]) Lib. 10, cap. 7, 8.
[11]) Üb. BERENDES, lib. 1, cap. 35, 43, 44, 46, 50, 76; lib. 4, cap. 1. Leiden 1914.
[12]) Lib. 1, cap. 74, 100; lib. 7, cap. 3.
[13]) Lib. 3, cap. 2, 3, 56, 76; lib. 4, cap. 1, 8, 37; lib. 8, cap. 37.
[14]) Lib. 1, cap. 46; lib. 3, cap. 2, 35; lib. 4, cap. 20; lib. 5, cap. 37.
[15]) Lib. 7, cap. 3. [16]) Lib. 12, cap. 15.

gebe[1]), daß man im Klima Konstantinopels die Rübe das ganze Jahr über säen und daß man sie auch mit „Salzwasser" begießen könne[2]) usw. Auch fehlt der Hinweis nicht, daß älterer Rüben- und Kohlsamen leicht ineinander übergehen, ganz wie solche Verwandlungen bei Getreide, Lein und anderen Pflanzen ebenfalls vorkommen[3]).

Byzantinische Abhandlungen diätetischen Inhaltes aus meist nicht sicher bestimmbarer Zeit, in denen gelegentlich auch des *τεῦτλον* (Teútlon) oder *σεῦτλον* (Seútlon) gedacht wird, sind die des HIEROPHILOS[4]), des THEODOROS (identisch mit dem oben genannten THEODORUS ?)[5]), sowie die einiger Anonymer, welche letzteren die Titel führen: „XII mensium natura" (Die Natur der 12 Monate) und „De alimentis" (Die Nährmittel); sie erörtern in weitschweifiger Weise, wann und in welchen Monaten die verschiedenen Gemüse, so auch die Rüben, günstig oder ungünstig wirken, mit welchen Zutaten (Essig, Senf, . . .) diese am verdaulichsten sind u. dgl. m.[6]). — Quellen solcher Art entnahmen dann die letzten Vertreter byzantinischen Sammelfleißes die Angaben in ihren Kompilationen, so u. a. PSELLOS (1018 bis 1078) in „De re medica"[7]) und SIMEON SETH (um 1075) im „Syntagma": nach ihm enthält die Rübe (*σεῦτλον*) einen Saft, dessen Natur *νιτρώδης* (alkaliähnlich), warm, trocken und abführend ist, der entsaftete Rest aber, der eigentliche „Körper" der Pflanze (*σῶμα*, Sóma), zeigt kalte, feuchte, stopfende Beschaffenheit, ist schwer verdaulich, wenig nährend usf.[8]).

Als Namen der Rübe finden sich in den spätgriechischen und byzantinischen Schriften botanischen und medizinischen Inhaltes nach LANGKAVEL die folgenden[9]), von denen die mit * bezeichneten sich nach FISCHER-BENZON[10]) auch im Neugriechischen erhalten haben: *τεῦτλον* (Teútlon), *σεῦτλον* (Seútlon), *τεύτλιον* (Teútlion), *σεύτλιον* (Seútlion), *σεῦτλα κόκκινα* oder *κοκκινογούλια* (Seútla kókkina, Kokkinogúlia = rote Rübe; gúlia = Gongýle), **σεύκουλα* oder *σεῦκλον* (Seúkula, Seúklon = die aus Sizilien, griechisch Sikelía), *σευκλόγουλα*, (Seukló-

[1]) Vgl. des Armeniers MECHITHAR: Trost in Fiebern, S. 193. Üb. SEIDEL. Leipzig 1908. Siehe weiter unten.

[2]) HALLER: a. a. O. Bd. 1, S. 145. — OLCK, P. W., Bd. 3, S. 589.

[3]) Vgl. über derlei Angaben das Buch der Pflanzen des PSEUDO-ARISTOTELES, das aus den Anfängen der römischen Kaiserzeit herrührt, später aber vielfach interpoliert wurde; s. LÖW: Flora der Juden Bd. 2, S. 211. Wien 1924.

[4]) IDELER: Physici et medici graeci minores Bd. 1, S. 410, 411, 413, 414. Berlin 1841.

[5]) Ebd. Bd. 1, S. 420.

[6]) Ebd. Bd. 1, S. 425, 426, 429; Bd. 2, S. 260, 261, 267, 276.

[7]) Ebd. Bd. 1, S. 206.

[8]) Ed. BOGDANUS, S. 114, 115. Paris 1658.

[9]) Botanik der späteren Griechen, S. 22. Berlin 1866.

[10]) A. a. O. S. 129.

gula, sizilische Rübe), *σέσκλα (Séskla), *σέσκουλα (Séskula), *φέσκουλα[1]), ferner, aus Beta entstanden, βέτα (Béta), πάζα (Páza), παζά (Pazá), παζία (Pazía), παντζάρια (Pantzária). Von Seskla oder Seuklon leitet sich vermutlich das albanische Sefkle, Sfekle, Sfeklia ab und wahrscheinlich auch das altslawische Sveklu[2]), aus dem das litauische Swiklos und das russische Sweklowitza entstanden sind[3]).

Vierter Abschnitt.

Ägypten, Nordafrika, der Orient.

36. Da die Rübe nach verschiedenen Autoren an den Mittelmeerküsten Nordafrikas, insbesondere auch Ägyptens, wild wächst[4]), so wäre es an sich nicht ausgeschlossen, daß sie schon die alten Ägypter frühzeitig in Kultur genommen hätten, aber an bestimmten Beweisen hierfür fehlt es durchaus. Zwar zeigt nach WOENIG[5]) ein Tempelgemälde zu Beni-Hassan aus der Zeit der 12. Dynastie, die von 2000—1788 regierte[6]), einen Gärtner mit einer Pflanze, die man für eine Rübe erklärt hat, ob diese Deutung aber zutrifft und ob gerade eine Beta dargestellt sein soll, ist nach UNGER, ROSELLINI und PICKERING mehr als fragwürdig; BUSCHAN[7]) hält allerdings diese Zweifel für unberechtigt, aber WOENIG selbst, JORET[8]) und WARBURG[9]) schließen sich ihnen an, der Anblick der von WOENIG wiedergegebenen Abbildung wirkt alles eher wie überzeugend, und endlich weiß auch LORET in seiner „Flore pharaonique"[10]) im Abschnitte über die Chenopodiaceen keine die Beta betreffende Angabe beizubringen. Die oft wiederholte Behauptung[11]), HERODOT erwähne unter den Speisen, die die Arbeiter beim Bau der Pyramiden, also um etwa 2700 v. Chr., in ungeheuren Massen genossen, auch die Rübe[12]), ist unrichtig, es ist bei ihm nicht von Rüben die Rede, sondern von Rettichen.

[1]) So nach FRAAS: a. a. O.

[2]) SCHRADER: Reallexikon der indogermanischen Altertumskunde, S. 65. Stuttgart 1901,

[3]) HELDREICH: Pflanzen der attischen Ebene, S. 759. Leipzig 1877.

[4]) BUSCHAN: a. a. O. S. 244. — ASCHERSON bei LÖW: Aramaeische Pflanzennamen, S. 424. Leipzig 1881.

[5]) Die Pflanzen im alten Ägypten, S. 191; mit Abbildung. Leipzig 1886.

[6]) MEYER, E.: Geschichte des Altertums Bd. 1, S. 246. Stuttgart 1909.

[7]) A. a. O. S. 244.

[8]) Les plantes dans l'antiquité Bd. 1, S. 69. Paris 1897.

[9]) Berichte der Deutschen botanischen Gesellschaft Bd. 19, S. 153. 1901.

[10]) S. 24. Paris 1887.

[11]) Sie ging leider auch in meine „Geschichte des Zuckers", S. 399, über. Leipzig 1890.

[12]) Lib. 2, cap. 125.

37. Die erste sichere Nachricht liegt aus verhältnismäßig sehr später Zeit vor, nämlich aus der hellenistischen, die mit der Eroberung Ägyptens durch ALEXANDER DEN GROSSEN (333 v. Chr.) einsetzt: in griechischer Sprache abgefaßte Haushaltsrechnungen um 250 v. Chr. enthalten Posten über *τεῦτλον* (Teútlon) und *γογγυλίς* (Gongylís)[1]), die damals offenbar beide eine gewöhnliche und allgemein gebräuchliche Marktware darstellten. Wenn hellenistische Darstellungen des ägyptischen Gottes HARPOKRATES diesen zeigen, „wie er auf einer Gans reitet und sie freundlich mit einer Rübe füttert"[2]), und wenn die Einwohner Ägyptens, noch als ihr Land schon römische Provinz geworden war, lieber Rüben anbauten als Getreide[3]), so bleibt es hingegen zweifelhaft, was für Rüben hierbei gemeint sind; auch verschiedene, ihrer Herkunft nach unsichere oder anonyme Gedichte der nämlichen Periode, deren Gegenstand die Bereitung des Theriaks ist, nennen unter dessen Bestandteilen ausdrücklich den Samen der wilden Gongýle und der wilden Buniás, nicht aber den des Teutlon[4]). In den Schriften der alexandrinischen Alchemisten, die zwar in vereinzelten Teilen auf ältere Quellen zurückgehen, im ganzen aber nicht vor den ersten Jahrhunderten n. Chr. abgefaßt sind[5]), wird die Rübe öfter erwähnt: ZOSIMOS und angeblich schon DEMOKRITOS (PSEUDO-DEMOKRITOS) benützen Rübensaft und [die stark alkalische] Rübenasche zum Putzen von metallischen Gegenständen[6]), und bei letzterem ist das Verspeisen einer Rübe (*σεῦτλον*) auch Bestandteil einer Zauberhandlung, wie der Papyrus Kenyon (3. Jahrhundert n. Chr.) berichtet[7]). Der Leidener Papyrus, der desgleichen aus dem 3. Jahrhundert herrührt, aber größtenteils auf weitaus älteren Überlieferungen fußt, empfiehlt den Saft der Rüben (*σευτλία*) ebenfalls zum Putzen von Gold- und Silberwaren[8]) und stellt fest, daß er u. a. zur Verfälschung roter, in der Färberei üblicher Pflanzensäfte diente, z. B. jenes einer Art Anchusa (Alkanna?)[9]); hiernach handelt es sich also wohl um den Saft roter Rüben. Auch ein im 2. oder 3. Jahrhundert verfaßter sog. Zauberpapyrus gedenkt gelegentlich der Rübe, und zwar auffälligerweise der wilden, *σεῦτλον ἄγριον*[10]).

---

[1]) SUDHOFF: Ärztliches aus griechischen Papyrusurkunden, S. 38. Leipzig 1909,

[2]) ERMAN: Die ägyptische Religion, S. 244. Berlin 1909.

[3]) MOMMSEN: Römische Geschichte Bd. 5, S. 574. Berlin 1886.

[4]) Poetae bucolici et didactici, S. 123, 125, 191. Paris 1851.

[5]) Siehe meine „Entstehung und Ausbreitung der Alchemie". Berlin 1919.

[6]) BERTHELOT: La chimie au moyen âge Bd. 1, S. 276, 232; 229. Paris 1893.

[7]) DIELS: Fragmente der Vorsokratiker Bd. 2, S. 132. Berlin 1903.

[8]) BERTHELOT: Collection des alchimistes grecs Bd. 1, S. 39. Paris 1888.

[9]) Ebd. Bd. 1, S. 48.

[10]) DIETERICH: Eine MITHRAS-Liturgie, S. 20. Leipzig 1903.

38. Aus der Zeit nach der Eroberung Ägyptens durch die Araber (641), vermutlich aber erst aus dem Beginne des 9. Jahrhunderts, rührt eine dem Papyrus Rainer zugehörige Urkunde her, deren (arabisch schreibender) Autor über die goldliefernde Gegend der nubischen Wüste sagt, „dort wächst Gold im Sande wie daheim die gelben Rüben"[1]; welche Art Rüben er so bezeichnet und wo er daheim war, läßt sich seiner Aufzeichnung nicht entnehmen. — Aus den späteren Jahrhunderten, auf die hier kurz eingegangen sei, da sich weiterhin keine Gelegenheit bietet, auf sie zurückzukommen, liegen einige wenige Mitteilungen vor: Unter den Herrschern aus der Dynastie der Fatimiden (im 10. und 11. Jahrhundert) waren Rüben ein Hauptterzeugnis des Landes[2], und ein persischer Reisender, NASSIRI CHOSRAU, rühmt um 1040 deren große Menge[3]. Der 1413 verstorbene CALCASCHANDI erzählt in seiner ausführlichen „Geschichte der Geographie und Verwaltung Ägyptens", daß bis etwa 1150 die Steuer für jeden Feddân (Acker) Rüben 1 Dinar [etwa 12 Fr. Goldwert] betrug und auch im Falle einer Mißernte bar abgeführt werden mußte[4]. Im 13. Jahrhundert preist „Rüben-Latwerge als Aphrodisiacum" ein Quacksalber an, der sich „Schüler des DIOSKURIDES" und „Sprößling des IBN BEITHAR" nennt, des berühmten spanisch-arabischen Pharmakologen[5]. Auch in der Folgezeit und bis ins 16. Jahrhundert hinein dienten Rüben, wie noch PROSPER ALPINUS[6] und BELLONIUS[7] bestätigen, als sehr gebräuchliches Heilmittel, u. a. gegen Wechselfieber [wohl als „kühlend", laut antiker Tradition], sowie als geschätztes Gemüse, ja als „gewöhnlichste Speise", sofern nämlich unter der „weißen Rübe", von der dies BELLONIUS aussagt[8], die Beta zu verstehen ist.

39. Aus den übrigen Teilen Nordafrikas liegen bestimmte Berichte nicht vor. Die Rüben, mit denen Kaiser VESPASIANUS (69—79) in der Provinz Afrika, als er noch deren Statthalter war, anläßlich eines Auflaufes zu Adrumetum beworfen wurde, waren keine Betae, sondern nach SUETONIUS Rapa[9]. Der Apologet ARNOBIUS bezeichnet in seiner um 295 n. Chr. verfaßten Abhandlung „Adversus gentes" Rüben als eines der [in Numidien?] gebräuchlichsten Nahrungsmittel; welche Art Rüben er jedoch im Sinne hat, bleibt ungewiß[10].

---

[1] M. G. M. Bd. 3, S. 439. 1903.
[2] BECKER: Enzyklopädie des Islams Bd. 2, S. 17. Leiden 1913ff.
[3] Sefer Nameh. Üb. SCHEFER, S. 150. Paris 1881.
[4] Üb. WÜSTENFELD, S. 155, 156. Göttingen 1879.
[5] JACOB: Ein ägyptischer Jahrmarkt im 13. Jahrhundert, S. 15. München 1910.
[6] De plantis Aegypti, S. 146. Venedig 1591.
[7] Observationes. Verfaßt gegen 1550, abgedruckt in des CLUSIUS (DE L'ÉCLUSE): Aromatum Historia. Leiden 1605.
[8] A. a. O. S. 186. [9] Biographie des VESPASIANUS, cap. 4.
[10] Üb. BESNARD, S. 189. Landshut 1842.

40. Die Vermutung, daß Urkunden des alten Babylons Rüben, insbesondere auch Mangold (Beta), sehr oft und in Masse erwähnten[1]), hat sich nicht bestätigt, wohl aber ist es nach MEISSNER Tatsache, daß Mangold schon im 8. Jahrhundert v. Chr. in den königlichen Gärten angebaut wurde[2]); das fragliche Datum ist das älteste beglaubigte, bis zu dem wir derzeit die Geschichte der Beta zurückzuverfolgen vermögen, und als solches sehr bemerkenswert. Nach freundlicher Auskunft seitens Herrn Geheimrats Prof. Dr. H. ZIMMERN in Leipzig vom 22. Februar 1924 betrifft die von MEISSNER erörterte und bisher anscheinend einzig dastehende Stelle eine Liste von Pflanzen aus den Gärten des babylonischen Königs MERODACHBALADAN, der 722—711 v. Chr. regierte; neben Salat, Kresse, Knoblauch, Koriander, Dill, Thymian usf. führt sie auch lapti auf (d. i. Brassica rapa, die weiße Eßrübe) und silqa (d. i. Mangold). Bereits die Form silqa, mit der Endung auf -a statt auf -u, weist mit Sicherheit darauf hin, daß es sich nicht um einen ursprünglichen babylonischen Pflanzennamen handelt, sondern um einen solchen, der erst in verhältnismäßig später Zeit aus dem Aramäischen (Syrischen) ins Babylonische eingedrungen ist, und ebenso verhält es sich mit der Bezeichnung lapti, denn lapti und silqa entsprechen genau dem aramäischen lapta und silqâ[3]). Darf man einen Schluß aus dem Namen auf die Sache ziehen, so haben hiernach lapti und silqa nicht als in Babylonien seit älterer Zeit heimische und vielfach angebaute Gewächse zu gelten, sondern im Gegenteil als erst in jüngerer Periode dort eingeführte und nur vereinzelt angepflanzte. Dementsprechend schweigen, soviel man gegenwärtig weiß, über die Beta sämtliche medizinische und magische Texte, die sonst alle möglichen Pflanzen aufführen, desgleichen die mannigfachen alt- und neubabylonischen Wirtschaftstexte, vielleicht mit Ausnahme einer ganz späten Stelle aus der Zeit des letzten babylonischen Königs NABONID (555—518 v. Chr.), die von ledernen Schläuchen spricht, dienlich zum Aufbewahren (?) von Bier und von Rüben, silqātu[4]). Eine Angabe KÜCHLERS[5]) betrifft nicht Beta, sondern Brassica rapa (laptu) und beruht überdies auf einem Irrtum. — Übereinstimmend mit diesen Darlegungen wissen auch die Schriften von OEFELE[6]), DELITZSCH[7]) und SCHWENZNER[8]) nichts über Mangold zu berichten; BONAVIAS „Flora

[1]) Handbuch der Staatswissenschaften Bd. 1, S. 62. Jena 1898.
[2]) Babylonische Pflanzennamen. Zeitschr. f. Assyriol. Bd. 6, S. 289ff. 1891. — Babylonien und Assyrien Bd. 1, S. 210. Hamburg 1920.
[3]) Löw: Pflanzennamen, Nr. 177 und 217.
[4]) Vgl. MEISSNER: a. a. O. Bd. 6, S. 295.
[5]) Beiträge zur Kenntnis der assyrisch-babylonischen Medizin, S. 84. 1904.
[6]) Keilschrift-Medizin. 1902.
[7]) Handel und Wandel in Altbabylonien. Leipzig 1910.
[8]) Zum altbabylonischen Wirtschaftsleben. 1914.

of the assyrian monuments"[1]) konnte nicht eingesehen werden. Zweifelhaft bleibt, welche Bewandtnis es mit der „Feldrübe" hat, deren nach EBELING ein wesentlich medizinischer Keilschrifttext gedenken soll[2]), und ob Lesung und Deutung dieses Wortes überhaupt als zutreffend anzuerkennen sind.

41. Die Frage, von wo aus die Beta nach Babylonien eingeführt worden sei, hat schon JORET[3]) mit dem Hinweise auf Vorderasien beantwortet, und bekanntlich stand Babylon seit altersher und fortdauernd, durch Krieg und Handel, in innigen Beziehungen zu den semitischen Küstenländern, insbesondere auch zu Syrien. Da aber der oben erwähnte syrische Name des Mangolds (silk, selkā) im Aramäischen selbst wieder ein Fremdwort ist[4]) und ebenso wie das griechische *σεῦτλον* (Seútlon) und *σεῦκλον* (Seúklon), sowie die schon dem THEOPHRASTOS geläufige Bezeichnung *σικελός* (sikelós), auf ein Wort zurückgeht, das mit Sizilien (griechisch Sikelía) zusammenhängt, also „die sizilische" (Rübe) bedeutet, so taucht das weitere Problem auf, wer die sizilische Abart der Beta nach Syrien gebracht habe? Es urkundlich aufzuhellen reichen die derzeitigen Kenntnisse nicht hin, und nur als Vermutung darf ausgesprochen werden, daß die Phönizier in Betracht kommen mögen, die schon zu sehr früher Zeit als ein seit langem die Meere befahrendes, Handel und Seeraub treibendes Volk gelten und gerade auch in Sizilien (z. B. auf dem Berge Eryx) uralte Kultstätten besaßen[5]). Aus der Tatsache, daß der Mangold unter König MERODACHBALADAN in Babylonien gedieh, dorthin aus Syrien und dahin wieder aus Sizilien eingeführt wurde, folgt aber für alle Fälle, daß auf dieser Insel seine Kultur beträchtlich, mindestens wohl noch einige Jahrhunderte älter war, demnach mit größter Wahrscheinlichkeit bis in das 2. Jahrtausend v. Chr. zurückreicht.

42. Bei den alten Juden kennt der Opferkultus nach Löw[6]) nur Weizen, Gerste, Wein und Öl, sonst aber keinerlei dem Pflanzenreiche entstammende Zutat. Demgemäß wird im Alten Testament bei keinem

[1]) London 1894/95. [2]) A. Med. Bd. 14, S. 37.

[3]) A. a. O. Bd. I, S. 380. [4]) Löw: a. a. O. S. 273.

[5]) Vgl. HEHN, S. 349. 1911. — Indessen sind auf sizilischem und italischem Boden auch griechische Niederlassungen schon aus mykenischer Periode nachweisbar, und ihr Seehandel scheint vom phönizischen weniger abhängig gewesen zu sein, als man bisher meist annahm. Vgl. SCHMIDT in ROSCHERS Lex. d. griech. u. röm. Mythologie Bd. 6, S. 21. Leipzig 1924. — Völlig dahingestellt bleibe die Möglichkeit irgendeines Zusammenhanges des Namens Teutlon mit dem des TEUTUS, dessen als Fürsten der sizilischen Sikanier POLYAINOS gedenkt (a a. O. lib. 5, cap. 1, Nr. 4), sowie mit dem sizilischen (?) des Tintenfisches (*τευθίς* = Teuthís), der einen rotbraunen Saft absondert.

[6]) Flora Bd. 2, S. 449.

derartigen Anlasse, aber auch bei keinem anderen, des Mangolds gedacht, außer an einer einzigen Stelle des JESAIAS[1]). Diese gehört jedoch nicht dem ursprünglichen Texte an, der etwa im 8. Jahrhundert v. Chr. verfaßt und ungefähr im 2. v. Chr. in seine jetzige Form gebracht wurde[2]), sondern seiner um 540 v. Chr. durch den sog. DEUTERO-JESAIAS geschriebenen Fortsetzung[3]). In der gegen 200 v. Chr. in Ägypten, angeblich durch die Arbeit von 70 Gelehrten entstandenen griechischen Bibelübersetzung, der „Septuaginta", vergleicht nun die erwähnte Stelle gewisse, kraft- und teilnamlos an den Wegen Schlafende mit „σεύτλιον ἡμίεφτον" (seútlion hemíëphton), d. i. mit „halbgekochten Rüben", in der lateinischen Übersetzung[4]) mit „beta semicocta"[5]). Die deutsche Übertragung LUTHERS zieht hingegen zum Vergleich einen „verstrickten Waldochsen" heran[6]), und die KAUTZSCHS lautet: „Deine Söhne lagen ohnmächtig da ... wie die Antilope im Netz"[7]). Diese völlige Abweichung ist, nach gefälliger Auskunft von Herrn Prof. Dr. FR. LOOFS in Halle vom 13. März 1924, daraus zu erklären, daß der von den „Siebzig" benützte hebräische Urtext eine andere Lesart aufwies als der uns erhalten gebliebene, was übrigens keineswegs vereinzelt dasteht; zudem enthält auch schon eine Handschrift der „Septuaginta" die Randbemerkung ὦς ὄρυξ συνειλημμένος, „wie eine Gazelle (oder Antilope) im Netz", und übereinstimmend sagt der hl. HIERONYMUS (331—420) in seiner für die katholische Kirche noch jetzt maßgebenden lateinischen Übersetzung „sicut oryx illaqueatus"[8]).

43. Die im 1. und 2. Jahrhundert n. Chr. verfaßte „Mischna" der Juden erwähnt silk (beta) als in Palästina und Babylonien angebaut, und berichtet, roh könne sie nicht verzehrt werden, gekocht, gedämpft oder eingemacht bilde sie aber ein bekömmliches Gemüse, erweiche den Leib und sei für Herz und Auge zuträglich; im zweiten Jahr erzeugt sie, unter Mithilfe der in der verdickten Wurzel aufgespeicherten Substanzen, einen aufrechten Sproß mit Blättern und Blüten, und wenn man diesen Stengel abschneidet, so treibt die Wurzel abermals aus. Ihr nächstverwandt ist die Gartenmelde [Atriplex hortensis, das βλίτον (Blíton) der griechischen Autoren, u. a. des GALENOS[9])], deren Blätter

[1]) Cap. 51, 20.
[2]) KAUTZSCH: Die heilige Schrift des Alten Testaments Bd. 1, S. 549. Tübingen 1909.
[3]) Ebd. Bd. 1, S. 639.
[4]) Sie stammt wohl erst aus dem Zeitalter der Humanisten?
[5]) Ed. JAEGER Bd. 2, S. 449. Paris 1878. [6]) Z. B. S. 608. Leipzig 1836.
[7]) A. a. O. Bd. 1, S. 639.
[8]) Der hl. HIERONYMUS kannte übrigens nachweislich die Beta (LÖW: Pflanzennamen, S. 273).
[9]) LÖW: ebd. S. 189, 274, 337.

man ebenso wie Rübenblätter genießt[1]). Ein dem mischnischen Hebräisch eigentümliches, nicht aus dem Syrischen entlehntes Wort für Beta ist „tĕrādîn", bei HIERONYMUS als „thoreth" (irrtümlich als „syrisches"!) bezeugt; so z. B. heißen die als Gemüse zu verspeisenden jungen Triebe der Rübe ḥălîfōt-tĕrādîn = Beta-Triebe[2]). — Auch der in den folgenden Jahrhunderten allmählich entstandene „Talmud" kennt die Rübe (silk) sehr wohl, desgleichen ihre medizinischen Wirkungen, u. a. jene der Rübenbrühe, majja dĕsilḳā, deren auch bereits die „Geoponika" gedenken[3]); ein Gericht aus Fleisch, Bohnen und Mangold wird ebenfalls erwähnt. Durchaus zutreffend berichtet daher im 12. Jahrhundert MAIMÛNÎ (MAIMONIDES), schon seit ganz früher Zeit seien in Palästina und Syrien neben Getreide und Hülsenfrüchten noch gewisse besondere Gartengewächse angebaut worden, davon einige auf Stücken Feld, wie z. B. der Senf, andere aber „als Kräuter" nur auf Beeten, so z. B. Salat, Sellerie und Mangold[4]). Auch in diesen Zeiten trägt also die Beta immer noch den Charakter einer Gartenpflanze; ihre ausdauernde Natur und ihr Verhalten im zweiten Wachstumsjahre waren jedoch bereits zutreffend erkannt, und die Bemerkung, das Austreiben geschehe auf Kosten der in der Wurzel angehäuften Reservestoffe, überrascht durch ihre Richtigkeit und Klarheit.

44. Auf die Kultur des Mangolds (silk, silḳa) in Syrien, woselbst er (ebenso wie in Palästina) noch jetzt wild wächst[5]), ist bereits weiter oben hingewiesen worden; in der Zeit vor Abschluß der Mischna, also gegen 200 n. Chr., waren auch die dortigen Landleute mit der weißen und roten Rübe, ihrem Austreiben und Wiederaufschießen usf. durchaus vertraut[6]). Einiges Nähere hierüber berichtet die unter dem Namen „Nabathäischer Traktat", „Traktat der Nabathäer" gehende Abhandlung über die Landwirtschaft, die vermutlich gegen Ende des 2. oder zu Beginn des 3. Jahrhunderts n. Chr. in Syrien und auf Grund syrischer Erfahrungen abgefaßt wurde, uns aber nur aus späteren, unvollständigen und zum Teil entstellten Auszügen bekannt ist[7]). Den zuverlässigsten Übermittlungen, jenen der (weiter unten noch zu besprechenden) spanisch-arabischen Autoren des 12. und 13. Jahrhunderts, IBN-AL-AWÂM[8]) und IBN BEITHAR[9]), läßt sich folgendes entnehmen: Die Rübe (silk) ist eine berühmte und in allen Ländern bekannte Pflanze, die in Syrien, auf den [kleinasiatischen?]

[1]) LÖW: ebd. S. 273; Flora, a. a. O. [2]) LÖW: Flora, a. a. O.
[3]) Lib. 12, cap. 15. [4]) LÖW: Flora Bd. 2, S. 411, 413.
[5]) LÖW: Zeitschr. f. Semitistik Bd. 1, S. 99. 1922. [6]) LÖW: ebd.
[7]) Vgl. MEYER: a. a. O. Bd. 3, S. 75, 151.
[8]) Buch der Landwirtschaft. Üb. CLEMENT-MULLET. Bd. 1, S. 99; Bd. 2, S. 166. Paris 1864.
[9]) Große Zusammenstellung der Heil- und Nahrungsmittel. Üb. SONTHEIMER. Bd. 2, S. 610, 611, 616. Stuttgart 1840.

Inseln, in Babylonien und anderwärts vortrefflich gedeiht und von der man drei oder mehr verschiedene Arten kennt, die auch Blätter von ganz verschiedener Größe, Form, Färbung, Glätte usf. besitzen. Sie ist sehr empfänglich für guten Boden, gründliche Düngung und reichliche Bewässerung. Man sät sie vom Frühjahr an bis in den September hinein, entweder auf Beete oder „ausgestreut"; im ersteren Falle muß man sie rechtzeitig versetzen, was einige empfehlen, weil es einen günstigen Einfluß ausüben soll, andere aber nicht. Blätter und Wurzeln werden in mannigfacher Weise zubereitet und in vielerlei Formen verzehrt, nicht nur gekocht, sondern auch gebacken und geröstet; besonders feinen Geschmack sollen solche Rüben annehmen, denen man 4—5mal im Monat eine leichte Kopfdüngung mit Kuhkot, mit fein zerriebener Erde und nach manchen auch mit etwas Wein erteilt. — Aus dem „Nabathäischen Traktat" sowie aus anderen syrischen Schriften schöpfte auch ein arabischer Schriftsteller um 900, Ibn Wahschiah[1]); trifft auch Steinschneiders Behauptung[2]), er sei ein bloßer Schwindler und Betrüger, in dieser Schärfe nach De Goeje nicht zu[3]), so steht doch so viel fest, daß er nur mit großer Vorsicht zu benützen ist, zumal er eine auffällige Vorliebe für Abergläubisches und Wunderbares verrät. So überliefert er denn auch, daß eine Rübe (silq) entstehe, wenn man zerkleinerte Blätter des Lattichs oder Eibischs zusammen mit dem Gekröse eines Bockes (?) in die Erde eingrabe[4]), und daß die Samen von Rübe, Kohl und Salgam leicht ineinander übergehen[5]). Salgam wird gewöhnlich mit *νᾶπυ* (Nápy), napus (Brassica napus) gleichgesetzt, ob aber mit Recht, ist nach Löw durchaus zweifelhaft; bei dem syrischen Schriftsteller Sergius (Sergius von Rîsch'aînâ, Resaïna, gest. 536) gilt z. B. Gongylís (Brassica rapa) für *νᾶπυ*, aber die Frage über den Zusammenhang zwischen *νᾶπυ* und napus (der Kohlrübe, Brassica napobrassica der späteren römischen Autoren), sowie über die Beziehung zwischen *νᾶπυ* und *βουνιάς* (Buniás) bleibt dunkel und ebenso die, ob Sergius *νᾶπυ* im Sinne von napus überhaupt kannte; vermutlich ist Napy hier als der weiße und rote (braune) Senf anzusehen, Buniás aber wohl als der graue Senf, dessen Stengel in Syrien noch jetzt abgebrüht und unter dem Namen *λάψανα τοῦ βουνοῦ* (= Stengel des Bunias) als Gemüse genossen werden[6]). — In dem um 950 verfaßten syrischen Wörterbuche des Bar Bahlul wird Rübensaft („Wasser der Rübe") zum Putzen kupferner Geräte empfohlen[7]); auf eine derartige syrische Quelle geht vermutlich

[1]) Wiedemann: Journ. f. prakt. Chemie 1907, S. 69.
[2]) Virchows Arch. f. pathol. Anat. u. Physiol. 1871, S. 374.
[3]) Wiedemann: Beitr. z. Gesch. d. Naturwiss. Nr. 51, S. 153. Erlangen 1902ff.
[4]) Ebd. S. 164. [5]) Ebd. S. 159.
[6]) Löw: Pflanzennamen, S. 178, 241, 310.
[7]) Berthelot: Chimie du moyen âge Bd. 1, S. 276.

auch die spätere arabische Vorschrift zurück, sich des Rübensaftes zum Härten von Stahl zu bedienen[1]).

45. Die **Araber** lernten den Mangold wahrscheinlich erst näher kennen, als sie nach Beginn des 7. Jahrhunderts Babylonien, Persien, Syrien und Ägypten eroberten, wofür es auch spricht, daß der gewöhnliche Name der Rübe silḳ lautet, also auf den aramäischen zurückgeht. Mit silḳ wird sowohl die weiße als die rote Beta bezeichnet, welche letztere mit großer Wahrscheinlichkeit für die eigentlich sizilische Art des Mangolds gilt[2]). Bedenkt man, daß sich vom griechischen *σικελός* (sikelós), dem neugriechischen *σεῦκλον* (seúklon), sowie dem syrischen und arabischen silḳ oder selkā die Namen der Rübe im Spanischen (acelga, von al selkā) und Portugiesischen (selga), in den albanischen und altslawischen Gebieten (sefkle; svekla, sveklu), ja selbst in Ungarn (cékla) und endlich in den wichtigsten Bezirken des Orients ableiten, ferner, daß die Rübe in der Botanik u. a. Beta cicla heißt, so besteht Löws Ausspruch zu vollem Rechte, „daß die sizilische Art des Mangolds ... dasjenige Kind dieser Insel ist, das dem Namen der Heimat die weiteste Verbreitung verschaffte“[3]). — Sonstige arabische Namen für verschiedene Varietäten der Rübe lauten in Syrien, Palästina, Ägypten usf. nach gefälliger Mitteilung Herrn Dr. J. Löws vom 19. März 1924: šemandur (šemandar), libdān, dirs el-kelb, fígl bul-bil, lift mta el-baḳar und bangár; in Ägypten bezeichnet nach Ascherson silḳ zumeist die weiße, bangár die rote Rübe[4]). — Gänzlich von diesen Bezeichnungen zu trennen und mit ihnen seitens verschiedener Schriftsteller nur infolge sprachlicher oder sachlicher Irrtümer zusammengeworfen sind šalgám, lift und qathaf[5]); šalgám ist nach Löw[6]) Brassica napus, die Steckrübe, lift ist Brassica rapa, die weiße Eßrübe (die aber zuweilen ebenfalls šalgám oder sulg'um heißt), und qathaf (ḳaṭaf) ist eine Meldenart, Atriplex halinus oder tataricum, in Ägypten auch noch eine andere, mit der Beta weitläufig verwandte Gartenpflanze.

46. Unter den alten, in die vormohammedanische Zeit zurückreichenden „Arabischen Stammsagen“ findet sich, nach Fr. Rückert, unter dem Titel „Der betrogene Teufel“ die folgende, von ihm in den „Morgenländischen Sagen und Geschichten“ übersetzte[7]):

Die Araber hatten ihr Feld bestellt,
Da kam der Teufel herbei in Eil';
Er sprach: Mir gehört die halbe Welt,
Ich will von eurer Ernte mein Teil.

---

1) Wiedemann: Beiträge Nr. 15, S. 126. 2) Löw: a. a. O. S. 273, 425.
3) Ebd. S. 273. 4) Siehe bei Löw: ebd. S. 424.
5) Vgl. Meyer: a. a. O. Bd. 3, S. 74, 81, 85. 6) Brief vom 19. März 1924.
7) Poetische Werke Bd. 4, S. 110. Frankfurt 1868.

Die Araber aber sind Füchse von Haus,
Sie sprachen: Die untere Hälfte sei dein.
Der Teufel will allzeit oben hinaus:
Nein, sprach er, es soll die obere sein!
Da bauten sie Rüben in einem Strich,
Und als es nun an die Teilung ging,
Die Araber nahmen die Wurzeln für sich,
Der Teufel die gelben Blätter empfing.
Und als es wiederum ging ins Jahr,
Da sprach der Teufel in hellem Zorn:
Nun will ich die untere Hälfte fürwahr!
Da bauten die Araber Weiz' und Korn,
Und als es wieder zur Teilung kam,
Die Araber nahmen den Ährenschnitt,
Der Teufel die leeren Stoppeln nahm
Und heizte der Hölle Ofen damit.

An welche Art Rüben hierbei zu denken ist, läßt sich der Übersetzung nicht entnehmen; kommt aber der Erzählung tatsächlich das angegebene Alter zu, so kann es sich nicht wohl um Mangold handeln; die Fabel als solche wandert übrigens in verschiedener Gestalt durch alle Literaturen und ist u. a. noch 1848 in niederdeutschem Gewande nachgewiesen[1]).

47. In den Schriften der sog. „Treuen Brüder", einer Sekte des 10. Jahrhunderts, auf deren Ursprünge und Ziele hier nicht eingegangen werden kann[2]), wird der Mangold einige Male gelegentlich erwähnt, vermutlich auf Grund jener syrischen und späthellenistischen Quellen, aus denen die Verfasser ihre Weisheit größtenteils (zumeist aber nur indirekt) schöpften; die Rübe gehört z. B. nach ihnen zu den sehr wenigen Pflanzen, die, selbst im Herbst gesät, doch noch im Winter [Ägyptens?] reifen[3]).

48. Von den arabischen Ärzten dieser Zeit, die aber fast sämtlich nur arabisch schreibende Syrer oder Perser waren und von deren Werken wir wissenschaftlich zuverlässige Ausgaben oder Übersetzungen noch kaum besitzen, empfiehlt der als Mediziner und Chemiker gleich berühmte AL RÂZI (850—923 oder 932?) Rübenblätter (folia siclae) und Rübensaft (aqua siclae, succus betae) als Heilmittel bei Magen- und Darmbeschwerden[4]); in ähnlichem Sinne äußert sich ISHAQ IBN

---

[1]) „Vom Teufel und den Bauern." SCHEIBLE-NORK: Mythologie der Volkssagen, S. 251. Stuttgart 1848.

[2]) Vgl. meine „Alchemie", S. 369.

[3]) Üb. DIETERICI. Abteilung: Naturanschauung und Naturphilosophie, S. 173. Berlin 1876. — Mikrokosmos, S. 35. Leipzig 1879.

[4]) Opera exquisitiora, S. 255, 473; 479, 301. Basel 1544.

SULEIMÂN (830—932?)[1]), in dessen vielgelesener „Harnschrift" sicleus soviel wie rot bedeutet[2]). Der große „Fürst der Ärzte", AVICENNA (IBN SINA), dessen Riesenwerk „Kanon der Medizin" die umfang- und einflußreichste aller arabischen Schriften über Heilkunde darstellt, wirft u. a. auch die Frage auf: „Sicla, quid est?" (Die Rübe, was ist sie?), und beantwortet sie etwa wie folgt, indem er sich (wie gewöhnlich) auf die Schriften aller nur möglichen älteren und neueren Vorgänger beruft[3]): Von der Rübe hat man mehrere Arten, u. a. die rote, die stopfend wirkt, besonders zusammen mit Linsen, sowie die bekannte weiße; nach einigen ist diese von kalter Natur, nach anderen von warmer, zeigt alkalische Eigenschaften (virtus baurach = die Kraft des Alkalis), ist wenig bekömmlich (am besten noch nebst Essig oder Senf), wenig nährend (am besten noch nebst Linsen) und erweicht den Leib. Äußerlich und innerlich, z. B. zur Heilung von Krankheiten der Nase und der Ohren, gebraucht man sehr häufig die Wurzel der Rübe (sicla, radix siclae)[4]), die zu Brei zerkochte Wurzel[5]), die Rübenblätter (folia siclae)[6]) und den Rübensaft (succus, aqua siclae)[7]), welchem letzteren sich auch jener der verwandten Melde anreiht (aqua blitorum)[8]). Der frischen und eingemachten Rüben, des Rübensamens und der wilden Rüben bedient sich die Medizin nach AVICENNA ebenfalls zu verschiedenen Zwecken[9]); die Angaben über die feuchte und kalte Natur der Beta, ihren Nutzen als Gemüse und Abführmittel usf. in der „Alchemia"[10]) sind hingegen apokryph, denn dieses (fälschlich auch „De anima" genannte) Werk ist dem AVICENNA erst in späterer Zeit untergeschoben.

Der Augenarzt ALI IBN ISA (um 1000) empfiehlt „Rübenwasser" als Desinfiziens und Rübensaft zum „Reinigen des Kopfes" [d. h. des Nasen- und Rachenraumes], sowie zur Beseitigung des Tränenflusses[11]); nach AL MAUSILÎ (um 1000) ist reichliches Verzehren von Rüben ein Mittel zur Stärkung der Sehkraft, und diese Behauptung wollen jüngere Nachfolger durch ihre Erfahrungen bestätigt gefunden haben, so daß sie z. B. noch SALAH AD-DÎN (gegen 1296) mit fast den nämlichen Worten wiederholt[12]). — Was IBN SERAFIÛN, der sog. JÜNGERE SERAPION (11. oder 12. Jahrhundert), in seinem vielbenützten und -zitierten

[1]) Opera omnia. Lyon 1515. [2]) Ed. PEINE, S. 42. Leipzig 1919.

[3]) Üb. des ANDREAS BELLUNENSIS, S. 167. Venedig 1544.

[4]) Ebd. S. 69, 115, 513. [5]) Ebd. S. 288, 316, 439. [6]) Ebd. S. 316.

[7]) Ebd. S. 195, 242, 322, 522. [8]) Ebd. S. 277, 306, 414.

[9]) SONTHEIMER: Die zusammengesetzten Heilmittel der Araber ..., S. 8, 9, 20, 24, 145. Freiburg 1844.

[10]) S. 430, 431. Basel 1572.

[11]) HIRSCHBERG-LIPPERT: Die arabischen Augenärzte Bd. 1, S. 93, 171. Leipzig 1904.

[12]) Ebd. Bd. 2, S. 135, 242.

Buche „De substantiis medicinarum“ vorbringt[1]), ist einerseits von mehr als fragwürdiger Echtheit, da das Werk im arabischen Original nicht vorliegt und wohl erst im Mittelalter, auf den berühmten Namen des „alten“ SERAPION hin, ganz willkürlich einem fingierten Verfasser zugeschrieben wurde; andrerseits bietet es auch nichts weiter als Wiederholungen aus älteren Autoren, besonders aus AVICENNA: Die Rübe, sicla, die (infolge von Verwechslung mit Melde, blitum) auch bleta und ferner noch decka (?) genannt wird, hat wenig Nährwert, ist nicht bekömmlich und bei großem Gehalte an Salzen sogar schädlich, verliert aber diese „Nitrositas“ beim Kochen, wirkt abführend, wenn sie weiß, verstopfend, wenn sie rot ist, findet (auch in Form von Abkochungen der Wurzeln oder Blätter) vielerlei innerliche und äußerliche Anwendungen in der Medizin usf. — Aus den nämlichen arabischen Quellen, jedoch in kürzerer und sachgemäßerer Weise, schöpft auch die Schrift „Trost in Fiebern“ des Armeniers MECHITHAR von 1184, die u. a. Rübe als leichte Krankenspeise empfiehlt, und „Wasser der Rübe“ oder diese selbst als Abführmittel[2]).

49. Unter den Gelehrten erwähnt AL KHÂZÎNI (1120) eine Art Smaragd „so schön grün wie die Blätter der Rübe“[3]), und dieses Gleichnis wiederholen viele spätere Autoren, wie denn noch AL QÂZWÎNI (gest. 1283) in seiner „Enzyklopädie“ sagt: „Ein schöner Smaragd hat die grüne Farbe der Rübe, silqî“[4]); auch in der gegen 1310 verfaßten „Enzyklopädie“ des NUWAIRI (1280—1332) ist von der Rübe als einer wohlbekannten Pflanze die Rede[5]). Dagegen sprechen GAZÂRI und RIDWÂN (um 1200), wo sie die ausgebauchte Gestalt eines Schwimmers für ihre Kunstuhren mit jener einer weißen Rübe vergleichen, nicht von silk, sondern ausdrücklich von šalgám, der Steckrübe[6]).

50. Im arabischen Spanien gedenkt schon der „Kalender von Cordova“ (961) der Rübe als sicla und teilt mit, daß sie [im Süden] noch im August gesät und im November „vermehrt“ wird, ohne sich über diese Vorschrift („multiplicatur“) des näheren auszulassen[7]). — IBN AL AWÂM, der um 1150 in Sevilla sein ausführliches und höchst lehrreiches „Buch der Landwirtschaft“ schrieb[8]), zählt die Rübe zu den Gemüsen[9]) und beruft sich zumeist auf ältere Vorgänger: Nach

[1]) Lyon 1525, S. 143; Venedig 1530, S. 118.

[2]) Üb. SEIDEL, S. 62, 85; 85, 66. Leipzig 1908.

[3]) KHANIKOFF Journ. of the Americ. oriental soc. Bd. 6, S. 63, 118, 119. 1859.

[4]) WIEDEMANN: a. a. O. Nr. 30, S. 224. [5]) Ebd. Nr. 51, S. 157.

[6]) WIEDEMANN: Über die Uhren im Bereich der islamischen Kultur, S. 65, 66, 137. Halle 1915.

[7]) DOZY: Le calendrier de Cordoue de l'année 961. Leiden 1873. — LIBRI: Histoire des sciences mathématiques en Italie Bd. 1, S. 440, 453. Paris 1838. — Vermutlich betrifft die „Vermehrung“ das Auspflanzen von Samenrüben.

[8]) Üb. CLÉMENT-MULLET. Paris 1864. [9]) Ebd. Bd. 2, S. 165.

Abul-Khair [dessen Lebenszeit nicht feststeht] kennt man die weißen und die roten Rüben sowohl wild wie kultiviert und bereitet aus ihnen vielerlei Speisen, die man mit Essig, Senf, Aromen, Öl oder Rosenöl würzt; nach Ibn Hedschadsch von Granada (um 1073) erfordert die Rübe gründliche Düngung, gute Bewässerung und rechtzeitige Verpflanzung, welche letztere Kunst nach Ibn al Fazl (vor 1074) eine Erfindung der Sizilier ist, die sie für verschiedene Pflanzen bewährt fanden[1]); nach diesem Autor sät man 1 Jahr alten Samen im April, in Sevilla schon im März, in guten wohlgedüngten Boden[2]), versetzt die jungen Rüben anfangs Juni mit großer Vorsicht so, daß sie je 3 Fuß voneinander abstehen und wendet dann jene Mittel an, die je nach Wunsch Wurzeln oder Blätter zu größerer Entwicklung bringen; nach Sagrit [der für einen Mitverfasser des „Nabathäischen Traktates" gilt?] eignen sich Blätter und Abfälle der Wurzeln auch als Dünger, und bei wiederholtem Anbau entsalzt die Rübe schlechte Böden. Ibn al Awâm selbst bemerkt noch, daß man den Samen auch sofort in Löcher einlegen und die Rübe so ohne Versetzen [d. h. gleich an Ort und Stelle] ziehen kann[3]); er empfiehlt ferner ganz allgemein die Prüfung der Sämereien durch Keimversuche[4]). — Ibn Beithar aus Malaga (1197—1248), der Verfasser der „Großen Zusammenstellung der Heil- und Nahrungsmittel"[5]), benützt als Gewährsmänner zumeist die nämlichen Autoren, aber auch noch einige andere und ältere: Nach Ibn Soleiman und Ibn Mâssawaih [777—857; syrischer Christ, Leibarzt des Kalifen Mamûn] sind Rübensaft und Rübenblätter nützliche Arzneimittel, und gekochte Rübe [eingekochter Saft?] erweist sich als von besonderer Süße[6]); nach Susâd und Abul Khair sind die andalusischen, syrischen und weißen ägyptischen Rüben von mehr rundlicher, die römischen [italischen?] von mehr länglicher Gestalt und liefern, nebst mannigfachen Speisen [s. oben], selbst ein gut brauchbares Brot[7]); nach Ibn Hedschadsch [s. oben] ist ein gutes Behacken der Rübe und ein richtiges Anhäufeln mit Erde von Wichtigkeit; nach Abu Abdallah [Lebenszeit nicht bekannt] sät man im April, in Sevilla auch schon im März, in gute und gutgedüngte Erde, begießt die Beete sorgsam, vereinzelt rechtzeitig, wobei man nur die kräftigsten Pflänzchen stehen läßt, zieht diese im Juni in der Abendkühle sehr vorsichtig aus, verpflanzt sie auf Armeslänge von- und nebeneinander und begießt wiederum sorgfältig. Das Säen kann übrigens auch bis in den September hinein erfolgen, was in der Gegend von Sevilla häufig geschieht; mancher

[1]) Ebd. Bd. 2, S. 186ff., 194. [2]) Vgl. ebd. Bd. 1, S. 99.
[3]) Ebd. Bd. 2, S. 167. [4]) Ebd. Bd. 2, S. 19.
[5]) Üb. Sontheimer. Stuttgart 1840. [6]) Ebd. Bd. 1, S. 40, 240; 356, 357.
[7]) Ebd. Bd. 2, S. 609ff. — Während des Weltkrieges wurde solches wieder hergestellt.

Samen, angeblich z. B. der noch kein Jahr alte, soll Rüben ergeben, die aufschießen und Stengel treiben[1]). Wie bereits SAGRIT angab [s. oben], nimmt die Rübe die Salze des Ackers in sich auf, und dies geschieht so gründlich, daß man durch mehrmaligen Anbau von Rüben Entsalzung derartiger Böden bewirken kann[2]). IBN BEITHAR selbst fügt noch hinzu, daß es drei Arten kultivierter Rüben mit verschieden großen, geformten und gefärbten Blättern und außerdem auch wilde Rüben gebe[3]), daß er bei Harrân [im nördlichen Mesopotamien] auch eine gelbliche bis rötliche, ziemlich große, süße Rübe gesehen habe, die daselbst in Stücke geschnitten, geröstet und von den Händlern verkauft, oft aber auch allein oder zusammen mit anderen Gemüsen gekocht werde[4]), und endlich, daß man Rüben nebst allerlei Zutaten einzumachen pflege, wobei sie sich bis ins folgende Jahr hinein eßbar erhalten[5]). Seine gute Meinung betreffs der Bekömmlichkeit der Rübe wurde übrigens keineswegs allgemein geteilt, so z. B. sagt ALCHARÎZÎ (um 1200) in seiner gereimten „Diätetik":

„Linsen, Rüben, Bohnen von Übel,
Schädlich auch Knoblauch, Kraut und Zwiebel[6])."

51. Auf welchem Wege und wann die Beta nach Persien gekommen sei, läßt sich vorerst nicht feststellen, zumal fast die gesamte frühpersische Literatur, namentlich die der so wichtigen Übergangszeit, so gut wie spurlos untergegangen ist; JORETS Vermutung, daß auch Persien die Rübe von Vorderasien aus erhalten habe[7]), dürfte aber wohl richtig sein. Das ältest erhaltene Buch in neupersischer Sprache, des ABU MANSUR MUWAFFAK „Pharmakologische Grundsätze" aus dem 10. Jahrhundert, bespricht die Rübe als etwas durchaus Wohlbekanntes, wobei indes zu berücksichtigen bleibt, daß es vielfach schon wieder aus arabischen Quellen schöpft: Die Rübe, silq, ist von kalter und feuchter Natur, wirkt infolge ihrer borax- [= alkali-] ähnlichen Beschaffenheit reinigend, verteilend und abführend, erweist sich als wenig nährend, schwer verdaulich und blähend, beseitigt aber Beschwerden des Kopfes und der Nase, sowie (zusammen mit Essig oder Senf) Blutstockungen in der Leber und Milz; manche kochen Linsen mit roten Rüben (tschugundur) zusammen, doch geschieht dies besser mit Gerstenbrühe[8]). — Der hervorragende persische Dichter SA'DI (1164—1263) sagt in seinem „Rosengarten":

[1]) Ebd. Bd. 2, S. 609ff., 615ff. [2]) Ebd. Bd. 2, S. 609ff.
[3]) Ebd. Bd. 1, S. 363; Bd. 2, S. 41.
[4]) Ebd. Bd. 2, S. 142.
[5]) Ebd. Bd. 2, S. 615ff. [6]) Löw: Flora, S. 448.
[7]) JORET: a. a. O. Bd. 2, S. 66, 89.
[8]) Üb. ACHUNDOW: in KOBERTS Historischen Studien Bd. 3, S. 212, 232. Halle 1893.

„Wer sonnverbrannt in öder Wüste schmachtet,
Gekochte Rüben mehr als Silber achtet.“ —
„Dem aber, dem Gerät und Inhalt fehlt zugleich,
Gilt die gekochte Rübe gebrat'nem Huhne gleich[1].“

Welches Wort er für Rübe gebraucht, ist aus der Übersetzung nicht zu entnehmen; was aber den oben erwähnten Ausdruck tschugundur anbelangt, so bezeugt der „Codex Cumanicus“, ein Wörterbuch, das um 1275 zu einer Zeit verfaßt wurde, als die Genuesen lebhaften Handelsverkehr mit den am schwarzen Meere wohnhaften Kumanen und [durch diese?] mit den Persern pflogen, daß die Rübe lateinisch gea (?) heiße, persisch selek und kumanisch sagundur[2]. Die Behauptung, die Rübe sei von Persien aus über das Kaspische und Schwarze Meer schon sehr frühzeitig auch zu den Skythen, ja zu den Thrakern gelangt, beruht hingegen jedenfalls auf Irrtum; über Rübenbau bei diesen Völkerschaften fehlt es an jeglicher Nachricht[3].

52. In China kann von einem uralten Anbau der Beta, an den noch ein Fachmann wie Bretschneider glaubte[4], nicht die Rede sein, und die verschiedentlichen Berufungen auf das „Schî-Kîng“, das „kanonische Liederbuch der Chinesen“, sind nicht stichhaltig: In diesem Werke, das in einzelnen Teilen aus dem 7.—12. Jahrhundert v. Chr. stammt und von Khúng-fu-tsé (Konfuzius) um 483 v. Chr. abgeschlossen wurde, kommt nämlich die Rübe nicht vor, vielmehr ist im Gedichte „Festgruß der Fürsten an einen Minister“ nur von der Melde die Rede, „die an des Nordbergs Höhen wächst“[5]. Einige von Bretschneider erwähnte, im 5. und im 7. oder 8. Jahrhundert n. Chr. verfaßte Werke, „Tsi-min-yao-shu“ und „Chung-shu-shu“, aus denen u. a. auch Li-Schi-Tschin in seiner großen „Enzyklopädie“ (1552—1578) geschöpft zu haben scheint, sollen ebenfalls die Rübe erwähnen[6]. Unmöglich ist dies nicht, denn nach Laufer[7]) findet die Beta sich zuerst bei Su-kung beschrieben, einem Autor aus der Zeit der Tang-Dynastie, die von 618—906 regierte, und ist mindestens seit 850 schon allgemein bekannt. Vermutlich wurde sie aus Persien eingeführt (vielleicht aber erst durch die Araber), denn ihr chinesischer Name Kün-tʻa leitet sich ab vom iranischen *gwun-dʻar, mittelpersisch *gundar, gundur, neupersisch schugundur, schagonder [s. oben]; bei

[1]) Üb. Nesselmann, S. 164, 167. Berlin 1864.
[2]) Halász: A. Med. Bd. 11, S. 278.
[3]) Schrader: Sprachvergleichung und Urgeschichte Bd. 2, S. 193. Jena 1907.
[4]) On the study and value of chinese botanical works, S. 3. Foochow 1870.
[5]) Schi-Kîng. Üb. und erklärt von Strauss, S. 276. Heidelberg 1880.
[6]) Tschirch: a. a. O. Bd. 2, S. 522, 519.
[7]) Sino-Iranica, S. 397. Chicago 1919.

Li-Schi-Tschin lautet er Kin ts'ai = „süße . . .“, woraus dann später wohl das neuere Kün-tʻa hervorging[1]).

53. In Ostindien werden gegenwärtig zwar in manchen Gegenden, u. a. in Bengalen, Rüben kultiviert, frisch oder eingemacht verzehrt, und zu Heilzwecken verwendet, darunter auch solche Arten, die einen besonderen Typus besitzen oder doch angenommen haben (s. weiter unten) und einheimische Namen tragen, z. B. hindostanisch pálanki, bengalisch pálang sag[2]); seit wann dies aber der Fall ist und ob es sich tatsächlich um ursprünglich einheimische Varietäten handelt, ist bisher nicht zuverlässig aufgeklärt. Die „Geschichte der 84 Zauberer“, die aus der sog. Tantraszeit (12.—13. Jahrhundert n. Chr.) herrühren dürfte, erwähnt Rübensuppe sowie Milch von Büffelkühen mit Rüben gekocht[3]), auch gehört es nach Vatsyayanas „Kamasutram“ zu den Pflichten der jungen Frauen, Rüben zu pflanzen[4]); da aber das Alter dieser Werke nicht oder doch nicht genau feststeht, indische Schriften nachweislich oft um Jahrhunderte spätere Einschiebungen enthalten, und endlich auch die Art der Rüben fraglich bleibt, lassen sich bestimmte Schlüsse aus derlei vereinzelten Erwähnungen nicht ziehen.

Fünfter Abschnitt.

Das frühe Mittelalter.

54. Mit dem Übergange der Rübe aus dem antiken Kulturkreise in den mittelalterlichen machen sich in verstärkter Weise die Schwierigkeiten geltend, deren schon weiter oben, in der „Vorbemerkung“, gedacht wurde.

Ihrer systematischen Stellung nach gehört die Beta vulgaris zu den Chenopodiaceen, in die Abteilung der Cyclolobeae und die Gruppe der Beteae, und wird jetzt meist in zwei Varietäten zerlegt, die Beta cicla (heutiger Gartenmangold) und die Beta rapa, der man wieder zwei Untervarietäten zuschreibt, die rapacea rubra (rote Rübe) und die rapacea altissima (heutige Zuckerrübe)[5]). Die Fragen, ob diese Varietäten und welche von ihnen, schon gegen Ende des Altertums vorhanden waren, ob man sie, insoweit dies der Fall war, auseinanderzuhalten verstand, oder ob man vielleicht damals ganz andere, von den unserigen

---

[1]) Laufer: a. a. O.

[2]) Roxburgh: Flora indica, S. 260. Calcutta 1832. — Dutt: Materia medica of the Hindus, S. 312. Calcutta 1877. — Mechithar: a. a. O. S. 193. — Laufer: a. a. O. S. 397.

[3]) Üb. Grünwedel, S. 151. Leipzig 1916.

[4]) Üb. Schmidt, S. 299. Leipzig 1907.

[5]) Tschirch: a. a. O. Bd. 2, S. 122.

noch völlig verschiedene Sorten besaß, lassen sich aber nicht mit Sicherheit beantworten. Die Wahrscheinlichkeit soll, nach Ansicht mancher Forscher, für die zuletzt angeführte Vermutung sprechen, schon weil diese die so häufigen Verwechslungen mit anderen Gemüsepflanzen begreiflicher erscheinen lasse. Als solche kommen, wie bereits eingangs erwähnt, neben der weißen Eßrübe (Brassica rapa) und der Steckrübe (Brassica napus)[1]), vor allem die Melden in Betracht, von denen man vielerlei Arten baute und ihre Blätter wie die des Spinats verzehrte[2]). „Melde" bezeichnet Björkman als einen sehr alten Sammelnamen für die zahlreichen, in angegebener Weise genossenen Atripliceen und Chenopodien; er lautet im Althochdeutschen (ahd.) molta, im Mittelhochdeutschen (mhd.) molten, moltert, milte, multa, malta, malte, melte, melde. Seine Wurzel, mal, erklärt sich aus dem Anblicke der wie mit mehligem Staube bedeckten Blätter; an mal erinnert das altdeutsche mulda (Erde, Staub), das gotische malma (Sand), das altschwedische muld, das altenglische molde und das griechische *μλίτον (mlíton), später βλίτον (blíton), von dem sich wieder das lateinische blitum, blitus ableitet[3]). Letzteres Wort vererbte sich nicht nur auf die romanischen Sprachen (s. weiter unten), sondern über bleta und belta auch auf die germanischen, und gab, durch Kreuzung mit beta, Veranlassung, den Mangold ebenfalls als bleta, blata u. dgl. zu bezeichnen, und so vielerlei Irrtümer ins Leben zu rufen[4]).

55. Auf Wegen, die noch zu besprechen sind, drangen das lateinische beta und das spätlateinische peta oder pata schon frühzeitig in das Ahd. ein, u. a. als bieza und bîzza[5]); weitere Formen, die sich zum Teil vielleicht schon im Ahd., jedenfalls aber im Mhd. nachweisen lassen, sind: bete, blate, blata, bieze, biez, biese, biesel, piesel, biezze, piesze, bieza, pieza, biezza, piesse, beiza, peiza, peizza, bizza, bioza, piozza, beizcol (col = Kohl, vom lateinischen caulis = Stengel), beizkol, bayzkol, beiskol, beyscol, beizgras, bizcrut (crut = Kraut), pizgruth[6]). Im Niederdeutschen und im Angelsächsischen (ags.) findet sich bête, das in alten ags. Arzneibüchern besonders die rote Rübe bezeichnet, im Englischen beet; aus germanischen Sprachen, besonders aus dem Niederdeutschen, sollen auch das russische botwa, das ruthenische bótva und botvýna, das polnische botwina, das serbische bitva und

[1]) Fischer-Benzon: a. a. O. S. 129. — Wittmack: a. a. O. S. 527.

[2]) Wittmack: a. a. O. S. 525; „Spinat" ist ein persisches Wort, aspinas, das erst die Araber, zugleich mit der Pflanze, verbreiteten.

[3]) Björkman: a. a. O. Bd. 2, S. 204, 223. — Hehn, S. 565. 1911.

[4]) Fischer-Benzon: a. a. O. S. 129.

[5]) Hoops: Reallexikon der germanischen Altertumskunde Bd. 1, S. 267; Bd. 2, S. 204. Straßburg 1913ff.

[6]) Björkman: a. a. O. Bd. 2, S. 207; Bd. 3, S. 294; Bd. 6, S. 199. — Höfler, Baas-Festschrift, S. 188. Hamburg 1908.

blitva usw. herzuleiten sein[1]). — Einige fernere Namen treten erst im Mhd. auf. Stur, stir, steyr, sturbete[2]) blieben bisher anscheinend unerklärt. Von mangolt, manegolt, mängolt, mänglet, mangelt, die vorwiegend in Oberdeutschland bezeugt sind[3]), sagt KLUGE[4]), sie hingen wohl mit dem Eigennamen Managolt = Managwalt = Vielherrscher zusammen, wie dieser aber an die Rübe gelangt sei, erscheine dunkel; vermutlich ist hierbei an das hohe Aufschießen der Rübe zu denken (s. beta altissima!), durch das sie alle Nachbarpflanzen überragt und beherrscht. Endlich ist noch rômes- oder roemes-gras und -grasz zu erwähnen[5]), dessen „römisch" offenbar den italischen oder überhaupt fremdländischen Ursprung bezeugt, wie bei rômes-chlê (Klee), rômeschol oder -kol, römisch-kōl, römischer Kamille und Minze, römischem Kümmel, und in weit späterer Zeit bei „blé de Rome", dem Namen des Maises in Lothringen und den Vogesen[6]).

56. Was die Bezeichnung der Beta als „Rübe" betrifft, so besitzen für Rübe die Sprachen fast aller europäischen Indogermanen (nicht aber jene der Indo-Iranier) einen alten gemeinsamen Namen, der auf die Wurzel *rêp zurückgeht und ursprünglich wohl der sehr weit verbreiteten weißen Eßrübe (Brassica rapa) zukam[7]). Im Griechischen heißt die Rübe *ῥάπυς* (rápys), *ῥάφος* (ráphos), womit *ῥάφανος* (ráphanos), *ῥάφανις* (ráphanis), *ῥέφανος* (réphanos), *ῥέφανις* (réphanis) und *ῥαφάνη* (rapháne) zu vergleichen ist; im Lateinischen rapum und rapa[8]); im Ahd. rab, raba, rabe, wofür Entstehung aus dem Lateinischen rapa sprachlich ausgeschlossen ist[9]), ferner ruoba, ruobe, rueb, rüebe; im Mhd. raba, rabe, raben, rape, rappe, ruoba, ruopa, ruobe, ruope, rube, rüebe, rub, rueb, ruob, robe, rub, rumbe, rubegras, ruobigras[10]), welche beiden letzteren Ausdrücke wohl mit dem lateinischen ruba-

[1]) KLUGE: Etymologisches Wörterbuch der deutschen Sprache, S. 378. Straßburg 1910. — HOOPS: a. a. O. Bd. 1, S. 267. — HOOPS: Waldbäume und Kulturpflanzen im germanischen Altertum, S. 616, 601. Straßburg 1905.

[2]) TSCHIRCH: a. a. O. Bd. 2, S. 122; s. weiter unten.

[3]) TSCHIRCH: ebd. — BJÖRKMAN: a. a. O. — HEYNE: Das deutsche Nahrungswesen, S. 66ff. Leipzig 1901.

[4]) A. a. O. S. 302.

[5]) BJÖRKMAN: a. a. O. Bd. 2, S. 208; Bd. 6, S. 184.

[6]) DECANDOLLE: Ursprung der Kulturpflanzen, S. 491. Leipzig 1884. Vgl. Welschkorn u. dgl. sowie „türkischen Weizen", „türkische Hühner", trotz der Herkunft aus Amerika! — In derselben Zeit ist auch von der (amerikanischen) Bohne als „fève de Rome" die Rede (GIBAULT: a. a. O. S. 306).

[7]) In jeder Beziehung unhaltbar ist die FAULMANNsche Ableitung von *ruobjan = graben: eine Wurzel, die sich eine Vertiefung in die Erde grabt. Etymologisches Wörterbuch, S. 287. Halle 1893.

[8]) HOOPS: a. a. O. Bd. 4, S. 1. — HEHN: a. a. O. S. 572.

[9]) HEYNE: a. a. O. S. 66ff. — HOOPS: a. a. O. Bd. 4, S. 1.

[10]) HEYNE und HOOPS: ebd. — BJÖRKMAN: a. a. O. Bd. 2, S. 233; Bd. 3, S. 273, 307.

caulis zusammenhängen[1]), das später als caulorapa und caulus rapi auch den Kohlrabi benennt[2]); im Mittel-Niederdeutschen rôve und röben; im Angelsächsischen rapa; im Altnordischen rofa[3]); im Alt- und Neuschwedischen rôva und rofra; im Alt- und Neudänischen rove und roe; im Altslawischen, Neuslowenischen und Bulgarischen rêpa; im Russischen řepo; im Tschechischen řepa; im Serbischen repa; im Albanischen repa, repe[4]); im Litauischen rape, rópè[5]). Nur das Englische übernahm aus dem im Ags. neben rapa auftretenden naep (vom lateinischen napus)[6]) das mittelenglische nep, erhalten im englischen turnip[7]). Mit wenigen Ausnahmen weisen also fast sämtliche europäische Sprachen die nämliche Bezeichnung auf, wenn auch in jenem vielfältigen, wenig durchsichtigen und oft verworrenen Lautwandel, der ein typisches Kennzeichen für Wandernamen ist, die alten Gegenständen allgemeinen Gebrauches zugehören[8]). Die angedeuteten Ausnahmen gelten für das Finnische und Keltische, obwohl auch diese sonst die weitaus meisten Kulturobjekte indoeuropäisch benennen; im Finnischen heißt die Rübe nauris, im Estnischen nairis und naris, im Karelischen nagris; im Bretonischen iruinen, im Kymrischen erfin[9]).

57. Die Frage, wann die Kelten die Rübe kennenlernten, ist vorerst keiner sicheren Lösung fähig, denn die Angabe, PYTHEAS VON MASSILIA (Marseille), über dessen Seereisen nach den Küsten Nordeuropas im 4. Jahrhundert v. Chr. STRABON berichtet[10]), habe die keltischen Völkerschaften daselbst im Besitze von Hirse, Bohnen und Rüben gefunden, ist nicht zutreffend[11]). STRABON erzählt nur, und zwar aus zweiter oder dritter Hand, daß einige dieser sich auch von Getreide ernährten, andere aber von Hirse (Hafer?), von wildwachsenden Gemüsen (Kräutern), von Früchten (Beeren) und von Wurzeln; ob aber, wie u. a. auch HEHN vermutet[12]), diese Gemüse Bohnen waren und die Wurzeln Rüben, steht durchaus dahin. Ganz irrtümlich ist vollends die Behauptung WITTSTEINS[13]), vom keltischen bett = rot habe die rote Rübe ihren

[1]) BJÖRKMAN: a. a. O. Bd. 2, S. 221, 298; Bd. 2, S. 208; Bd. 3, S. 297.

[2]) HEHN: a. a. O. S. 523. [3]) HEHN: a. a. O. S. 570.

[4]) Aus dem Slawischen, oder umgekehrt? Vgl. HEHN: a. a. O. S. 572. — Das russische rjäpa bezeichnet nicht Beta, sondern Brassica (HOLLRUNG).

[5]) HOOPS und HEYNE: a. a. O. — HEHN: a. a. O. S. 572.

[6]) Das „anglisc naep“ der ags. Arzneibücher kennzeichnet vielleicht eine heimische Art.

[7]) HOOPS: a. a. O. Bd. 4, S. 1. [8]) HOOPS: Waldbäume, S. 466.

[9]) HEHN: a. a. O. S. 572. [10]) Lib. 4 (5), 5.

[11]) HERGT: Die Nordlandreise des PYTHEAS, S. 67. Halle 1893.

[12]) A. a. O. S. 149, 569.

[13]) Pharmakognosie des Pflanzenreiches, S. 704. Breslau 1882. — Sie findet sich auch bei GESCHWIND-SELLIER: La betterave agricole et industrielle, S. 2. Paris 1902.

Namen Beta empfangen und sei unter diesem den Römern bekannt geworden. Nach freundlicher Mitteilung von Herrn Geheimrat Prof. Dr. K. VORETZSCH in Halle vom 24. Februar 1924 findet sich in einem Grundwerke wie HOLDERS „Altkeltischer Sprachschatz" ein Wort bett = rot nicht vor, während die ebenso maßgebende „Keltische Grammatik" von HOLZER-PEDERSEN[1]) das keltische betys und irische biatas (= rote Rübe) als Lehnwort aus dem lateinischen beta bezeichnet. Auch sachlich bedarf die Annahme, die Römer hätten die rote Rübe, deren Vaterland im Süden liegt, von seiten der nördlicher wohnenden Kelten erhalten, kaum einer Widerlegung.

58. Den Indogermanen scheinen u. a. Rübe, Linse und Hanf noch nicht bekannt gewesen zu sein, als sie auf einer Kulturstufe, die etwa jener der jüngeren Steinzeit entsprach[2]), Ackerbau zu treiben begannen[3]). Auch in den älteren Pfahlbauten findet sich zwar vielleicht der Same der Möhre vor[4]), nicht aber jener der weißen Eßrübe[5]), der vielmehr erst in den Niederlassungen der mittleren und jüngeren Bronzezeit auftritt, z. B. zu Mörigen im Bieler See[6]). Sehr wahrscheinlich ist es hingegen, daß die Germanen innerhalb ihrer endgültigen Wohnsitze schon in vorrömischer Zeit Bohnen, Erbsen, Lauch, Möhren und Eßrüben (Brassica rapa) kultivierten[7]), und zwar durch sog. „Hackbau" im Kleinbetrieb, der wesentlich in der Hand von Frauen lag und in vielen Fällen dem eigentlichen Getreidebau vorausging, wovon in Schweden sogar die Volksüberlieferung noch zu berichten weiß[8]). Während der späteren römischen und der frühmittelalterlichen Periode erscheinen nach HEYNE[9]) schon frühzeitig Rüben neben Hirse, Bohnen, Erbsen, Linsen und Wicke auf den sog. „vorbehaltenen Feldstücken" der einzelnen Dorfgenossen, die erst weiterhin in „Hausgärten" übergehen; in diesen trifft man dann außer den erwähnten Pflanzen auch Kohl, Kraut, Flachs und Hanf an[10]); unter den Wurzelgewächsen solchen „Hauslandes" stehen obenan einerseits die Rüben in ihren mannigfachen Varietäten, deren einige von den Römern übernommen, einige aus heimischen Arten veredelt wurden, andererseits aber auch gewisse ihnen nahestehende Gemüse, z. B. die Melden[11]).

59. Wann und wo unter den Rüben die Beta auftritt, ist nicht bestimmt zu unterscheiden. Das salische Gesetz (Lex salica) des 6. Jahrhunderts spricht schon in seiner ältesten Fassung[12]) Strafen aus „für

[1]) Bd. 1, S. 210. Göttingen 1909.

[2]) SCHRADER: Sprachvergleichung und Urgeschichte Bd. 1, S. 47. Jena 1907.

[3]) Ebd. Bd. 1, S. 37, 39. — RANKE: Der Mensch Bd. 2, S. 538. Leipzig 1887.

[4]) HOOPS bestreitet dies: Reallex. Bd. 3, S. 234.

[5]) HÖFLER: A. Med. Bd. 5, S. 33. [6]) HOOPS: a. a. O. Bd. 4, S. 1.

[7]) HOOPS: a. a. O. Bd. 1, S. 21, 23. — GRADMANN: M. G. M. Bd. 9, S. 142.

[8]) HOOPS: a. a. O. Bd. 2, S. 114, 347. [9]) A. a. O. S. 17.

[10]) Ebd. S. 62. [11]) Ebd. S. 66ff. [12]) Lib. 27 (6), 7.

das [gewaltsame] Betreten von Bohnen-, Erbsen-, Linsen- und Rübenfeldern", und bezeichnet diese als „napina"[1]; ob daraufhin anzunehmen ist, daß in ihnen ausschließlich „napi" gebaut wurden, steht natürlich dahin, denn jener Name kann auch aus einer früheren Zeit herrühren, zu der dies noch so der Fall war, wenigstens da, wo der Wortlaut des Gesetzes ursprünglich entstand. Man darf indessen annehmen, daß die Beta und ihr Name, selbst wenn sie die Zeit der Völkerwanderung in gänzliche Vergessenheit gebracht haben sollte, doch jedenfalls schon vor dem 8. Jahrhundert, durch den Einfluß gelehrter Geistlicher, aus Klöstern und Klosterküchen wieder bekannt wurden[2], denn in den sog. „Capitularien" KARLS DES GROSSEN werden sie bereits ohne weitere Erklärung aufs neue angeführt.

60. Das „Capitulare de villis", d. i. „Verordnung über die Landgüter", soll der üblichen Annahme nach auf Befehl KARLS DES GROSSEN 812 durch die Äbte ANSEGIS von St. Wandrille (nächst der Seinemündung) und ADALHARD von Corbie (in der Pikardie) verfaßt sein[3]; DOPSCH und WINKLER hingegen behaupten[4], es sei 795 durch LUDWIG DEN FROMMEN erlassen und nicht für fränkische, sondern für südfranzösische (aquitanische) Verhältnisse berechnet, was jedoch wieder JUD und SPITZER aus sachlichen und sprachlichen Gründen durchaus bestreiten[5]. Zweifellos gibt aber das „Capitulare" eine zutreffende Vorstellung von der Beschaffenheit auch der deutschen Domanial- und Klostergärten, wie das u. a. die Abhandlung über den Gartenbau („De cultura hortorum") des WAHLAFRID STRABO, Abtes von Reichenau im Bodensee (gest. 849) bestätigt[6]. Unter den Gewächsen, die sich in den Gärten aller Hofgüter finden sollen und u. a. zu Fastenspeisen dienen, zählt das „Capitulare" auch auf: Möhren, Pastinaken, rapacaulis (Kohlrübe?), napus (weiße Eß- oder Steckrübe?), raphanus (Rettich oder weiße Rübe?), adripia (Gartenmelde, Atriplex?), blitum (eine andere Melde oder Chenopodium bonus Henricus?) und betae[7]; daß die Anordnungen, wenn auch nicht ausnahmslos und allerorten,

---

[1] Si quis in napinam ingressus fuerit ... HOOPS: a. a. O. Bd. 2, S. 116. — LANGETHAL: Geschichte der deutschen Landwirtschaft Bd. 1, S. 51. Jena 1847. — MICHELSEN und NEDDERICH: Geschichte der deutschen Landwirtschaft, S. 28. Berlin 1902. — FREYTAG: Bilder aus der deutschen Vergangenheit Bd. 1, S. 305. Leipzig 1897. — HEYNE: a. a. O. S. 63.

[2] HOOPS: a. a. O. Bd. 2, S. 204. — KLUGE: a. a. O. S. 44.

[3] FISCHER-BENZON: a. a. O. S. 183. — GAREIS: Die Landgüterordnung Karls des Großen. Berlin 1895. Üb. FLEISCHMANN. Berlin 1919.

[4] Die Wirtschaftsentwicklung der Karolingerzeit. Weimar 1912; M. G. M. Bd. 12, S. 68. — HOOPS: a. a. O. Bd. 2, S. 117.

[5] M. G. M. Bd. 13, S. 391. [6] HOOPS: a. a. O. Bd. 2, S. 119.

[7] LANGETHAL: a. a. O. Bd. 1, S. 127, 130, 154, 156. — FLEISCHMANN: a. a. O. S. 32, 33.

so doch im ganzen nach Tunlichkeit Befolgung fanden, bezeugt das „Breviarium rerum fiscalium", eine Art Inventurbuch der Bestände, die auf den Meierhöfen gelegentlich ermittelt wurden[1]).

61. Der berühmte Entwurf des Klostergartens für St. Gallen von 820 oder 830 sieht im „hortus", der hier schon (ebenso wie bei WAHLAFRID STRABO) ein eingefriedeter Gemüsegarten ist, auch Abteilungen für „betae" vor, unter denen Mangold oder (und ?) rote Rüben zu verstehen sind[2]). Auch HRABANUS MAURUS, der gelehrte Berater KARLS DES GROSSEN, spricht in seinem zu Fulda nach Beginn des 9. Jahrhunderts verfaßten „Compendium der Naturwissenschaften" wie von rapa, napus und blitum, so von beta[3]). Desgleichen waren nach einer Stelle, die VOLZ[4]) aus JOHANNES VON MÜLLERS „Geschichte der Schweiz" anführt[5]), seit dem 9. Jahrhundert Rüben als Gemüse in der allemanischen Schweiz allgemein verbreitet, — ohne daß sich jedoch ersehen ließe, ob hierbei betae in Betracht kämen (etwa von St. Gallen ausgehend ?).

62. Aus dem 10. Jahrhundert ist im Kodex Nr. 40 der Trierer Bibliothek ein Rezept erhalten, das ein Gemisch von Honig mit dem Safte der zerkleinerten und ausgepreßten beta als Heilmittel gegen Katarrhe empfiehlt[6]); schon von dieser Zeit ab ist die Beta ein in deutschen Landen weit verbreitetes Heilkraut, dem die Ärzte den Wert der „Frühlingspflanzen" zuschreiben und anscheinend auch besondere medizinische Kräfte, vielleicht wegen seiner ausländischen Herkunft, auf die in solchen Fällen die Namen „Piesel" (ahd. pieza, von beta; s. oben) und „heidnisch Mangoldkraut" hinweisen[7]).

63. Dem 11. Jahrhundert entstammt eine um 1070 in Kärnten abgefaßte poetische Bearbeitung der „Genesis" (1. Buch MOSIS); der dichtende Mönch läßt in ihr ABEL „hirs unde ruobe" pflanzen, Hirse und Rübe, ohne sich jedoch über die Natur der letzteren weiter auszusprechen[8]). — Aus dem nämlichen Zeitalter besitzen wir Reste von Antidotarien, deren geistliche Verfasser ihre Kenntnisse aus Vorlagen schöpften, die etwa zwischen 600 und 1000 aus spätantiken Sammelwerken oder Auszügen zusammengestellt wurden[9]); sie erwähnen an verschiedenen Stellen die Beta, den Rübensaft (succus

---

[1]) FISCHER-BENZON: a. a. O. S. 182. — MEYER: a. a. O. Bd. 3, S. 401, 411.

[2]) FISCHER-BENZON: a. a. O. S. 185. — HOOPS: a. a. O. Bd. 2, S. 118. — HEYNE: a. a. O. S. 89. — WITTMACK: a. a. O. S. 491, 525.

[3]) Ed. FELLNER, S. 169, 170. Berlin 1879. [4]) A. a. O. S. 193.

[5]) Bd. 1, S. 214. [6]) FERCKEL: A. Med. Bd. 7, S. 130.

[7]) HÖFLER: a. a. O. S. 188.

[8]) PIPER: Die geistliche Dichtung des Mittelalters Bd. 1, S. 126. Stuttgart o. J. — HEYNE: a. a. O. S. 64.

[9]) SIGERIST: Studien und Texte zur frühmittelalterlichen Rezeptliteratur. Leipzig 1923.

betae)[1]) sowie die wässerige Abkochung der Rübe[2]) und empfehlen sie zur Reinigung von Kopf oder Nase und zur Beseitigung von Nervenschmerzen[3]). — Ebenso erhielten sich unter dem Titel „Hermeneumata" gleichalterige Bruchstücke von Kompilationen klösterlicher Hand über allerlei Blumen und Gemüse, die hauptsächlich auf (oft entstellten) Überlieferungen aus COLUMELLA, PLINIUS und DIOSKURIDES fußen[4]); auch in ihnen ist mehrfach von τεῦτλα (teútla) und σεῦτλα (seutla; verschrieben auch scutla), d. i. betae, zu lesen[5]).

64. Im 12. Jahrhundert besaß die Abtei Prüm im Bezirke Trier weite eingezäunte Gemüsegärten (hortus) mit eigenen Abteilungen für Kraut und Rüben, in denen u. a. große Rüben (rapae) und kleine Rüben (rapulae; daher später Rapunzeln?) gebaut wurden[6]); in Corvey und anderen Klöstern waren um die nämliche Zeit ebenfalls besondere Gärten für Rüben vorhanden[7]), und in Schwaben fand man solche (für Kraut und Rüben) nicht nur sehr allgemein in den geistlichen Stiften, sondern auch schon auf anderen größeren Höfen[8]); bestätigt werden diese Tatsachen durch das Vorhandensein von Urkunden, die ausdrücklich bestimmen, daß von derlei Gemüsen, die innerhalb der Einfriedigungen wachsen, keine Zehnten zu zahlen sind[9]), sowie durch das Auftreten eines als frühmittelalterlich bezeugten Sprichwortes: „Da sind Rüben und Sack verloren"[10]). — Die HL. HILDEGARD (1099—1179), Äbtissin des Klosters auf dem St. Ruprechtsberg bei Bingen, soll in den Jahren zwischen 1150 und 1160 ihre „Physica" vollendet haben, ein umfangreiches, gelehrtes und durch die Erhaltung zahlreicher heimischer Bezeichnungen inmitten des lateinischen Textes auch für die Geschichte der deutschen Pflanzennamen höchst wichtiges Werk[11]). Die melda ist nach ihr kühlend, gut verdaulich und in Form des Preßsaftes oder der Abkochung auch äußerlich mit Nutzen anwendbar[12]); die ruba [Brassica rapa?] zeigt warme Natur, mäßige aber doch genügende Verdaulichkeit, und sollte roh jedenfalls nur nach Entfernung der Rinde gegessen werden,

---

[1]) Ebd. S. 37, 39, 117. [2]) Ebd. S. 160. [3]) Ebd. S. 153, 161.

[4]) Ed. GOETZ. Leipzig 1892.

[5]) FISCHER-BENZON: a. a. O. S. 175, 176, 179. — MACER FLORIDUS, der im 11. Jahrhundert (nach einigen in Deutschland, nach anderen aber in Frankreich) sein Gedicht „De virtutibus herbarum" schrieb, spricht, entgegen verschiedenen Angaben, nicht von Beta, sondern nur von Atriplex (Melde).

[6]) LANGETHAL: a. a. O. Bd. 2, S. 332ff. — S. weiter unten.

[7]) BALCKE: Bilder aus der Geschichte der deutschen Landwirtschaft Bd. 1, S. 143ff. Leipzig 1876.

[8]) VOLZ: a. a. O. S. 201, 205. — RAUMER: Geschichte der Hohenstaufen Bd. 5, S. 324.

[9]) LANGETHAL: a. a. O. Bd. 2, S. 335

[10]) ZINGERLE: Die deutschen Sprichwörter im Mittelalter, S. 125. Wien 1864.

[11]) Opera omnia, Bd. 197 von MIGNES Patrologie. Paris 1855. Ed. REUSS.

[12]) Ebd. S. 1170.

besser aber gekocht[1]); die cicula [Beta sicula, sicla], das Roemegrasz, ist wohlbekömmlich und gleich Melde oder Lattich eine leichte Krankenspeise[2]). In einem zweiten Werke, „Causae et curae", d. h. „Ursachen und Heilungen [der Krankheiten]"[3]), geht die HL. HILDEGARD auf derlei Einzelheiten nicht ein, sondern bemerkt nur an einer Stelle, Gemüse (olera) möge man niemals roh verzehren.

65. Im 13. Jahrhundert werden Rüben, Rüben mit Salz, Rüben mit Speck, Rüben mit Hirsebrei, als eine allgemein gebräuchliche Speise der Bauern und kleinen Leute bezeichnet[4]), so daß es sprichwörtlich heißt: „Heu in die Ochsen, Rüben in die Bauern"[5]), und „Meister Rübendunst" als Spottname für Bauern und fahrende Leute gilt[6]). „Rüben und Speck", „Rüben mit viel Speck", sind Hauptspeisen bei den bäuerlichen Festen in den Gedichten von „Metzis Hochzeit"[7]) und vom „Meier Betzan", welches letztere, wie so vieles Alte aus dem 13. und 14. Jahrhundert, in dem späteren Liederbuch der HÄTZLERIN erhalten ist[8]). In des WERNHER VON TEGERNSEE Erzählung „Meier Helmbrecht" (um 1230?) gilt Rübengraben als gemeine Bauernarbeit[9]), die, wie auch die Gedichte NEIDHARTS VON REUENTHAL (um 1240) bestätigen, meist Schwächlingen oder Weibern überlassen wurde[10]); bei der HÄTZLERIN findet sich überliefert, wann man die Rüben ausgraben soll[11]), andere Berichte schildern ihre Aufbewahrung in Kellern oder Gruben[12]), und einige „Weisthümer" stellen fest, daß sie zehntpflichtig seien[13]). In den angegebenen Fällen, sowie wenn erzählt wird, RUDOLF VON HABSBURG habe bei einer Belagerung, zum guten Beispiele für seine hungernde Mannschaft, eine „ruobe" ausgegraben und verzehrt[14]), ist aller Wahrscheinlichkeit nach nur von Eß- oder Steckrüben die Rede; „ruob" als Klosteressen[15]) und Rübe als Gartenpflanze in einem Augsburger „Statut" von 1276[16]) bedeuten aber doch wohl die Beta, von der es anderwärts auch ausdrücklich heißt, ihre Blätter seien eine gesunde Speise, ihre Wurzeln aber schwer verdaulich, und dienten deshalb als Viehfutter, mit Ausnahme jener des roten Mangolds[17]). Das nämliche

[1]) Ebd. S. 1164.

[2]) Ebd. S. 1164. — MEYER: a. a. O. Bd. 3, S. 527, 535. — FISCHER-BENZON: a. a. O. S. 210.

[3]) Ed. KAISER. Leipzig 1903.

[4]) SCHULTZ: Das höfische Leben zur Zeit der Minnesinger Bd. 1, S. 283. Leipzig 1879. — VON DER HAGEN: Gesamt-Abenteuer Bd. 3, S. 265. Stuttgart 1850. — GOETZ: Speise und Trank in vergangenen Zeiten, S. 7. Basel 1882. — HAGELSTANGE: Süddeutsches Bauernleben im Mittelalter. Leipzig 1898.

[5]) GOETZ: a. a. O. [6]) HEYNE: a. a. O. S. 325.

[7]) LASSBERG: Liedersaal Bd. 3, S. 399. St. Gallen 1846.

[8]) Ed. HALTAUS, S. 261. Quedlinburg 1840.

[9]) Ed. FULDA, Vers 1361. Halle 1888. [10]) HEYNE: a. a. O. S. 63, 75, 76.

[11]) A. a. O. Vorr. S. 69. [12]) HEYNE: a. a. O. [13]) HEYNE: a. a. O. S. 65.

[14]) Ebd. S. 325. [15]) HEYNE: ebd. [16]) VOLZ: a. a. O. S. 201.

[17]) HEYNE: a. a. O. S. 69.

gilt von jener Rübe, die nebst Kümmel, Anis, Pfeffer, Petersilie, Essig, Honig, Safran, Senf und Birnen das „Kondiment" ergibt, dessen Zubereitung das „Buch von guter Speise" schildert, eine in der zweiten Hälfte des 13. Jahrhunderts veranstaltete Sammlung von Kochrezepten höfischer und klösterlicher Abkunft, deren viele aus der Zeit der Kreuzzüge herrühren[1]); zweifelhaft bleibt hingegen die „Ruebensuppe" aus dem gleichzeitigen oder vielleicht etwas älteren „Tegernseer Kochbüchlein", sowie das „Ruebekraut" und „Ruebenkumpost" [Kumpost = compositum, vgl. unser Kompost und Kompott], von dem es heißt, daß man es, kleingehackt und gedämpft, „nebst Fleisch und Salz nach Landessitte verspeise"[2]). — Wenn VOLMAR um 1240 in seinem „Steinbuch"[3]) die Fabel vorbringt, Diamant werde durch Bocksblut erweicht und „linde als ein rüebe", so bleibt es ungewiß, welcherlei Rübe er im Sinne hatte. Sein hochgelehrter und dauernden Ruhmes wahrhaft würdiger Zeitgenosse, ALBERT DER GROSSE (ALBERTUS MAGNUS, 1193—1280), Bischof von Regensburg, dessen Buch über die Pflanzen („De vegetabilibus", um 1250) das wichtigste und selbständigste des gesamten Mittelalters ist, außert sich aber betreffs der Beta ausführlich: sie heißt auch acelga [d. i. der in Spanien noch jetzt übliche Name] oder blitus [entstellt aus bleta, für beta][4]), ist eine Gartenpflanze[5]), treibt eine Blütenrispe, die jener der Reseda gleicht[6]), und zeigt eine kalte und feuchte Natur[7]); die rote Art ist größer und besser und liefert, mit Petersilie gekocht, eine milde, wohlschmeckende und leicht verdauliche Speise[8]). Nach Angabe der Araber soll ferner ihr Saft ein bewährtes Mittel gegen die Hundswut sein[9]). Infolge Alters oder Ausartung gehen verwandte Gattungen der Pflanzen leicht ineinander über, wie das bereits THEOPHRASTOS, PLINIUS und andere Alte wußten, und wie es die Erfahrung beim Roggen und Weizen bewährt[10]).

66. Während des 14. Jahrhunderts waren Rüben in Deutschland allerorten bekannt und benutzt. In HUGO VON TRIMBERGS äußerst weitläufigem Gedichte „Der Renner" (um und nach 1300) ist die Rede von „Rübelin nebst Birnkumpost" sowie von „Rübenkumpost", „das man gerne aß"[11]), und HEINRICH VON NEUSTADT rät im „Appolonius" (um 1308): „Die Schwachen lasset Ruoben graben", und erzählt

---

[1]) Stuttgart 1844; Nr. 48. [2]) HEYNE: a. a. O. S. 325.

[3]) Ed. LAMBL, S. 12. Heilbronn 1877.

[4]) Ed. JESSEN, S. 78, 146, 463, 485. Berlin 1867. [5]) Ebd. S. 131.

[6]) Ebd. S. 521. [7]) Ebd. S. 507, 527. [8]) Ebd. S. 486.

[9]) THORNDIKE: History of magic and experimental science Bd. 2, S. 563 New York 1923.

[10]) MEYER: a. a. O. Bd. 4, S. 47, 62.

[11]) Ed. EHRISMANN Bd. 2, S. 16, 57. Stuttgart 1909.

„. . . Rubenkumpost
Trug man da nicht zu Tische,
Man pflegte sie mit reicher Kost[1])“;

wie diese beschaffen war, ersieht man z. B. aus der endlosen Speisenfolge des Festschmauses bei der Einweihung der Frauenkirche in Weißenfels (1303), bei der ein Hauptgang auch die gebratene Gans mit roten Rüben bringt[2]). In Freiburg erscheinen um 1350 Rüben in der Zolliste[3]), in Westdeutschland bezog man sie aus Flandern (oder umgekehrt?)[4]), in Hamburg aus der Mark[5]), und der Danziger Ratsherr v. HALLE klagt anläßlich der Besetzung Stockholms durch die Hansa (1395) über den Mangel an Rüben mit den Worten: „Wir können hier in keine Rüben kommen“[6]). — Als kühlende Krankenspeise werden Mangold und rote Rüben in verschiedenen, seit dem Wüten des „Schwarzen Todes“ (1348) verfaßten „Pestschriften“ empfohlen, so z. B. bei SMIDMER[7]), in einem Danziger „Regimen“ (bleta und ihre Blätter)[8]) und bei HEINRICH VON ROSTOCK (bletae)[9]). Die beiden „Deutschen Arzneibücher“, die PFEIFFER als Originale einer früheren Zeit herausgab[10]), haben sich als Auszüge erwiesen, die größtenteils der „Practica“ des BARTHOLOMAEUS VON SALERNO (11. Jahrhundert; s. unten) entnommen sind[11]) und vermutlich erst um oder bald nach 1300 zu Papier gebracht wurden. Wenn sie also die ruobe in einem Liebeszauber verwenden[12]), einen Heiltrank in Ermanglung von Weinbeeren (Rosinen?) mit dem Absude der Wurzel bleta bereiten[13]) und in einer anderen Arznei malva und bleta verwenden, „d. i. beta, Mangold“[14]), so bleibt der einheimische Ursprung dieser Vorschriften zweifelhaft; indessen spricht das annähernd gleichalterige „Mittelniederdeutsche Arzneibuch“ der Gothaer Bibliothek ebenfalls von betawort (= Rübenwurzel) und bethe[15]). Das „Buch der Natur“ des CONRAD VON MEGENBERG (1349) gilt zwar als erste deutsche (d. h. deutsch geschriebene) Naturgeschichte, ist jedoch inhaltlich zumeist nur eine freie Bearbeitung des Werkes „De naturis rerum“ von THOMAS DE CANTIPRATO (THOMAS VON CAN-

[1]) Ed. STROBL, S. 6, 59. Wien 1875.
[2]) KLEMM: Allgemeine Kulturgeschichte Bd. 9, S. 87. Leipzig 1843ff.
[3]) VOGEL: Geschichte des Zollwesens der Stadt Freiburg, S. 44. Berlin 1911.
[4]) BAHR: Die Hansa, S. 125. Leipzig 1911.
[5]) BOSCHAN: Der Handel Hamburgs mit der Mark Brandenburg bis 1400. S. 81. Berlin 1907.
[6]) HIRSCH: Handels- und Gewerbegeschichte Danzigs, S. 150. Leipzig 1858.
[7]) SUDHOFF: A. Med. Bd. 8, S. 193. [8]) Ders.: ebd. Bd. 11, S. 170.
[9]) Ders.: M. G. M. Bd. 18, S. 33.
[10]) Wien 1863.
[11]) PUSCHMANN: Handbuch der Geschichte der Medizin Bd. 1, S. 646. Jena 1902.
[12]) Ed. PFEIFFER, S. 41. [13]) Ebd. S. 45. [14]) Ebd. S. 59.
[15]) TSCHIRCH: a. a. O. Bd. 1, S. 679; Bd. 2, S. 122.

TIMPRÉ, gest. um 1300); Beta oder Blitus, so sagt der Verfasser, heißt auch Piesen, Piezenkraut oder Mangold, hat breite Blätter wie der Wegerich, und die rotstenglige Art ist größer und besser; Beta ist von mäßig kalter und feuchter Natur, die aber durch Zusatz von Senf behoben wird, so daß sie, gehörig zubereitet, gekocht und gewürzt, besonders auch mit Petersilie, ein gesundes, mildes und wohlbekömmliches Essen abgibt[1]); wie aus dem Mist Würmer, so entstehen aus ihr leicht Frösche[2]). Was MEGENBERG von ruoben (rapa) berichtet, stimmt in vieler Hinsicht mit dem über beta Angegebenen so ziemlich überein[3]).

67. In den romanischen Ländern dürfte, gleich so vielen anderen antiken Hinterlassenschaften, die Kultur der Beta die Stürme der Völkerwanderung ohne gänzliche Unterbrechung überdauert haben. Für Italien entstammen die ersten bestimmten Nachrichten den Kreisen der hochberühmten medizinischen Schule von Salerno, die zuerst die neuen arabischen Errungenschaften mit aufnahm und so seit dem 11. Jahrhundert überragende, und seit dem 12. fast weltbeherrschende Wichtigkeit gewann. Die als „Bamberger Chirurgie" bekannte salernitanische Abhandlung aus der Zeit zwischen 1125 und 1150 spricht von bleta als einer wohlbekannten Pflanze[4]); ARCHIMATTHAEUS im „Aderlaß-Traktat" (um 1150)[5]) und vermutlich schon der weiter oben erwähnte BARTHOLOMAEUS VON SALERNO in der „Practica" (um 1080) von der bleta, ihren Wurzeln und Blättern; der sog. MAGISTER SALERNUS (gest. 1167?) in den „Tabulae" und im „Compendium" von Siculae[6]); der Chirurg GUILELMUS DE CONGENIS (1200 bis 1250?) von bleta[7]); JOHANNES DE ST. PAULO in der Diätetik („Flores diaetarum", 12. Jahrhundert) von beta, bleta und sicla, die von warmer und trockener Natur ist, wenig nährt, abführend und leberlösend wirkt[8]); das Verzeichnis der einfachen Heilmittel, „Liber simplicium medicinarum", des „Codex Salernitanus" der Breslauer Bibliothek (11.—12. Jahrhundert) von der blita, die man am besten gekocht genießt[9]); die „Alphita", d. i. die wichtigste salernitanische Drogenliste, die wohl bald nach 1200 von einem Unbekannten verfaßt wurde, von beta und sicla[10]). Dagegen ist das in unzähligen Fassungen

---

1) Ed. PFEIFFER, S. 387, 398. Stuttgart 1861.

2) Ebd. S. 292. 3) Ebd. S. 419.

4) SUDHOFF: Beitr. z. Chirurgie Bd. 2, S. 138. Leipzig 1919.

5) Ed. ERCHENBRECHER, S. 229. Leipzig 1919.

6) TSCHIRCH: a. a. O. Bd. 1, S. 638. — DE RENZI: Collectio Salernitana Bd. 5, S. 238. Neapel 1859.

7) SUDHOFF: a. a. O. Bd. 2, S. 384.

8) Ed. OSTERMUTH, S. 24. Leipzig 1919.

9) RUPERT: Diss. S. 4. Leipzig 1920.

10) TSCHIRCH: a. a. O. Bd. 1, S. 643, 658.

und Erweiterungen so verbreitete „Regimen Salernitanum" kein Erzeugnis der Schule von Salerno (wie man bis vor kurzem glaubte), sondern rührt nach SUDHOFF[1]) vermutlich erst von ARNALDUS VON VILLANOVA (um 1300) her (s. weiter unten). — PETRUS CRESCENTIUS von Bologna (1235—1320?), der Wiedererwecker und Erneuerer der italischen landwirtschaftlichen Literatur, berichtet in seinem Werke über den Ackerbau von 1305(?), das SANSOVINO später ins Italienische übersetzte[2]), von der beta (italienisch bieta, bietola: aus bleta) hauptsächlich an Hand antiker Quellen[3]); falls sich die Abbildung der Ausgabe von 1561 schon in den ursprünglichen Handschriften vorfindet, wäre sie eine der ältesten Überlieferten, und jedenfalls läßt sie, zufolge der dünnen, vielfach verästelten Wurzel, den Ursprung des Namens „barbabietola" (bärtige Rübe) erkennen[4]). Der Autor sagt: Man sät die Rübe in guten, gut bearbeiteten und gedüngten Boden, am besten im März, verpflanzt sie, sobald 4 oder 5 Blätter vorhanden sind, behackt sie öfters und hält sie frei von Unkraut; sie ist von feuchter und kalter Natur, leicht verdaulich, auf die Länge aber nicht zuträglich und wirkt reinigend und abführend. Die Samenrüben sät man im August und pflanzt sie im Januar um; der Samen bleibt bis 4 Jahre brauchbar und ergibt stets zugleich solche Rüben, die schon im ersten Jahre neuen Samen bringen, und solche, bei denen dies erst im zweiten Jahre erfolgt; letztere sind zu Speisezwecken geeigneter. Was der Verfasser über rapa vorbringt[5]), paßt zumeist auch auf beta. — Der Kardinal VITALIS DE FURNO (1247—1327) bemerkt in seiner Schrift „Pro conservanda sanitate" (Von der Erhaltung der Gesundheit) gelegentlich über die Beta[6]): Sie ist eine gemeine Gartenpflanze, aus der man oft Suppe kocht, die man aber nicht zu häufig essen soll, da sie die schlechten Säfte vermehrt; ihr Saft beseitigt den Schleim des Kopfes, reinigt Nase und Ohren, kühlt die Wunden und ist dienlich für Haarwuchs und Teint. — Die sehr wichtige und reichhaltige „Tabula" des SIMON JANUENSIS (SIMON VON GENUA), verfaßt zwischen 1270 und 1303, und das ebenso hervorragende medizinische Sammelbuch „Liber pandectarum" des MATTHAEUS SYLVATICUS (um 1330?), in das der Hauptinhalt des ersteren mit überging, zitieren betreffs der Rübe ausschließlich die wohlbekannten antiken und arabischen Autoritäten; sie nennen sie beta, bleta, bletus, bletum, blitum, blitis, bleta sicla, bleta silvestris (= wilde Rübe), sicla, siclon, seuclon, secle, auch

---

[1]) A. Med. Bd. 12, S. 160. [2]) Venedig 1561. [3]) Ebd. S. 121.

[4]) Das Buch erschien zuerst 1471 zu Augsburg im Druck, und es sind über 100 Ausgaben und Übersetzungen bekannt, von denen einige schon seit 1493 Abbildungen enthalten sollen. (CHOULANT: Graphische Inkunabeln für Naturgeschichte und Medizin. S. 96. Leipzig 1858.)

[5]) Ebd. S. 147. [6]) S. 72. Mainz 1531.

arabisch selk, silk, sechil[1]). — Andrea de Mozzi, der gegen 1300 in Rom lebte, erzählt: „Als Benvenuto da Imola predigte, zeigte er den Zuhörern ein Körnchen Rübensamen und sagte: ‚Ihr seht, wie klein und winzig dieses Körnchen ist'; sodann zog er unter seiner Kutte eine ungeheure Rübe hervor und sprach: ‚Seht die wunderbare Macht Gottes, der aus solchem kleinen Samen diese mächtige Frucht gemacht hat!'[2])"

68. In Frankreich lautet ein Volkslied aus dem 12. oder 13. Jahrhundert vom Typus der sog. „Lügenlieder":

„Ich ging nach Bagnolet über Land,
Wo ich ein großes Maultier fand,
Das rote Rüben pflanzte"[3]);

Bagnolet war ein kleiner Ort nächst Paris, woselbst um diese Zeit Rüben aus verschiedenen Landesteilen, namentlich aus der Auvergne, schon sehr geschätzt wurden[4]). — Der Dichter Raimbaut d'Orange (1180—1207) versichert mit Stolz: „Seit Adam vom Apfel aß, gab es keinen Poeten, dessen Kunst gegen die meine auch nur eine Rübe wert wäre[5])." — Bartholomaeus Anglicus, ein Engländer von Herkunft, der aber Zögling der berühmten medizinischen Schule von Montpellier gewesen sein soll, schrieb um 1230, auf Grund eingehenden Studiums der Originalquellen, die ausführliche und auf Jahrhunderte hinaus maßgebende Enzyklopädie „De proprietatibus rerum" (Über die Eigenschaften der Dinge); die Beta ist nach ihm[6]) eine [in Südfrankreich?] sehr gewöhnliche Gartenpflanze von weißer oder schwarzer [roter] Farbe, von gutem Geschmack, aber als dauernde Nahrung ungeeignet, heilsam für Nase, Ohren usf., reinigend und konservierend, und vermöge ihrer [kühlenden] Blätter auch für Wunden wohltuend. — In ganz ähnlichem Sinne äußern sich über die bete oder biete Aldebrandinus di Siena, Hofarzt des hl. Ludwig, in „Le régime du corps" von 1256[7]) sowie Johannes de Sto.-Amando, Kanonikus zu Tournay, in den um 1260 verfaßten „Areolae" und „Concordantiae". Beide Autoren benützen wesentlich die Schriften der antiken und arabischen Ärzte; nach den „Concordantiae" ist sicla wenig verdaulich[8]), nach

[1]) Pandecta Medicinae, S. 42, 43, 148, 188, 189. Venedig 1512. — Tschirch: a. a. O. Bd. 1, S. 664.

[2]) Philalethes (König Johann von Sachsen): Dante Bd. 1, S. 105. Leipzig 1891.

[3]) Bartsch: Alte französische Volkslieder S. 186. Heidelberg 1882.

[4]) Springer: Paris im 13. Jahrhundert; zitiert bei Friedlaender: a. a. O. Bd. 3, S. 32.

[5]) Cassel: Aus Literatur und Symbolik, S. 314. Leipzig 1884.

[6]) Lib. 7, cap. 22. Nürnberg 1492.

[7]) Ed. Landouzy-Pépin, S. 51, 64, 164, 165. Paris 1911.

[8]) Ed. Pagel. S. 57. Berlin 1894.

den „Areolae“ beschwert sie den Magen, wirkt stopfend, mit Essig und Senf aber abführend, und heilt für sich als „aqua siculae“ (Rübensaft oder -abkochung) und nebst allerlei Zutaten (u. a. Kranichgalle) zahlreiche innere und äußere Beschwerden[1]). — Daß übrigens die Rübe auch in der feineren Küche und zu heute nicht mehr üblichen Zwecken verwendet wurde, ergeben die Rechnungen über den Hofhalt des Dauphins HUMBERT von 1333, die u. a. einen Posten für die Herstellung von Rübenkuchen aufführen[2]).

69. Im alten Provenzalischen heißt die Rübe, nach freundlicher Auskunft von Herrn Geheimrat Prof. Dr. K. VORETZSCH in Halle vom 13. April 1924, bleda, und der Lexikograph RAYNOUARD zitiert aus einem „Elucidario“ den Satz: „Bleda ist eine gewöhnliche Pflanze (herba communa), und auf ihre Wurzel kann man ein Reis aufpfropfen (enpentar verga), das sich nachher wie ein Baum entwickelt“; es spielt dies offenbar auf gewisse antike Überlieferungen an, die auch späterhin noch dauernd lebendig blieben. Im neueren Provenzalischen lautet der Name bleda, bledo, bleto, blede, blet, blao und erklärt sich auch hier aus der Kreuzung zwischen beta und blitum. Ungewiß bleibt, ob das Wort erst aus dem Provenzalischen ins Französische (blette, bette) überging, oder diesem schon aus dem Lateinischen (beta) zukam[3]), wobei aus lautgeschichtlichen Erwägungen eine Zwischenform betta vorauszusetzen wäre; ein keltischer Ursprung ist auch für das Französische ganz ausgeschlossen. Über die Verbreitung der Formen bette und blete in den verschiedenen Landesteilen gibt die Karte Nr. 1466 des französischen Sprachatlanten Auskunft; eine Rückentlehnung aus dem späteren französischen bette-rave scheint das neuprovenzalische betorabo zu sein.

70. In Spanien dürfte die Rübe (bleda) auch außerhalb des Bereiches arabischer Zivilisation, — über diesen wurde schon weiter oben berichtet —, seit altersher angebaut worden sein. In der Sammlung „Altspanische Sprichwörter“ führt HALLER auf: „Besser allzeit Rüben am eignen Tisch | Als anderwärts Fleisch und Fisch“, „Trotz alledem wird er Rüben (nabos) aus dem Topfe holen“, „Wenn das Schwein satt ist, sind ihm die Rüben sauer“[4]), doch ist es fraglich, ob hierbei an Beta zu denken ist, und das nämliche gilt betreffs der ebenfalls altspanischen Redensart: „Alles zu seiner Zeit und die Rüben im Advent[5]).“ — Der berühmte Arzt ARNALDUS VON VILLANOVA (geb.

[1]) Ed. PAGEL, S. 20, 56, 60; 22, 34, 76, 77, 91. Berlin 1913.

[2]) LE GRAND D'AUSSY: Histoire de la vie privée des François Bd. 2, S. 277. Paris 1782 (Abdruck von 1815). S. auch weiter unten.

[3]) Das glauben GESCHWIND-SELLIER: a. a. O. S. 3.

[4]) S. 76, 433, 646. Regensburg 1883.

[5]) Katalonische Volkslieder. Ed. LANG, S. 165. Dresden 1900.

1235, 1238, 1248?; gest. 1311, 1312, 1314?), dessen Werke freilich zum Teil im Verdachte der Unterschiebung durch provenzalische und katalonische Schüler stehen, spricht in seinen vermutlich echten medizinischen Schriften öfters von der Beta oder Bleta: Sie ist von kalter und feuchter Natur, wirkt aufblähend, besonders wenn sie roh gegessen wird, und kommt in einer schwarzen [roten] und einer weißen Varietät vor, welche letztere zarter und besser ist[1]); man genießt die Wurzel und die Blätter als solche und als Brühe[2]), auch ist der Saft der Blätter sehr heilsam[3]), reinigt nebst etwas Alaun die Augen[4]) und gibt ein wirksames Klistier ab[5]). Im „Regimen Salernitanum", das ARNALDUS VON VILLANOVA (wie oben erwähnt) um 1300 unter Benützung einiges echt Salernitanischen verfaßt haben dürfte[6]), heißt die Rübe beta oder cicla; man ißt sie im Februar, sie nährt wenig und wirkt in rohem Zustande stopfend, in gekochtem abführend[7]).

71. Die Erzählungen „Graf LUCANOR" des JUAN MANUEL (um 1350), die ein Hauptwerk der Literatur des alten Portugals darstellen, erwähnen gelegentlich das Pflanzen von Rüben, doch läßt der Wortlaut (pusieron nabos) deren Art mindestens zweifelhaft[8]); im Kap. 41 betrügt der „Böse" den „Guten" mit Rüben und Blumenkohl (coles) ganz nach dem Muster der weiter oben angeführten „Arabischen Stammsage"[9]).

72. In den nordischen Reichen, Schweden, Norwegen, zum Teil auch Island, ist das Sammeln und später der Anbau von Melde vielleicht schon sehr alt[10]), eigentlicher Gartenbau begann aber wohl erst im 11. Jahrhundert mit der Verbreitung des Christentums und der Errichtung von Klöstern; seither erwähnen ihn auch die Gesetze dieser Länder und gewähren ihm Schutz, u. a. durch Bestrafen von Einbrüchen in fremde Gärten und in Bohnen-, Erbsen- und Rübenbeete (1274 und 1276). Bemerkenswert ist die schwedische alliterierende Formel „rugh ok rovur" (Roggen und Rüben), sowie die Tatsache, daß die Kirche ihren Zehnten auch von den Rüben erhielt; welcher Art diese waren, steht aber dahin[11]). Im alten Norwegischen hieß die Rübe näepa (neunorwegisch naepe); dieser Name stammt, wie der englische (näep), aus dem Lateinischen (napus), wurde auch vielleicht

[1]) Opera, S. 71, 84, 178. Lyon 1520. [2]) Ebd. S. 64.
[3]) Ebd. S. 86, 200, 235, 237. [4]) Ebd. S. 153. [5]) Ebd. S. 120.
[6]) SUDHOFF: A. Med. Bd. 12, S. 160.
[7]) Ed. ST.-MARC und DAREMBERG, S. 62, 112. Paris 1880. Vgl. DE RENZI: a. a. O. Bd. 5, S. 21; möglicherweise kommen Einschiebsel der Pariser Handschriften in Betracht.
[8]) Ed. EICHENDORFF, S. 188. Stuttgart 1839.
[9]) Üb. EICHENDORFF, S. 144. Berlin 1843.
[10]) HOOPS: Waldbäume, S. 644ff.
[11]) HOOPS: a. a. O. S. 638ff.; Real-Lex. Bd. 1, S. 31; Bd. 4, S. 1.

erst aus England, anläßlich des zunehmenden Handels mit diesem Staate (zugleich mit einer neuen besseren Sorte?), eingeführt und verdrängte dabei einen früheren, der als analog dem altschwedischen rôva (neuschwedisch rofva, dänisch roe) vorauszusetzen ist[1]). Die Möglichkeit, daß man schon in alter Zeit auch die Beta in Betracht zu ziehen habe, läßt sich indessen keineswegs ablehnen, denn diese kommt nach GRISEBACH selbst noch in Lappland fort[2]).

Die in ein sehr hohes Alter zurückreichenden Volkssagen der „Kalewala" in Finnland gedenken des Schälens der Rübenwurzeln und nennen alte Rübenstengel eine verächtliche Speise[3]); ebenso bezeichnet die „Kanteletar" genannte Sammlung ältester finnischer Volkslieder (13. Jahrhundert) das Säen von Rüben als Beschäftigung kleiner Leute[4]).

Sechster Abschnitt.

Das 15. und 16. Jahrhundert.

73. Im 15. und 16. Jahrhundert breitet sich die Bekanntschaft mit der Rübe andauernd und allerorten weiter aus; aber auch die Ungewißheit über die Art der jeweils erwähnten Rüben währt in vielen Fällen noch fort.

Eine in Deutschland seit etwa 1400 nachweisbare bäuerliche Arbeitsregel sagt: „Säe Korn Egidii, Habern und Gersten Benedicti, Flachs Urbani, Ruben und Wicken Kiliani"[5]), doch wurden damals nach GOLTZ Rüben verschiedener Art in nennenswertem Umfange fast nur in der Nähe von Städten oder guten Verkehrswegen gebaut (meist zum „Besömmern" des Brachlandes), noch kaum aber auf besonderen Äckern oder zur Winterfütterung des Viehs[6]); immerhin war aber in Süddeutschland und am Rhein der Rübenbau im 15. Jahrhundert schon so allgemein verbreitet, daß Rüben einen Bestandteil auch des sog. „Kleinen Zehnten" der Bauern bildeten[7]), und in einem ländlichen

[1]) HOOPS: Waldbäume, S. 644ff.

[2]) Vegetation der Erde Bd. 1, S. 118. Leipzig 1872.

[3]) Üb. SCHIEFNER, S. 171, 286. Helsingfors 1852.

[4]) Ed. PAUL, S. 306. Helsingfors 1882.

[5]) UHLAND: Schriften zur Geschichte der Dichtung und Sage Bd. 2, S. 528. Stuttgart 1866.

[6]) GOLTZ: Geschichte der deutschen Landwirtschaft Bd. 1, S. 126, 248, 253, 290. Stuttgart 1902.

[7]) ECCARDUS: Geschichte des niederen Volkes in Deutschland, S. 469, 479. Stuttgart 1907.

Weihnachtsspiele die Hirten das Christkind bitten, es möge Grütze, Pflaumen und Rüben gedeihen lassen[1]). Ein Würzburger Aktenstück von 1437 erwähnt, daß auf schlechten Äckern der Rübensamen oft „versitzt“ und erst im zweiten oder gar im dritten Jahre aufgeht[2]), und 1450 erzählt UNOLD über das Städtchen Memmingen: „Das Essen dort war sehr einfach, Kraut und Rüben eine besonders gewöhnliche Speise[3]).“ In Bayreuth bezahlte HOLLE 1450 für einen Ochsen $1^1/_2$ fl. oder 240 Reichspfennige, und für ein Fuder Rüben samt Kraut [Blättern] 16 Pf.[4]), während z. B. in Danzig eine Tonne Rüben 9 Pf. kostete, d. i. etwa 20 Pf. heutigen Geldes[5]). In Nürnberg nennt der Meistersinger HANS FOLTZ um 1450 „Kraut und Rüben“ ein Erfordernis jeglicher Wirtschaft[6]) und läßt im „Meistergesang von allerlei Hausrat“ aus dem Keller „roth Ruben holen, wie man ihrer g'wohnt“[7]); nach seines Zunftgenossen KUNTZ HASS „Lobgedicht auf Nürnberg“ (1490) prüfen die beiden „Marktmeister“ daselbst auf dem Markte die Waren, und es wird

„Salat, Penet[8]), Ruben und Kraut,
Alles von den Zwein beschaut[9]).“

In einigen um 1500 verfaßten „Priameln“ ist die Rede von „Rettich und Ruben“, und es heißt: „Grab Ruben um St. Galli“[10]); demgemäß lehrt auch der „Bauernkalender“ von 1515: „Nun loben wir den Herrn St. Gall, | Der bringt uns Ruben und Kraut[11]).“ Der Schweizer THOMAS PLATTER (1499—1582), in dessen Vaterlande man gegen 1500 Rüben nicht nur sehr wohl kannte, sondern unter Umständen auch schon als Viehfutter verwendete[12]), schildert in seiner Selbstbiographie, wie er, noch als Junge (also etwa zwischen 1510 und 1515) in Deutschland von Breslau nach Dresden wandernd, seinen Hunger an Rüben stillen mußte, die er den Feldern entnahm, und wie er zu Freisingen in Bayern, um sein Leben zu fristen, „die Ruben auf den Äckern hütete“ [jedenfalls, um das kostbare Gewächs vor dergleichen Notleidenden zu bewahren][13]). In einem satirischen „Gespräch zwischen einem Edelmann, Münch, und Curtisan“ von 1525 heißt es vom Essen, das die

---

[1]) SCHERER: Geschichte der deutschen Literatur, S. 248. Berlin 1887.
[2]) BURCKHARD: A. Med. Bd. 4, S. 301.
[3]) SCHEIBLE: Die gute alte Zeit, S. 1037. Stuttgart 1847.
[4]) Ebd. S. 1055ff. [5]) HIRSCH: a. a. O. S. 259.
[6]) S. in HANS SACHS' Ausgew. Werken Bd. 4, S. 156. Nürnberg 1829.
[7]) HAMPE: Gedichte vom Hausrat, S. 3. Stuttgart 1899.
[8]) Spinat. [9]) Ed. BARACK, S. 30. Nürnberg 1858.
[10]) KELLER: Alte gute Schwänke, S. 30, 100. Heilbronn 1876.
[11]) LILIENCRON: Deutsches Leben im Volkslied um 1530, S. 139. Stuttgart o. J.
[12]) RINGHOLZ: Geschichte der Rindviehzucht im Stifte Einsiedeln; zitiert im Landwirtschaftlichen Jahrbuch der Schweiz 1908, S. 409.
[13]) THOMAS und FELIX PLATTER: Ed. BOAS, S. 23, 30. Leipzig 1878.

Geistlichen an die Armen abgeben: „Eure Speise ist abgeschälte Fischgräten, ... übernächtige Gersten, Hirs und Ruben durcheinander“, und in einem ebensolchen „Des Teufels und etlicher Kriegsleute“ von 1542:

„Ist Wolfenbüttel hart bedrängt,
Haben's schier die Rüben umher versengt[1])?“

SCHMELTZL rühmt 1548 im „Lobspruch der Stadt Wien“ vom Markt am Petersplatz:

„Von Ruben, Kraut, Krenn[2]), Petersil,
Salat, ist jederzeit da viel“,

und von dem am Bauernmarkt:

„Kommt nun, den Bauernmarkt beschaut,
Da findet Ihr Käs, Ruben, Kraut[3]).“

Das „Frankfurter Pflanzbüchlein“ von 1570 schreibt kurz vor: „Säe Rübensamen Kiliani, ... Grab Ruben Sancti Galli[4]).“ Eingehender äußert sich zu gleicher Zeit (1571) HERESBACH (1496—1576), dessen „Rei rusticae libri IV“ (Vier Bücher über Landwirtschaft)[5]) jedoch meist nur rheinische Verhältnisse berücksichtigen[6]): Die Beta, griechisch *σεῖτλον* [Seítlon], lateinisch beta, weil der keimende Samen nach COLUMELLA die Gestalt eines *β* zeigt, italienisch bietola, deutsch Beit oder Mangelt, ist weiß oder schwarz [rot] und wird im April in den Gärten gesät, neben Stockrüben, weißen Rüben und Rapacium[7]). Unter den Stockrüben sind nach LANGETHAL Kohlrüben zu verstehen, unter den „weißen Rüben, langen und runden“, die man im März und Juli sät, weiße Eßrüben (Brassica rapa), die anscheinend auch schon feldmäßig gebaut und bei der Fruchtfolge berücksichtigt wurden[8]); die Frage, ob rapacium Rübsen oder Raps bedeute, läßt LANGETHAL offen[9]), doch ist nach seinen eigenen sonstigen Angaben ersteres anzunehmen, denn Rübsen war z. B. bei Erfurt schon vor 1500 ziemlich stark kultiviert[10]) und wird nach 1500 oft erwähnt, während Rapsanbau erst weit später und in größerem Umfange sogar erst für das 18. Jahrhundert bezeugt ist[11]). — Der Berliner Magister COLER erzählt 1591ff. im „Calendarium“[12]) und in der „Oeconomia ruralis“[13]), daß

[1]) SCHADE: Satiren und Pasquille aus der Reformationszeit Bd. 1, S. 58; Bd. 3, S. 107. Hannover 1863.

[2]) Meerrettich. [3]) Ed. SILBERSTEIN, S. 47, 51. Wien 1892.

[4]) SCHEIBLE: Das Schaltjahr Bd. 4, S. 176, 302. Stuttgart 1846.

[5]) Köln 1571. [6]) LANGETHAL: a. a. O. Bd. 3, S. 132.

[7]) Ebd. Bd. 3, S. 244. — PROSKOWETZ: Ö. Bd. 29, S. 501.

[8]) LANGETHAL: a. a. O. Bd. 3, S. 228, 233, 234, 244. — GOLTZ: a. a. O. Bd. 1, S. 295.

[9]) Ebd. Bd. 3, S. 220.

[10]) Siehe: Der Mainzer Hof bei Erfurt. Ed. MICHELSEN. Jena 1853.

[11]) LANGETHAL: a. a. O. Bd. 3, S. 154; Bd. 4, S. 128ff., 373.

[12]) Wittenberg 1592. [13]) Mainz 1593.

man Rüben, rote Rüben, Melden und Kohlrüben in der Mark in Gärten, Rüben aber zu Brandenburg, Mecklenburg, Schlesien und Sachsen als Feldfrucht sehr allgemein anbaue[1]). Man sät sie, je nach den Witterungsverhältnissen, von Mai an bis Juli, und zwar bei abnehmendem Monde, wie alles, was „unter sich“ in die Erde hineinwachsen soll[2]); geerntet wird die Rübe im Oktober und dann zum Teil frisch verzehrt, zum Teil eingemacht. Rübensamen zu ziehen erfordert viel Sorgfalt; von 1 Scheffel Aussaat kann man eine Ernte von 16 Scheffeln erwarten. Als 1593 in Mainz ein Mißjahr war, kostete dort der Scheffel 48 silberne Groschen[3]).

74. Bestätigt und ergänzt werden diese Angaben wirtschaftlicher Art durch solche, die der „schönen Literatur“ zu entnehmen sind. Wie verbreitet z. B. im Elsaß der Rübenbau schon im 15. Jahrhundert war, zeigt u. a. der in Sebastian Brands „Narrenschiff“ von 1494 angeführte Ausdruck „Rübling“, unter dem die Straßburger Gaunersprache den Spielwürfel verstand[4]). In den „Flugblättern“ aus dieser Zeit begehrt beim „Wünsche tun“ der Bauer „Rüben für den Winter“[5]), Rüben und Kraut gelten als „vor jedem Dorfe wachsend“[6]), und die Redensart „er merkt, was die Rüben gelten“, die so viel heißt als „er weiß Bescheid“[7]), wird gleichen Sinnes auch von Pauli in „Schimpf und Ernst“ (1510) gebraucht[8]); in Liedern aus dieser Periode fordern die Landsknechte „Rubenkraut“, und es heißt von ihnen:

„. . . solche Buben,
Fleisch, Fisch und Reis,
Der Herren Speis,
Fressen's für Kraut und Ruben[9]).“

Murner (1475—1536), der treffliche Straßburger Satiriker, sagt 1512 in der „Schelmenzunft“:

„Es lohnt sich viel, Rathg'nossen schelten,
Und wissen nit, was Ruben gelten“[10]),

1519 in der „Gäuchmatt“:

„Sie können nähen, fegen, spinnen,
Mit Rubenschälen Geld gewinnen“[11])

und 1522 im „Großen lutherischen Narren“:

„Ihr edler Geist
Gleicht Rubenfleisch
Und schmeckt so wohl
Als Pfaffenkohl“

[1]) Langethal: a. a. O. Bd. 3, S. 134ff., 142, 146.
[2]) Langethal: ebd. [3]) Goltz: a. a. O. Bd. 1, S. 128.
[4]) Ed. Simrock, S. 149, 330. Berlin 1872. [5]) Uhland: a. a. O. Bd. 3, S. 265.
[6]) Alte deutsche Schwanke. Ed. Fischer Bd. 1, Vorr. S. 43. Leipzig 1907.
[7]) Ebd. Bd. 2, S. 157. [8]) Ed. Simrock, S. 144. Heilbronn 1876.
[9]) Liederbuch des 16. Jahrhunderts. Ed. Goedeke und Tittmann, S. 113, 179. Leipzig 1881.
[10]) Ed. Scheible, S. 881. Stuttgart 1845. [11]) Ebd. Bd. 1, S. 954.

sowie: „Ihr edler Muth | Wie brone [braune?] Ruben[1].“ Ein gleichalteriges Straßburger Gedicht[2]) erwähnt unter den Vorräten eines reichen Haushaltes „die Kräuter Kol, Mangolt, Penat“ [Spinat], „roth Ruben“, und im Keller „Kraut und Ruben“[3]), und ein ähnliches, in Form eines Neujahrwunsches eingekleidetes, einen Korb „Rübennoppen“, die gesotten, oder nebst Kümmel, Wacholder und anderen Zutaten „zu Kompost sauer eingelegt“ werden[4]) [die Deutung der Rübennoppen auf Rübenschwänze[5]) ist fraglich, vielleicht steckt in Noppe das lateinische napus?]. — Von Sprichwörtern, die zumeist schon in der Anfangszeit der Reformation nachweisbar sind, führt SIMROCK an: „Rüben in die Bauern, Heu in die Ochsen“, „Eid schwören ist nicht Rüben graben“, „Frauenrat und Rübensaat gerät alle sieben Jahr“, „Rüben nach Christtag, Äpfel nach Ostern, Mädchen über dreißig haben den besten Geschmack verloren“, „Wie es heißt: ein Kind geboren, | Hab'n die Rub'n den Schmack verloren“, „Wie der Acker, so die Ruben, | Wie der Vater, so die Buben“, „Wenn ich tot bin, gilt mir ein Rübenschnitz soviel wie ein Dukat“, „An diesen Leuten sind Ruben und Sack verloren“[6]); das letztere findet sich in der Form „Da, wo der Dumme gibt Entscheid, | Sind Rub'n und Sack verloren beid'“ auch in der Sammlung ZINGERLES[7]). Den Spruch „Ein Esel frißt lieber Disteln als Riebkraut“ führt FELIX PLATTER in seiner „Lebensbeschreibung“ als wohlbekannt an[8]).

75. LUTHER (1483—1546) äußert sich in einem der „Tischgespräche“ (1542): „Judaea war so dicht bevölkert, daß die Bewohner höchstens für einen halben Heller täglich Brot zu essen hatten, das andre sein Ruben gewest, die haben sie gessen zum Brot[9]).“ Sein Freund und Anhänger, der in der Heiligen Schrift und im Bergwesen gleich bewanderte Pfarrer MATHESIUS, schildert in der „Sarepta“, in der 2. der zu Joachimsthal (1553ff.) gehaltenen Predigten, wie sich „die Kinder ... im Elend oft mit ungemachtem [rohem] Kraut und geschornen [geschälten?] Ruben behelfen müssen“, und gedenkt in der 14. der „Rübler“, d. i. der Batzen des Erzbischofs LEONHARD VON KEUTSCHACH zu Salzburg, die als Gepräge eine Rübe zeigten, wie sie dieser Kirchenfürst in Form einer silbernen Wurzel mit goldenen Blättern auf schwarzem Felde im Wappen führte und auch als Emblem an seinen Bauten anbringen ließ[10]). Nach dem Zeitgenossen

[1]) Ebd. Bd. 2, S. 167. [2]) Straßburg 1514?

[3]) HAMPE: a. a. O. Anhang S. 4, 6. [4]) Ebd. Anhang S. 16. [5]) Vgl. ebd. S. 40.

[6]) SIMROCK: Deutsche Sprichwörter, S. 37, 87, 120, 312, 404, 512, 491, 404. Frankfurt 1876.

[7]) A. a. O. S. 26. [8]) Ed. BOAS, S. 169. Leipzig 1878.

[9]) Ed. KROEBER, S. 256. Leipzig 1903.

[10]) Sarepta. Nürnberg 1587. — GÖPPERT: Die Bergmannssprache der Sarepta, S. 44. Straßburg 1902. — KUDRIAFFSKY: a. a. O. S. 248.

beider, dem gelehrten TRITHEMIUS (TRITHEIM, 1462—1516), Abt von Sponheim bei Kreuznach, stehen die Rüben unter dem Zeichen des Mondes und werden von gewissen Sternbildern beeinflußt[1]), — ein Rest uralten Aberglaubens, der aber noch jetzt in manchen Gegenden fortlebt, z. B. in Westpreußen, wo man überzeugt ist, daß Rüben, im Sternbild des Krebses gepflanzt, nicht gedeihen können[2]); ähnliche Ansichten vertritt AGRIPPA VON NETTESHEIM (1486—1535), der u. a. noch versichert, Rüben würden größer, wenn man sie während des Säens in geeigneter Weise beschwöre[3]). Daß auch das aus GRIMMS Sammlung bekannte Märchen „Von der großen Rübe"[4]) um die nämliche Zeit bereits als nachweisbar gilt, sei in diesem Zusammenhange erwähnt.

76. Sehr häufig spricht von der Rübe HANS SACHS (1495—1576): Der „Lobspruch der Stadt Nürnberg" von 1530 stellt fest, daß dort am Markte stets reichlich zu kaufen ist

„Wein, Korn, Obst, Salz,
Kraut, Ruben und Schmalz";

braucht doch jeder Haushalt

„Sauerkraut, bayrisch Ruben, weiße Ruben,
So die Alten in Sand eingruben"[5]),

auch wenn er in so großer Einfachheit geführt wird, daß man nur „Millich, Rubn und Kraut" ißt[6]). Vom reichen Bauern heißt es:

„Der Baur sammelt große Schätz
Aus Habern, Korn, Ruben, Kraut,
Aus Gersten, Flachs und was er baut"[7]),

„Er ißt Milch nur, Rubn, Kraut,
Erbsen und Gersten, was er baut"[8]),

er kann sich täglich Milch, Semmel und Rüben, oder Rüben, Kraut und Erbsen „durcheinander" gönnen[9]), er lobt den Jäger, der die Rehe und Hirsche abschießt, „so ihm verfressen Ruben und Kraut"[10]), und wählt, als ihm Gott einen Wunsch freigibt, „Ruben, | Die sind im

[1]) Wunderbuch, S. 69. Passau 1506; Ed. SCHEIBLE. Stuttgart 1846(?).

[2]) STEMPLINGER: Antiker Aberglaube in modernen Ausstrahlungen, S. 122. Leipzig 1922.

[3]) Magische Werke. Ed. SCHEIBLE, Bd. 3, S. 376. Stuttgart 1855.

[4]) Kinder- und Hausmärchen, S. 545, Nr. 146. Berlin 1890.

[5]) HAMPE: a. a. O. S. 5; Ausgewählte Werke Bd. 1, S. 32. Nürnberg 1829.

[6]) Ebd. Bd. 4, S. 89.

[7]) Fastnachtsspiele. Ed. GOETZE, Bd. 1, S. 118. Halle 1880ff.

[8]) Zitiert bei BARTELS: Der Bauer in der deutschen Vergangenheit, S. 96. Leipzig 1900.

[9]) Fastnachtsspiele Bd. 1, S. 126; Bd. 2, S. 35; Bd. 3, S. 71; Bd. 5, S. 36. Vgl. Werke, Ed. ARNOLD, Bd. 2, S. 51. Stuttgart 1884.

[10]) Ausgew. Werke Bd. 2, S. 115. 1829.

Winter ebn" [nützlich][1]). Dem Kleinbauern hingegen und überhaupt dem „kleinen Mann" wird nachgesagt:

„Kraut, Erbsen, Rüben untereinand,
Sie fressen es wohl allesamt,
Wie denn das alte Sprichwort will:
Hab'n arm' Leut' viel, so fressen's viel"[2]);

der Garkoch bereitet

„Für den Bauern und Handwerksmann
Würst und Suppen, Ruben und Kraut,
Damit sie auch füllen ihre Haut"[3]),

ja manchmal sind sie schon froh, wenn sie nur „g'frorne Ruben, Holzbirn, Hutzelwasser oder sauren Äpfelwein" zu genießen haben[4]); Rüben oder auch „Kraut und Ruben" sind und bleiben eine gemeine Speise[5]), demgemäß gelten Rubendunst oder Rübendunst für typische Bauernnamen[6]). Von einschlägigen Sprichwörtern führt HANS SACHS des öfteren an: „Eidschwören ist leichter (oder sänfter) als Rübengraben"[7]), „Was soll ein Feld ohne Rubenkraut?"[8]), „Wag' den Sack an die Ruben"[9]), sowie „Der vorher nit mocht Ruben essen, | Muß endlich noch die Grebel [Abfälle] fressen"[10]).

77. MONTANUS erwähnt in den „Schwankbüchern" (1557ff.) rohe Rüben als Bauernessen, und „Rubenherbst" [= Rübenernte] als Zeitbestimmung[11]); 1558 sagt LINDNER in „Katzipori": „Sauer Rübenkraut ist Gelehrten nicht gesund und nur den Bauern zugehört", und SCHUMANN sieht im „Nachtbüchlein", angenehm träumend, „die schönsten Felder, auf denen Linsen und Erbsen, Rüben und Kraut gar herrlich stehen"[12]); 1568 prophezeit HENRICHMANN im „Prognosticon"[13]) und ebenso in „Der teutschen Sibille Weissagung"[14]): „Zu Straßburg am Fischmarkt, zu Bamberg am Markt, da wird es viel

---

[1]) Meisterlied (im Liederbuch aus dem 16. Jahrhundert, Ed. GOEDEKE und TITTMANN, S. 373. Leipzig 1881).

[2]) Der Ketzermeister (1553), zitiert bei FLÖGEL und EBELING: Geschichte des Grotesk-Komischen, S. 157. Leipzig 1888.

[3]) Der Koch; im Text zu JOST AMMANS: Eygentliche Beschreibung aller Ständ' auf Erden. Frankfurt 1568.

[4]) Ed. ARNOLD, Bd. 2, S. 37. — Fastnachtsspiele Bd. 7, S. 73.

[5]) Fabeln und Schwänke. Ed. GOETZE Bd. 1, S. 301, 451; Bd. 2, S. 311, 463, 529; Bd. 4, S. 328. Halle 1893ff.

[6]) Ebd. Bd. 1, S. 5. — Fastnachtsspiele Bd. 4, S. 56; Bd. 7, S. 73. — SCHEIBLE: Schaltjahr Bd. 2, S. 50.

[7]) Fastnachtsspiele Bd. 3, S. 138; Bd. 5, S. 102.

[8]) Fabeln Bd. 3, S. 44. [9]) Ebd. Bd. 1, S. 176; Bd. 2, S. 410.

[10]) Ebd. Bd. 2, S. 500. [11]) Ed. BOLTE, S. 300, 402. Tübingen 1899.

[12]) 400 Schwänke des 16. Jahrhunderts. Ed. BOBERTAG, S. 293, 265. Stuttgart o. J.

[13]) Frankfurt 1568. [14]) Ingolstadt 1571.

Ruben geben"[1]); FREY erzählt 1575 in der „Gartengesellschaft" vom Bischof zu Corduba in Hispania, „der selbst zwei Rebhühner aß, ... seinem Gesind aber geschorne Ruben gab, wie der Welschen Brauch ist")[2]; einige „Fliegende Blätter" der nämlichen Zeit erwähnen „Obst wie schwelke Ruben", „Ruben, ausgerupft aus einem bäuerlichen Rubenacker im Land ob der Enns", und gedenken der Zeilen aus einem Liede:

„Rettich und Ruben,
Madeln und Buben,
Pfefferkuchen und Branntewein,
Wolln allzeit beinander sein[3])."

In den Liedern, die im „Ambraser Liederbuch" von 1582 gesammelt sind, heißt es in dem als „Verkehrtes" bekannten:

„Mitten in seinem Ofen stand die Stuben,
Feld grub er aus den Ruben";

die Müllerin spricht:

„Zu schaffen hab' ich viel,
Ich hab mei'm Volk versprochen
Ich will ihm Rüben kochen
Daheim in meiner Mühl";

das Lob des Landbesitzers lautet:

„Ich preis' den Baumann überlaut,
Der uns den Wein und Korn auch baut,
Den Zwiebel, Ruben und das Kraut[4])."

Einem gleichalterigen „Jagdliede" ist zu entnehmen:

„Meine Frau und Buben,
Die mögen keine Ruben,
Wildpret fressen's alle Tag,
Soviel Jeder fressen mag[5])."

Ein Volkslied „Der Lauf der Welt" besagt:

„Die reichen Bauern halten sich fein,
Bringen das Ihre zum Markt herein,
Schmalz, Kraut und Ruben zumalen,
Faule Eier und alten Käs, —
Die Bürger müssen's bezahlen"[6]);

sehr beliebt war auch ein anderes Volkslied[7]):

„Kraut und Ruben
Fressen meine Buben,
Hätten sie, was besser,
Wetzten sie die Messer",

und die Verse „Kraut und Rüben
Haben mich vertrieben,
Hätt' mein' Mutter Fleisch gekocht,
So wär' ich länger blieben"

---

[1]) SCHEIBLE: Schaltjahr Bd. 1, S. 11; Bd. 5, S. 382.

[2]) 400 Schwänke, a. a. O. S. 234.

[3]) SCHEIBLE: Schaltjahr Bd. 2, S. 344; Bd. 3, S. 23; Bd. 5, S. 228.

[4]) Ed. BERGEMANN, S. 340, 293, 159. Stuttgart 1845.

[5]) Etwas anders bei GRAESSE: Jägerhörnlein, S. 79. Dresden 1861.

[6]) Die Gesellschaftslieder des 16. und 17. Jahrhunderts. Ed. HOFMANN VON FALLERSLEBEN, Bd. 2, S. 178. Leipzig 1860.

[7]) Vgl. FRIEDLAENDER: Das deutsche Lied im 18. Jahrhundert Bd. 1, S. 72. Stuttgart 1902.

sind sogar schon in der ältesten Fassung des Buches vom „Dr. Faust" nachweisbar, die mindestens jahrzehntelang bereits handschriftlich umlief, bevor sie 1587 zu Frankfurt im Druck erschien[1]).

78. Bei Fischart (1525?—1591), dem hervorragenden Straßburger Satiriker und kühnen Sprachbildner, dessen Eigenart und Bedeutung bereits Uhland in Hallings Ausgabe des „Glückhaften Schiffes"[2]) in nicht zu überbietender Weise kennzeichnete, spielen Rüben eine große Rolle, die ihre allgemeine Verbreitung im Elsaß aufs neue bestätigt. In der „Geschichts-Klitterung" (dem Rabelais nachgebildet) lesen wir vom „Rubentelber" [mhd. delpen, dalpen = graben][3]), vom „Räuchern mit Rubenrauch"[4]), vom „bayrisch Rüblein schaben"[5]), vom „Rubeysen [Rübenmesser oder -hobel] für faule Mägd" und von den feinen „rothen Rüblein"[6]), von den Rüben „so stomachum [dem Magen] helfen"[7]), von den Rüben „die desto größer wachsen, damit die Krautfresser zu delben haben"[8]), vom „Wachsen in die Ründe wie ein Rüb"[9]), von „St. Anthoni Rubenschnitz vorsetzen" [= etwas Unpassendes tun][10]); in „Aller Praktik Großmutter" von Rubendelbern, Rubenbumpern, Rubenschreyern [Ausrufern] und „breiten Ruben-Zähnen"[11]), sowie von den Prophezeiungen „gelbe und weiße Ruben wird man um Geld genug finden in Straßburg", „Rettich und Ruben werden viel sein in Straßburg", „In Frankreich werden vollauf Ruben sein in Lemosin [Limousin]"[12]); im „Podagrammisch Trostbüchlein" vom „Hofmann, so läßt die Ruben Birnen sein"[13]); im „Lob der Landlust" (nach Liébault) vom „Krautgarten", der dem Besitzer in jedem Monat „neu frisch Kochkräuter zu sein Genuß bringt", u. a. Mangolt, Milten [Melde], mancherlei Ruben[14]). — In Lercheimers „Bedenken von Zauberey" (1585) überfällt der Teufel eine Bäuerin, „die vom Felde heimgangen mit einer Börde Rubenkraut" [einem Korb Rübenblätter], der „Bauernspeise"[15]); Rollenhagen sagt im „Froschmäusler" (1595):

„Es geht nach dem Sprichwort der Buben:
In die Scheun' g'hört Heu, in die Bauern Ruben"[16]);

der Junker Hans von Schweinichen berichtet in seinen „Denkwürdigkeiten", einer der merkwürdigsten und bezeichnendsten Sitten-

[1]) Faust, das Volksbuch und das Puppenspiel. Ed. Simrock, S. 156. Frankfurt 1872.

[2]) Vorr. S. 19ff. Tübingen 1828.

[3]) Ed. Scheible, Bd. 1, S. 46. Stuttgart 1847. — Vgl. talpa, der mit Grabfüßen versehene Maulwurf (Hollrung).

[4]) Ebd. Bd. 1, S. 52. [5]) Ebd. Bd. 1, S. 89. [6]) Ebd. Bd. 1, S. 63.

[7]) Ebd. Bd. 1, S. 300. [8]) Ebd. Bd. 1, S. 109. [9]) Ebd. Bd. 1, S. 62.

[10]) Ebd. Bd. 1, S. 46. [11]) Ebd. Bd. 1, S. 582, 583, 621, 606.

[12]) Ebd. Bd. 1, S. 644, 653, 649. [13]) Ebd. Bd. 2, S. 657.

[14]) Ebd. Bd. 2, S. 1043.

[15]) Scheible: Sage vom Faust, S. 336. Stuttgart 1847.

[16]) Ed. Benedix, S. 32. Leipzig 1841.

schilderungen des 16. Jahrhunderts, daß 1594 bei der Hochzeit seines Herrn, des Fürsten von Liegnitz, u. a. allein für 6 Taler rote Rüben und Senf verbraucht wurden [offenbar als Zutaten zu den unermeßlichen Mengen der Braten!][1]).

79. Erwähnenswert ist es, daß nach VILMAR deutsche Eigennamen, die mit Rübe zusammenhängen, sehr selten vorkommen[2]). Der bekannteste von ihnen ist RÜBEZAHL, ursprünglich wohl Rübenzagel = Rübenschwanz, über den schon die alte „Wahrhaftige Historie von Dr. JOH. FAUSTUS", zuerst im Druck erschienen 1599 zu Hamburg, zu erzählen weiß, er sei ein böser und schadenfroher Geist, der sich zuweilen im böhmischen Gebirge in Mönchsgestalt sehen lasse und dort Rubezal genannt werde[3]); LOEWE hält ihn von Haus aus für eine Art Alraun[4]), und auch GUBERNATIS erinnert an einen italienischen Aberglauben, demzufolge aus der Rübe [wie aus der Alraunwurzel] leicht ein lebendes Wesen hervorgehen soll, und der noch in dem Sprichworte fortlebt: „trar sangue da una rapa", d. h. „Blut [Leben] aus einer Rübe ziehen"[5]). Nach der Stammsage, deren Heimat die schlesisch-böhmische Grenze ist, soll ein Berggeist, der eine Prinzessin entführt hat, für diese im Garten auf Beeten Rüben säen und richtig zählen, wonach ihn die Nachbarn zum Spott Rübezahl nennen[6]), — doch ist dies offenbar nur ein nachträglicher Erklärungsversuch für das nicht mehr verstandene Wort Rübenzagel; unter jenem Namen lebt dann „das bekannte schlesische Gespenst" bei „jenen, die es nie gesehen haben", weiter fort, so noch 1630 bei OPITZ in der „Schäferei der Nymphen HERCYNIA"[7]) und in des PRAETORIUS „Satyrus etymologicus"[8]). Rüben sind übrigens auch die Lieblingsspeise des „Sicheren Mannes", einer ähnlichen, dem Sagenkreise des Schwarzwaldes zugehörigen Gestalt, von dem noch MÖRIKE singt[9]):

„Aber nun lag er einmal mittags in seiner Behausung,
Seinen geliebtesten Fraß zu verdaun, saftstrotzende Rüben
Zu dem geräucherten Speck, den die Bauern ihm bringen vertragsweis."

80. Unter den Kochbüchern des 15. und 16. Jahrhunderts erwähnt eines der berühmtesten, das „Bamberger" von 1490, eine Brühe von dürren [getrockneten] Rüben mit Gewürz, Honig und Salz[10]) sowie

[1]) Ed. OESTERLEY, S. 432. Berlin 1878.
[2]) Deutsches Namenbüchlein, S. 64. Marburg 1898.
[3]) SCHEIBLE: Dr. JOH. FAUST Bd. 1, S. 300. Stuttgart 1846.
[4]) M. G. M. Bd. 10, S. 527.
[5]) Mythologie des plantes Bd. 2, S. 310. Paris 1878.
[6]) SCHEIBLE uud NORK: Mythologie der Volkssagen, S. 592. Stuttgart 1848.
[7]) Ed. TITTMANN, S. 184. Leipzig 1869.
[8]) Leipzig 1668.
[9]) Werke Bd. 1, S. 81. Stuttgart 1891.
[10]) KLEMM: Allgemeine Kulturwissenschaft Bd. 1, S. 302. Leipzig 1855.

gebratene und gebackene Rüben, betreffs derer schon der Volksdichter PETER LEU (gest. 1496) von einer Pfarrersköchin meldet:

„Sie schmälzte Petern baß sein' Rüben,
That ihn mehr als den Pfarrherrn lieben“[1]);

andere Bereitungen und „Schlecke“, wie Zunge mit roten Rüben u. dgl., gehen auch in die späteren Kochbücher über und finden sich z. B. noch in dem des MARX RUMPOLT von 1587 sowie im „Augsburger“ des STAINDL von 1589[2]). — Recht verschiedentlich sind die Ansichten über den Nährwert der Rüben bei den Verfassern gesundheitlicher Anweisungen, „Pestschriften“ u. dgl. Der „Herbarius Moguntinus“ (Mainzer Kräuterbuch) und der „Hortus Sanitatis“ (Garten der Gesundheit), die 1484 und 1485 zu Mainz erschienen, sprechen von Bleta, Romszkole, Pießen[3]), sowie von Bleta, romsch Kole, Römschkol, Romschköl der weißen und schwarzen (roten) Art[4]), und zwar ausschließlich an Hand einiger antiker und arabischer Autoren. Der „Hortus“ enthält auch zwei kleinere Abbildungen der Beta [bemerkenswerterweise ohne Wurzel, wie allerdings auch bei vielen anderen Pflanzen[5])], ferner eine der Rapa, bei deren Beschreibung er vieles auf Beta Bezügliche mit unterlaufen läßt[6]), und erwähnt, daß (gleich Rübenblättern) auch die großen Blätter des Wegerichs (Plantago major) mit Essig und Salz angemacht und als Mus verzehrt werden[7]); dies bestätigt BRUNSCHWIGS Straßburger „Cirurgia“ (Chirurgie) von 1497, die auch Köllkrut oder Cappskrut statt des Wegerichs empfiehlt[8]). In dem um 1480 vollendeten „Mittelalterlichen Hausbuch“ sind Rüben, besonders gebratene nebst Zucker und Branntwein, ein treffliches Hausmittel[9]), nach der „Cyrurgia“ [Chirurgie] des Würzburger Magisters JOHANN SCHENCK von 1481 aber für Kranke schwer verdaulich[10]); eine anonyme „Pestschrift“ um 1450 verwirft zwar die roten Rüben, nicht aber die [weißen] Mangolt oder Pießen geheißenen[11]), während eine andere von 1463 Rüben und Kraut, namentlich saures, ganz verbietet[12]); der Wiener Magister TOLLAT VON VOCKENBERG empfiehlt 1497 die Bleta, Bleta

[1]) VON DER HAGEN: Narrenbuch, S. 383. Halle 1811.
[2]) KUDRIAFFSKY: a. a. O. S. 273.
[3]) CHOULANT: a. a O. S. 6. [4]) S. 125 ff.; 40, 196. Mainz 1485.
[5]) Vgl. hierüber SCHREIBER: Die Kräuterbücher des 15. und 16. Jahrhunderts. München 1924.
[6]) Hortus, S. 534 (Abbildung mit Wurzel); 134.
[7]) Ebd. S. 488, 489, mit Abbildung. [8]) CHOULANT: a. a. O. S. 79.
[9]) Ed. BOSSERT und STÖRCK, S. 19. Leipzig 1912.
[10]) SUDHOFF: Beiträge zur Chirurgie Bd. 2, S. 564. Leipzig 1919.
[11]) SUDHOFF: A. Med. Bd. 8, S. 272, 283.
[12]) HOVORKA und KRONFELD: Vergleichende Volksmedizin Bd. 2, S. 313. Stuttgart 1908. — Vgl. die zustimmende Erklärung des Meisters HEIDRICUS, und die abweisende des Magisters BERCHTOLD, gegen 1440 (SUDHOFF: A. Med. Bd. 16, S. 86, 158).

alba, im „Meysterlichen Büchlein der Arznei“[1]), eine deutsche Ausgabe des „Regimen Salernitanum“, die 1547 zu Hannover erschien, sowie ROTHS Leipziger „Leibapothek“ von 1581 erklären sie als „leicht für den Magen“[2]), und auch PAUSCHNERS „Pest-Regimen“ von 1530 bezeichnet sie als erlaubt und zuträglich[3]). Einige schweizerische „Pestschriften“ zwischen 1450 und 1480 vertreten die gleiche Meinung über beta und blita, erwähnen, daß in Luzern gewohnheitsmäßig viel blita und spinachia [Spinat] gegessen wird, und lassen auch Blätter (?) von atriplex [Melde oder Rübe?] zur äußerlichen Kühlung auflegen[4]). AMWALD, der laienhafte Erfinder einer Universalmedizin, die er um 1590 in den wiederholten Auflagen des „Berichtes ... von der terra sigillata Amwaldiana“ mit großer Dreistigkeit und anscheinend mit entsprechendem Erfolge anpries, verordnet unter anderen Zutaten auch grünen Mangold, gekochtes Mangoldkraut, fein geschabte oder zerkaute Rüben usf.[5]); die Ärzte verspotteten seine „Panacee“ als „Wahnacee“ und schalten ihn einen „Lehrbuben PARACELSI“!

81. THEOPHRASTUS PARACELSUS (HOHENHEIM, 1493—1541), dessen außerordentliche Bedeutung als Arzt, Gelehrter und Mensch, und dessen rücksichtslos bahnbrechende und daher auch schärfstens angefochtene Tätigkeit hier nicht des weiteren erörtert werden können, spricht in seinen Schriften, die freilich zum Teil entstellt, zum Teil untergeschoben sind, des öfteren von der Rübe: Bleta, Mangolt, weißer Mangolt[6]) und Bleta rubea [rote Rübe][7]) gehören zu den „Kräutern, so Speis sind“[8]), sollen aber, im Gegensatze zu Zwiebeln oder Rettich, nur gekocht genossen werden, wegen ihrer stark „sulphurischen Natur“[9]). Sowohl Wurzeln als Blätter sind von großer Kraft[10]), daher Rübenkraut, Rübenschnitze sowie ganze Rüben auch den heißen Bädern zugesetzt werden[11]); manche Kranke vertragen indessen keine Rüben, außer den ganz kleinen, die recht süß sind[12]), auch gibt man unter Umständen statt der Wurzel der Beta die [gleichfalls abführende] des Helleborus [Nieswurz][13]). Sprichwörtlich heißt es in dem um 1530 verfaßten Buche „Paramirum“: „Es will je nichts sollen, daß eine Sau im Rübenacker sei[14]).“ In den „Chirurgischen Büchern und Schriften“[15]) sagt PARACELSUS, daß Mangelt, weiß und rot, zu Arzneien dien-

---

[1]) Memmingen 1497; s. SUDHOFF: Deutsche medizinische Inkunabeln, S. 36. Leipzig 1908.

[2]) SCHEIBLE: Schaltjahr Bd. 4, S. 444, 10.

[3]) SUDHOFF: A. Med. Bd. 4, S. 291.

[4]) SUDHOFF: A. Med. Bd. 16, S. 41, 52, 58. [5]) S. 24, 42. Stuttgart 1601.

[6]) Opera. Ed. HUSER, Bd. 1, S. 183, 438. Straßburg 1603.

[7]) Ebd. Bd. 1, S. 462. [8]) Ebd. Bd. 2, S. 46. [9]) Ebd. Bd. 1, S. 183, 438.

[10]) Ebd. Bd. 1, S. 700, 441. [11]) Ebd. Bd. 1, S. 311, 692.

[12]) Ebd. Bd. 1, S. 459. [13]) Ebd. Bd. 1, S. 458. [14]) Ebd. Bd. 1, S. 41.

[15]) Ed. HUSER. Straßburg 1618.

lich seien[1]), daß „Rüben füllen Bauch und Magen, aber nicht den Lust des Leibes“ und bei den Kranken leicht Blähung bewirken[2]), daß gebratene Rüben sich gegen offene Schäden bewähren[3]) und daß ein Knoten am Hals, „mit Haut bedeckt wie Rüben“, Kropf benannt wird[4]). „Aus den Rüben hat der Rettich seinen Ursprung genommen“, und zwar, wie auch bei vielen anderen Pflanzen geschieht, „durch Transplantation“[5]).

82. Zahlreiche gelehrte Zeitgenossen und unmittelbare Nachfolger des PARACELSUS, darunter vor allem tüchtige Ärzte und „Väter der Botanik“, begannen um und nach 1500 sich eingehend mit den Schriften der Antike bekannt zu machen; unter dem Einflusse der Renaissance zu neuem Rufe gelangt und durch den Buchdruck allgemein zugänglich geworden, stiegen diese alsbald zu erhöhter und rasch wachsender Bedeutung auf, und die einschlägige Literatur im deutschen Reiche, — über die fremdländische wird weiter unten berichtet werden —, brachte daher binnen kurzem eine Fülle von Werken hervor, die sich ebensosehr durch gediegenen Inhalt auszeichneten wie durch gute Ausstattung und lehrreiche Abbildungen.

83. BRUNSSCHWICK, der Straßburger Wundarzt, dessen „Buch zu Distilliren“ zuerst 1500 zu Straßburg erschien, verwendet noch, dem volkstümlichen Gebrauch folgend, Blete und Mangold als Abführmittel[6]), heilt Katarrhe und ähnliche Zufälle durch faustgroße, in Asche weich gebratene Stücke Rübe[7]), und behandelt erfrorene Glieder mit einem aus erfrorenen Rüben gebrannten Wasser[8]). BRUNFELS hingegen, der im „Verzeichniß einfacher Heilmittel“ seines Pflanzenbuches von 1532 beta oder seutlon, blitum, napi und rapae aufführt[9]), bespricht beta oder Mangold schon ganz an Hand der Angaben des PLINIUS und DIOSKURIDES, unter Mitberücksichtigung einiger arabischer Autoren[10]); im „Onomasticon“ fügt er hinzu[11]), Teutlon, lateinisch Beta, deutsch weißer und roter Mangolt, römisch Koel oder Wintergrün, heiße Beta, weil der Samen an Gestalt dem griechischen β gleiche, sei ein wohlbekanntes Küchenkraut, werde bei guter Kultur baumhoch, und treibe Blätter, die größer und breiter sind als jene aller anderen Gartengewächse; eine ähnliche Pflanze, Blitum, Bletum, Blitus, ist beim gemeinen Volke als Nahrungsmittel gebräuchlich, ebenso napum oder *βουνιάς* (Buniás) sowie rapa oder *γογγύλη* (Gongýle), von der es auch eine wilde Art (sylvestris) gibt, die nach POSEIDONIOS [?] in Dalmatien vorkommen soll. Fast mit den nämlichen

---

[1]) Ebd. S. 22. [2]) Ebd. S. 214. [3]) Ebd. S. 571.
[4]) Ebd. S. 440, 587. [5]) Ebd. S. 267. [6]) S. 230, 189. Straßburg 1532.
[7]) Ebd. S. 242, 247. [8]) Ebd. S. 226.
[9]) Herbarum novae eicones Bd. 1, S. 30ff. Straßburg 1532.
[10]) Ebd. Bd. 3, S. 145. [11]) Straßburg 1543; unter Beta und Teutlon.

Worten wie BRUNFELS äußert sich der Straßburger „Herbarius“ [Kräutler] HIERONYMUS[1]) und benennt den Mangold oder römisch Köl Bleta oder Blita, und die Rübe „wild und zahm, von mannigfachem Geschlecht“ rapa oder napus. — LEONHARD FUCHS, der treffliche Arzt und Herausgeber des „New Kreuterbuch“, des reichhaltigsten, mit den naturgetreuesten und künstlerisch schönsten Abbildungen ausgestatteten deutschen Pflanzenwerkes, bezeichnet 1543 Mangolt oder Biessen, in der Apotheke Beta geheißen, als ein allenthalben in den Gärten gepflanztes Kochkraut[2]); die weiße Art, aber auch die rote, Beta nigra, die an Wurzeln, Blättern und Stengeln braunrot gefärbt ist, besitzt Blätter, die denen der Molten [Melde] gleichen, treibt einen hoch aufragenden Stengel und bringt einen harten Samen hervor, der aber leicht keimt. Die Eigenschaften und Anwendungen schildert FUCHS genau den Überlieferungen der Alten entsprechend; seine Abbildungen der weißen und roten Beta zeigen auffällig dünne, zum Teil kriechende, lange, auch verzweigte und faserige Wurzeln, gleich jenen der Melde[3]), aber ganz verschieden von denen der Steckrübe (napum, bunias)[4]) oder gar den rettichähnlichen der weißen [Eß-] Rübe (rapa, gongyle)[5]). Die Abbildungen in dem kleineren Werke des FUCHS, „Plantarum effigies“ (Pflanzenbilder), sind so ziemlich die nämlichen wie im ersterwähnten, doch finden sich ihnen Namen in verschiedenen Sprachen beigefügt, auf die zum Teil noch weiter unten einzugehen sein wird: Beta candida, weißer Mangolt, porée ou jotte blanche, bietola bianca; Beta nigra, roter Mangolt, reparee ou bete noire, bietola nera[6]); Blitum, Mayer [offenbar Major = der große, hoch aufschießende; wie Mangold als Name der Beta], blete d'Espaigne (= spanische Rübe), blito[7]); Napus, Steckrübe, navet, napo (zahm und wild)[8]); Rapum, weiße [Eß-] Rübe, rave ou naveau, rapa[9]); Limonium, wilde Rübe oder Wintergrün, bette sauvage, limonio[10]). — VALERIUS CORDUS (1515—1544), der in jungen Jahren verstorbene Verfasser des berühmten ersten „Dispensatoriums“, das 1546 in Nürnberg erschien, spricht einige Male von Beta, u. a. als Bestandteil eines Abführmittels[11]), sowie von rapa, napus (= merseburger, borsfelder, bayrische Rüblin)[12]), Brassica silvestris, Steckrüble[13]), deren aller er auch in seinem Kommentar zu DIOSKURIDES gedenkt[14]). — BOCK (TRAGUS) sagt schon in einem Briefe von 1531 an BRUNFELS, der in dessen „Herbarum novae eicones“ abgedruckt ist[15]), er habe von der

[1]) Bei BRUNFELS, Bd. 2, S. 193, 196. [2]) Cap. 313. Basel 1543.
[3]) Ebd. cap. 62. [4]) Ebd. cap. 63. [5]) Ebd. cap. 77.
[6]) S. 465, 466. Lyon 1552. [7]) Ebd. S. 97. [8]) Ebd. S. 98, 99.
[9]) Ebd. S. 120, 121. [10]) Ebd. S. 265. [11]) S. 187. Venedig 1583.
[12]) Ebd. S. 137. [13]) Ebd. S. 149.
[14]) TSCHIRCH: a. a. O. Bd. 1, S. 797, 777. [15]) Bd. 2, S. 165. Straßburg 1532.

Beta des PLINIUS und DIOSKURIDES, „die bei uns Mangolt Kraut, römisch Kraut, römisch Köl heißt“, die schwarze, grüne und halbgrüne [grünliche], aber keine weiße Art gesehen, und durch eigene Erfahrung gelernt, nicht bloß aus dem DIOSKURIDES, daß sie ein treffliches Reinigungsmittel für Kopf und Nase abgibt. In seinem 1551 vollendeten „Kreuterbuch“[1]) heißt es vom Gartenmangold oder Mangoldkraut, dessen Abbildung eine lange, dünne, vielfaserige Wurzel aufweist: Nichts ist gemeiner in unseren Küchen; in unseren Landen [im Elsaß] ist es das gebräuchlichste aller „Koch-Kreuter“, Armen und Reichen angenehm, obwohl ohne rechten Geschmack, weshalb man Gewürze und Wein hinzufügt oder auch nur Essig; die Wurzel ist weiß oder rot, lang, rundlich und holzig, treibt im zweiten Jahre einen hohen Stengel und bringt viele große, helle oder dunkle, oft auch braunrote Blätter hervor. Der Mangold dient auch innerlich und äußerlich als Arznei, heißt überm Rhein Rungelsen, bei uns römisch Kohl, lateinisch Beta oder Bleta hortensis, griechisch Teutlon und arabisch Decka; ihm ähnlich sind die Melde[2]), die weiße [Eß-] Rübe und die Steckrübe[3]), sowie der wilde Wiesenmangold oder Limonium[4]).

84. RYFF, der 1544 sein vielgelesenes und oft aufgelegtes „Confectbuch und Hausapothek“ zusammenstellte, erwähnt unter den Rüben [irrtümlich] als „roth Moren“ die Möhren, deren Schnitte man am Rhein und in Straßburg entweder „zum Wollust in Honig einmacht“ oder auch nebst allerlei Zutaten und Gewürzen zu einem „Rübencompost“, und aus denen man eine heilsame Latwerge und ein wirksames Gegengift bereitet. Der gemeine [weiße] Mangold dient, abgesotten oder mit Essig angemacht, als Zuspeise. Der rote Mangold mit den braunschwarzen, braunroten oder tiefgrünen Blättern und den großen, schön blutroten Wurzeln ist in Deutschland erst neuerdings bekannt geworden, wird aber jetzt auch schon in Meißen und Sachsen gleich Kraut und Kohl in kleinen Fäßchen sauer eingemacht und weithin verführt[5]). Der Samen der Rübe, u. a. jener der wilden gelben, bildet auch einen Bestandteil verschiedener Arzneien[6]). — Den Werken des RYFF und BRUNSSCHWICK (BRAUNSCHWEIGK) entnommen ist der Hauptinhalt des in mehreren Ausgaben verbreiteten „New vollkommen Distillirbuch“: Rüben und Napen (Steckrüben), die auch abgebildet sind, gelten zwar mehr als eine Speise der Arbeitsleute, aber beim gemeinen Mann steht auch das aus ihnen gebrannte Wasser in Gebrauch; das Kraut der Beta wird ganz grün, frisch und unverwelkt destilliert, im übrigen pflegt man die Pflanzenteile klein zu hacken und „abzuziehen“. Die Säfte sind, besonders zusammen mit etwas fein

[1]) S. 265. Straßburg 1561. [2]) Ebd. S. 266. [3]) Ebd. S. 272.
[4]) Ebd. S. 264. [5]) S. 123ff. Frankfurt 1554.
[6]) Ebd. S. 45, 277; 256, 265.

zerstoßenem Samen, auch innerlich mit Vorteil verwendbar, u. a. als allgemeines Gegengift; äußerlich aufgelegt heilen sie erfrorene Füße und Glieder, Bisse, Stiche und Brandblasen[1]). — Da man rote Rüben nachweislich auch in Deutschland schon seit altersher anbaute, kann es sich bei den von RYFF und seinen Zeitgenossen erwähnten nur um eine neue Sorte handeln, die vermutlich um oder bald nach 1540 aus Italien zur Einfuhr gelangte; soweit Beschreibungen und Abbildungen ersehen lassen, war es eine Art mit weit größerer, rundlicherer und saftreicherer Wurzel.

85. In den Niederlanden, die zu jener Zeit dem deutschen Reiche teils noch angehörten, teils mit ihm durch die Person des Herrschers verknüpft waren, verfaßte DODOENS (DODONAEUS, geb. 1516), ursprünglich in flämischer Sprache, seine „Histoire des plantes". Er beklagt in ihr[2]) die Unwissenheit vieler Ärzte, die Blitum nicht von Beta zu unterscheiden verstehen; die gewöhnliche weiße und rote Rübe besitzt, wie auch die Abbildung bestätigt, eine dünne, lange, mehrfach verzweigte Wurzel, und beide Arten stimmen, abgesehen von der Farbe, durchaus überein[3]); dagegen zeigt eine neue Art, die aus der Fremde stammt (estrangère), laut Abbildung eine viel kürzere, dicke, auch innen schön rote, weitaus süßere Wurzel, die jener der Eßrübe (naveau) gleicht. Diese „Beta nigra romana", flämisch „roomsche [= römische] roode beete", fälschlich auch „rapa rubra" geheißen, obwohl sie keine Gattung der rapa ist, wird mit Essig und Öl angemacht als Vorspeise gegeben, auch in der Medizin verwendet und daher hauptsächlich von den „Herboristes" [Kräutlern, Gemüsezüchtern] angebaut; die gemeine Beta hingegen, flämisch mangold beete, französisch bete, jotte oder porée (s. weiter unten), pflanzt man allerorten in den Gärten, und zwar vielfach „à la porée" (s. unten); ebenda findet man die als Gemüse, besonders als Suppengemüse beliebte Bletta (blatta, blitum = Melde), sowie rapa und napus mit ihren Abarten[4]). Zwei andere, äußerst seltene Werke des DODOENS, „Florum ... et herbarum historia" („Über Blumen und Kräuter") und „Historia frumentorum, leguminum, ..." („Über Nährpflanzen und Gemüse")[5]), tun der Beta keine Erwähnung; nach dem ersteren soll die wilde Rübe, rapum sylvestre des DIOSKURIDES, der Campanula (Glockenblume) oder Rapunzel [= kleine Rübe?] nahestehen[6]), und in dem letzteren wird der Beiname romanus, der die italienische Herkunft bezeugt, auch anderen Pflanzen beigelegt, z. B. „roomschen

[1]) S. 26, 137. Frankfurt 1597. [2]) Vorr. S. 5. Antwerpen 1557.
[3]) Ebd. S. 376. [4]) Ebd. S. 376, 410, 411.
[5]) Beide: Antwerpen 1569.
[6]) A. a. O. S. 29—36. — Nach GIBAULT kommt Rapunculus nicht von rapum, sondern von Rhaponticum (a. a. O. S. 147, 149).

erwiten" (Erbsen)[1]. — LOBELIUS (DE L'OBEL), dessen „Stirpium historia; Illustrationes plantarum" („Über die Pflanzen; Abbildungen der Pflanzen") 1576 zu Antwerpen erschien, spricht in diesem Buche an Hand der Angaben des PLINIUS, DIOSKURIDES und GALENOS von der weißen und schwarzen Beta, „die man heute statt mit Senf mit Ingwer anmacht", und gibt auch Abbildungen der Beta sylvestris oder spontanea marina (weil am Seestrande wachsend), die er gelegentlich auch dem Blitum und samt diesem wieder der Beta gleichsetzt[2]. In dem Werke „Nova stirpium adversaria"[3] unterscheidet er einerseits die Beta alba, cicla officinarum (der Apotheken), Sicula des THEOPHRASTOS, Beta nigrifolia (die dunkelblättrige), andererseits die Beta rubra, purpurea, und zwar in einer gewöhnlichen Varietät (vulgaris) und einer mit schraubenartig gedrehter Wurzel (radice turbinata). Die erstere, flämisch witte Beete (weiße), deutsch weißer Mangold, franz. bete, bete blanche, jotte (s. unten), findet sich in jedem Garten, hat eine daumendicke, 6 Handbreiten lange, faserige Wurzel von scharfem, nitrösem Geschmack und blähender, Galle erzeugender Natur und treibt große, dunkelgefärbte Blätter; es ist eine traurige Tatsache, „daß sehr erfahrene Ärzte und Apotheker diese weiße und die rote Beta nicht von weißem und rotem Blitum [Melde] zu unterscheiden wissen". Die zweite, flämisch roote Beete, deutsch roth Mangolt, franz. bete rouge, ist seltener als die erste, von süßerem Geschmacke, sonst aber ihr ganz ähnlich, bis auf den blutroten Saft und die zuweilen helleren Blätter. Beide Arten sind verschieden von rapum und napus[4].

86. THURNEISER, dessen verschiedene Werke infolge seiner abenteuerlichen Schicksale als Alchemist meist unvollendet blieben, gedenkt im ersten und einzigen Bande der „Historia plantarum" von 1578 auch der Beta, deren Saft, besonders jener der roten Art, reinigend auf Nase und Gehirn wirkt, daher er deren katarrhalische Abflüsse stillt[5]. — LONICERUS erzählt in seinem höchst beliebten und sehr oft aufgelegten „Kreuterbuch" von 1582, die weiße und rote Beta heiße griechisch Teutlon, deutsch Mangolt, Beißköl, römisch Köl, Romgras, Rungkraut, Rungsel, franz. bete, ital. bietola, span. aselgas, besitze [wie die Abbildung zeigt] eine lange, dünne, faserige Wurzel sowie schwarzgrüne, große Blätter, und sei „ein gemeines Gemüse, ein gutes Küchenkraut, nicht sonderlich von Geschmack, daher auch Beta insipida (fade Rübe) geheißen"; Kraut und Wurzel sind „wohl temperiert und leicht verdaulich", die Wurzel wird gleich Spargel mit

[1]) DODOENS: a. a. O. S. 107.
[2]) A. a. O. S. 662, 665; Abteilung „Observationes", S. 125.
[3]) S. 93. Antwerpen 1576.
[4]) Ebd. S. 66, 67; s. a. Stirpium historia, S. 99, 100, mit Abbildungen.
[5]) S. 132. Berlin 1578.

Butter und Essig zubereitet, die gesamte Pflanze wirkt innerlich und äußerlich reinigend und bei dem aus ihr gebrannten Wasser ist das nämliche der Fall[1]). Ähnliche, aber verschiedene Gewächse sind Melde oder Mayer (lat. blitum, ital. blito oder biedone, span. biedos) Wiesen-, Wald- oder Holzmangold (lat. limonium), sowie die rapum und napus genannten Rübenarten[2]). — Nach dem umfangreichen „New Kreuterbuch" des TABERNAEMONTANUS (= Bergzaberner), Apothekers zu Bergzabern im Elsaß[3]), 1588, ist Mangolt, Manngolt usf., lat. beta, arab. decka, allenthalben in Gärten und „gebauten Orten" anzutreffen; sie treibt (s. Abbildung) eine lange, dünne, faserige, tief in die Erde gehende Wurzel, weiß, rot, gelb oder schwarz von Farbe, viele breite und weiche Blätter und einen über ellenhohen Stengel; die Wurzel ist „am Meer gesalzenen Geschmackes", sonst von scharfer, warmer und trockener Natur; ihr Brei, ihr Saft, ihre und der Blätter Abkochung, sowie ihr „zu Asche gebrannter" Rückstand sind innerlich und äußerlich sehr heilsam, wie das schon DIOSKURIDES, GALENOS und SIMEON SETH lehrten[4]). Der Beta teils verwandt, teils in manchem ähnlich sind Melde oder Mayer[5]), Waldmangold, d. i. des DIOSKURIDES Leimonion[6]), und rapum, gr. gongyle, arab. seliem, ital. rapo, span. nabo, franz. nave, niederl. rapen, engl. turnepe[7]). In späteren Ausgaben des „Kreuterbuches" findet sich noch beigefügt, daß die Beta am besten in trockener Lage gedeiht, daß sie desto süßer wird, je mehr sich der Saft in die Wurzel statt in die Blätter zieht, und daß „die aus ihr ausgekochte Brühe, besonders aus den gedörrten Rüben, wie in Sachsen üblich", ganz besonders süß schmeckt und ein treffliches Mittel gegen Hals- und Brustschmerzen vorstellt[8]). — CLUSIUS (DE L'ÉCLUSE), der vielseitig gebildete und vielgereiste, hervorragende flandrische Naturforscher und Botaniker (1526—1604), erwähnt gelegentlich in der „Rariorum plantarum historia" („Von den selteneren Pflanzen"), um 1590 seien die Kartoffeln [um deren Kenntnis und Verbreitung er sich große Verdienste erwarb] in Oberitalien schon etwas so Gewöhnliches gewesen, daß man sie nicht mehr, wie anfangs, nur in den Gärten baute, sondern schon gleich Rüben als allgemeine Speise benützte, ja sogar an Schweine verfütterte[9]). — OSWALD CROLL (1576—1612), Leibarzt Kaiser RUDOLFS II., war ein großer Anhänger des PARACELSUS und der auch von diesem verteidigten, übrigens uralten „Theorie der Signaturen", der gemäß äußere Kennzeichen, gewisse Ähnlich-

[1]) S. 221. Frankfurt 1582. [2]) Ebd. S. 221, 219, 224.
[3]) BECKER: A. Nat. Bd. 5, S. 288. [4]) Bd. 2, S. 139. Frankfurt 1588.
[5]) Ebd. Bd. 2, S. 135, 141. [6]) Ebd. Bd. 2, S. 140.
[7]) Ebd. Bd. 2, S. 115; mit Abbildung.
[8]) S. Abdruck von Basel 1731; Bd. 2, S. 790, 814.
[9]) Bd. 2, S. 79. Antwerpen 1601.

keiten der Form oder Farbe usf., als von maßgebender Bedeutung für die Wahl und Wirksamkeit der Arzneimittel angesehen wurden[1]). Dieser Lehre gemäß, die er u. a. in seiner um 1600 entstandenen „Basilica chymica" und im „Tractat von den innerlichen Signaturen" ausführlich behandelte, behauptete er z. B., die Rübe sei ein Spezifikum gegen Wassersucht, „da eine Rübe wie ein geschwollener Fuß aussieht" [2]).

---

87. Für die alte Verbreitung der Rübe in Italien zeugt die Erzählung, der berühmte Architekt BRUNELLESCHI (1377—1446) habe den Steinmetzen für die schwierig zu gestaltenden Formsteine der Florentiner Domkuppel kleine Modelle aus Rüben zurechtgeschnitten, — deren Art allerdings fraglich bleibt[3]). — ARIOSTO (1474—1533) sagt in der 4. Satire:

„Den Fürsten dienen liegt mir nicht im Blut;
Viel lieber bei mir selber Rüben ess' ich,
Die ich gekocht, dann gar auf Holz gesteckt,
Geschält hab' und besprengt mit Most und Essig[4])."

Der Urtext gebraucht zwar das Wort rapa[5]), da aber italienische Bauern noch in neuerer Zeit auch Zuckerrüben mit rapa bezeichnen

[1]) Es helfen z. B. nach der Signaturentheorie: das Leberblümchen gegen Leberkrankheiten, weil seine Blätter leberförmig und bräunlich aussehen; das Schöllkraut und der Granatapfel gegen Gelbsucht und Blutbrechen, weil Blüten und Saft des ersteren gelb, des letzteren rot sind; der Natternkopf gegen Schlangenbisse, weil seine Blumenkrone dem Kopfe der Natter gleicht; die Siegwurz gegen Hieb- und Stichwunden, weil ihre Blätter schwertförmige Gestalt besitzen; die Citrone gegen Gallenleiden, weil sie gelb von Farbe ist; die Samen gewisser Bäume gegen Fieber, weil ihre Zweige stets zittern, usf. Zur sehr umfangreichen, tief in das Altertum zurückreichenden Literatur vgl. u. a.: KOBERT: Über den Zustand der Arzneikunde vor 18 Jahrhunderten, S. 17. Halle 1187; PETERS: Aus pharmazeutischer Vorzeit Bd. 1, S. 166. Berlin 1889; PUSCHMANN: a. a. O. Bd. 1, S. 136; TSCHIRCH: a. a. O. Bd. 1, S. 886ff.; VETH: De leer der signatur. Leiden 1894; RIXNER-SIBER: Lehren . . . berühmter Physiker Bd. 1, S. 116ff. Sulzbach 1829; PRITZEL: Thesaurus Litteraturae Botanicae, S. 519ff. Leipzig 1872; MARSHALL: Arzneikästlein. Leipzig 1894; JACOB-LACROIX: Curiosités des sciences occultes, S. 361. Paris 1885; PARACELSUS: a. a. O. Bd. 1, S. 331ff., 908ff.; Bd. 2, S. 306; TRITHEMIUS: Wunderbuch, S. 30ff. Passau 1506; SABIN (1440): Fieberdiätetik (SUDHOFF: A. Med. Bd. 10, S. 320); PORTA (1539—1615): Phytognomica, bes. S. 24, 28, 168ff. Rouen 1650; FRANKE: Signatur. Rostock 1618; POPPE: Kräuterbuch . . . Leipzig 1625; DSCHAMI (persischer Dichter, 1414—1492): Jussuf und Suleika; üb. ROSENZWEIG, S. 220. Wien 1824.

[2]) SPRENGEL: Versuch einer pragmatischen Geschichte der Arzneikunde Bd. 2, S. 435. Halle 1821.

[3]) VASARI: Lebensbeschreibungen. Ed. JAFFÉ, S. 136. Berlin 1920. — BURCKHARDT: Geschichte der Renaissance in Italien, S. 111. Stuttgart 1891.

[4]) Satiren; üb. GILDEMEISTER-HEYSE, S. 33. Berlin 1904.

[5]) ARIOSTO: Rime e Satire, S. 390. Florenz 1822.

und ganz in der geschilderten Weise zurechtmachen[1]), muß die Natur von ARIOSTOS Rüben ebenfalls für unsicher gelten. — MICHELANGELO spottet in einem um 1515 verfaßten satirischen Gedichte des Empfängers mit den Worten:

„Du hast ein Antlitz, süßer noch als Most, ...
Und hell erglänzt es, schöner noch als Rüben[2]).“

88. Die „ungeheuren“ Rüben der neuen Welt, von denen gegen 1510 PIETRO D'ANGHIERA (PETRUS MARTYR) in seinen Briefen an Papst LEO X. spricht, waren die Wurzeln von Yucca oder von Yams (Dioscorea alata) und haben daher mit den europäischen Rübensorten überhaupt nichts zu tun[3]); derlei Erzählungen mahnen zur Vorsicht auch gegenüber jenen sonstiger Berichterstatter aus dem Zeitalter der Entdeckungen, die u. a. auch der kosmetischen Verwendung von Rüben gedenken, vermutlich irgendwelcher größerer, von farbigem Safte erfüllter Wurzeln[4]). Der von 1515 an nachweisbaren Sammlung „geheimer“ Rezepte, „De secretis libri VII“, des PEDEMONTANUS (RUSCELLI) ist übrigens zu entnehmen, daß tatsächlich in Italien die Säfte der Rübe (beta) und ihrer Blätter als Haarfärbemittel, als Zusatz zu Augensalben, und nebenbei auch zum Färben von Zuckerwaren dienten[5]).

89. SALADIN D'ASCULO verfaßte in Süditalien um 1450 sein „Compendium aromatariorum“[6]), „das erste wirkliche Apothekerbuch in modernem Sinne, kein bloßes Antidotarium“[7]), und erwähnt in ihm einige Male den Saft (succus) und die Blätter der Rübe, betá oder bleta[8]). BENANCIO beschuldigt die Apotheker in seiner wider sie gerichteten Schmähschrift (um 1530?), sie verkauften statt kostbarer Wurzeln getrocknete Rüben[9]). Nach BRASAVOLAS Werk von 1536 über die einfachen Heilmittel („Examen omnium simplicium“) hat die Beta oder Bleta ihren Namen vom griechischen Buchstaben β und heißt franz. poiree, deutsch mangolt und daher im nördlichen Italien (u. a. auch in Mailand) managold, im Venetianischen herbete [= Kraut], in Kreta seuklon, in Spanien aselga, in Polen cvikla; sie ist verschieden

[1]) Persönliche Mitteilung von Herrn Direktor J. WEINZIERL (†).
[2]) GUARDINI: Michelangelos Gedichte und Briefe, S. 15. Berlin 1907. — THODE: Michelangelo Bd. 1, S. 178. Berlin 1902.
[3]) VOLZ: a. a. O. S. 225. — TSCHIRCH: a. a. O. Bd. 1, S. 766.
[4]) Siehe die „Ubi“ genannten Rüben PIGAFETTAS (1521) von den Molukken (Beschreibung der ersten Reise MAGALHAENS um die Welt; üb. KRIES, S. 253. Gotha 1801), sowie die Rüben QUIROS (1605) von den Neuen Hebriden (LÖWENBERG: Geschichte der geographischen Entdeckungen Bd. 2, S. 14. Leipzig 1881).
[5]) S. 223, 394, 181. Basel 1543.
[6]) Abgedruckt in: MESUAE Opera. Ed. COSTA, S. 299. Venedig 1570.
[7]) TSCHIRCH: a. a. O. Bd. 1, S. 665.
[8]) Ed. ZIMMERMANN, S. 66, 70. Leipzig 1919.
[9]) PHILIPPE: Geschichte der Apotheker, S. 158. Jena 1855.

von Blitum [Melde], welcher Pflanze schon GALENOS irrtümlich manches zuschrieb, was in der Tat die Beta betrifft, kommt mit weißen oder roten Wurzeln vor und erfreut sich so allgemeinen Bekanntseins, daß es unnötig wäre, sie abzubilden. Eifrig angebaut wird sie u. a. nächst Ferrara, wo sie auch besonders heilkräftig gedeiht; Wurzeln, Blätter und der Saft aus beiden sind von feuchter, jedoch nicht kalter, sondern eher etwas warmer Natur; die schwarze (rote) Sorte verstopft, die weiße, die überhaupt die bessere ist, führt ab und dient daher zu Klistieren[1]). Ähnlich lauten die Angaben des vielseitigen neapolitanischen Gelehrten BAPTISTA PORTA (1539—1615), die hauptsächlich auf recht oberflächliche und zum Teil unzutreffende Auszüge aus antiken Quellen zurückgehen. In der angeblich schon gegen 1559 verfaßten „Magia naturalis" erzählt er, die Beta werde nach SOTION größer durch Düngen mit frischem Kuhkot, nach PLINIUS süßer durch Begießen mit Salzwasser, und ihr Reibsel führe nach CASSIANUS [einem Autor der sog. „Geoponica"] Wein binnen 3 Stunden in Essig über, der sich jedoch wieder in Wein zurückverwandle, wenn man ihm die Wurzel der Brassica zusetze[2]). In den (späteren) „Physiognomica" fügt er noch bei, der Saft der weißen Beta, die er für die Sicula des THEOPHRASTOS erklärt, reinige sowohl Nase wie Kopf und führe ab, während jener der schwarzen verstopfe; die Blätter und Blüten der Beta, sowie die Wurzeln der „rapi et napi" seien von gelblicher Farbe und enthielten einen gelblichen Saft, daher erzeugten oder vermehrten sie [gemäß der Lehre von den Signaturen] die Galle; aus den Samen entstünden gleichzeitig Pflanzen von Beta und Brassica (beta et brassica simul nascuntur)[3]).

90. MIZALDO (MIZAULD, 1520—1578), der sich als Arzt und als Schriftsteller hohen Rufs erfreute, bespricht im „Medicus hortus"[4]) beta, blitum und brassica meist gemäß antiker Überlieferung[5]) und empfiehlt in „Memorabilium centuriae IX" die Blätter und Wurzeln der Beta auch zum Färben der Haare und zur Pflege des Bartes[6]). — Die Angabe, daß SCALIGER in seiner ebenso umfangreichen wie bösartigen Streitschrift gegen [den bereits verstorbenen] CARDANUS, den 1576 verfaßten „Exercitationes ad CARDANUM", Ausführliches betreffs Beta vorbringe, ist irrtümlich; er erwähnt beta und brassica nur ganz flüchtig als Pflanzen, die unter Umständen salzigen Geschmack zeigen[7]). — Sehr eingehend behandelt die Rübe aber MATHIOLUS aus Siena (1501—1577), der berühmte Mediziner, Botaniker und kaiserliche Leibarzt. Im „Compendium de plantis omnibus", einer Be-

[1]) S. 198. Lyon 1556. [2]) S. 135, 157, 227. Lyon 1651.
[3]) S. 198, 167, 159. Rouen 1650. [4]) Paris 1574.
[5]) TSCHIRCH: a. a. O. Bd. 1, S. 858. [6]) S. 81, 147. Köln 1574.
[7]) S. 544. Frankfurt 1607.

schreibung „aller“ damals bekannten Pflanzen mit vielen guten Abbildungen[1]), heißt die weiße Rübe lat. beta alba, gr. teutlon, arab. decka oder kelb [?], ital. bietola, deutsch Mangold oder Pießen, span. aselgas, franz. porree, und die rote Rübe in den nämlichen Sprachen beta nigra, teutlon, decka, bietola nera, schwarzer Mangold, asalgas, joatre oder reparee. Die gewöhnliche weiße, rote und schwarze Art, deren Abbildungen dünne, lange, faserige Wurzeln aufweisen und deren Eigenschaften an Hand der antiken Autoren geschildert werden, sät man verschiedentlich in Gärten; eine andere Art, die Beta rubra (rote Rübe), die größere und dickere Wurzeln hat, baut man in Deutschland in manchen Gärten an (seritur passim in Germania, in hortis) und verzehrt sie dort frisch, mit Essig und Pfeffer eingemacht, oder auch in heißer Asche gebraten. In ähnlicher Weise verfährt man mit Blitum, Napus und Rapum; letztere Rübe trägt den arabischen Namen selgem, der vom griechischen sicla kommt[2]). So ziemlich die nämlichen Angaben enthält MATHIOLIS „De plantis Epitome“, und zwar sowohl über Beta[3]) als auch über rapum, napus und blitum, gr. βλῆτλον (blétlon), ital. blito oder bietolone[4]). Der „Commentar zu DIOSKURIDES“ unterscheidet neben der sog. kretischen Rübe noch 3 Arten, deren Abbildungen ebenfalls verhältnismäßig dünne Wurzeln zeigen[5]): 1. Beta alba; sie hat eine weiße Wurzel von der Form des Rettichs, große Blätter und einen bis 2 Ellen hohen Stengel; 2. Beta nigra; sie gleicht der vorigen bis auf die Farbe der Wurzel und der dunkleren Blätter, ist ebenso wie jene in den Gärten Italiens allgemein verbreitet und wird meist umgesetzt, sobald sie 5 Blätter entwickelt hat; 3. Beta rubra; sie besitzt eine weit größere Wurzel mit süßerem, blutrotem Saft, wird in Deutschland viel angebaut und roh, gekocht oder geröstet gegessen, auch nebst Essig und Salz, Essig und Pfeffer, und dem „Kren“ genannten Rettich [d. i. Meerrettich] in Tonkruken eingemacht. Die medizinischen Kräfte der Rüben haben schon PLINIUS, DIOSKURIDES und GALENOS erschöpfend geschildert. Ihnen verwandt oder ähnlich sind: 1. die weiße und rote Melde (blitum), deren Blätter man auch wie Kohl als Gemüse genießt[6]); 2. die Eßrübe (rapum, γογγύλη), die angebaut und wild in Italien allgemein bekannt ist, in dessen nördlichen Gegenden als menschliche Nahrung und als Viehfutter dient und oft 30 und mehr Pfund, ja zuweilen über 100 Pfund schwer wird, so daß man ihr Hervorgehen aus dem so winzigen Samen als ein besonders auffälliges Wunder anzusehen hat[7]); 3. die Steckrübe (napus, βουνιάς), die der vorigen durchaus gleicht

[1]) S. 228ff. Venedig 1571. [2]) Ebd. S. 194, 198, 210.
[3]) S. 255, 256. Frankfurt 1586. [4]) Ebd. S. 218, 222, 235.
[5]) Opera omnia. Ed. BAUHIN, S. 370ff. Basel 1674.
[6]) Ebd. S. 357. [7]) Ebd. S. 345ff., mit Abbildung.

und deren Samen ein kräftiges Gegengift abgibt[1]). Letztere Angabe wiederholt MATHIOLUS auch noch in seinen Briefen („Epistolae")[2]) unter Hinweis auf ANDROMACHOS und GALENOS. — Es ist bemerkenswert, daß er vom Anbau der großen roten Rübe in Deutschland in einem Sinne spricht, als wäre diese Art dort daheim, während doch deutsche und andere Quellen bestätigen, daß die Länder diesseits der Alpen sie aus Italien empfingen, anscheinend aus dem mittleren oder südlichen; vielleicht erklärt sich dies aus dem Umstande, daß die Übermittlung der neuen Sorte nicht vor etwa 1540 erfolgt zu sein scheint und daß sie MATHIOLI erst zur Zeit seiner Tätigkeit am kaiserlichen Hofe selbst näher kennenlernte (vgl. seinen Gebrauch des slawischen Wortes Kren, das hauptsächlich nur in Österreich üblich war und ist).

91. Der erste Gelehrte, der die Rübe als Botaniker in wirklich wissenschaftlicher Weise zu behandeln versuchte, ist CAESALPINUS (1509—1603)[3]), über dessen hohe allgemeine Bedeutung bereits WHEWELL mit voller und sehr anerkennenswerter Einsicht urteilte[4]). Sein 1583 zu Florenz erschienenes grundlegendes Werk „De plantis" („Über die Pflanzen") erwähnt 4 Arten der „in den Küchen allgemein gebräuchlichen Beta"[5]): 1. die gemeine weiße, candida[6]), mit kurzen, tiefgrünen Blättern; 2. die edlere, mit breiten, längeren, hellgrünen Blättern; 3. die mit stark verzweigter Wurzel und lebhaft grünen Blättern; 4. die rote mit der großen Wurzel, die zum Einmachen dient. Durch die Kultur, die u. a. in den Gärten des mittleren und nördlichen Italiens (Etruria, Gallia cisalpina) betrieben wird[7]), erhalten die Rüben eine besser geformte, d. h. von Seitentrieben freie, an Gestalt dem Rettich ähnliche Wurzel, die größer, fleischiger und süßer ist als die gewöhnliche; der Samenstengel wird 2 und mehr Ellen hoch und trägt reichlichen Samen, der im 1. Jahre oft nur langsam keimt, daher zum Teil erst im 2. oder 3. Jahre aufgeht. Ganz verschieden von der Beta sind die Melden (blitum), die man ebenfalls in den Gärten zu Speisezwecken anbaut[8]), ferner napus und rapum (rapus, rapa), betreffs derer aller schon im Altertum unzählige Verwechslungen unterliefen[9]), sowie die sog. wilde Rübe, Beta sylvestris, d. i. wohl der Wegerich, Plantago[10]). [Letztere Gleichsetzung ist, dem äußeren Ansehen der Pflanzen nach, nicht so absonderlich, wie sie zunächst erscheint, denn an günstigen Standorten wachsende Plantagoarten ent-

[1]) Ebd. S. 348, mit Abbildung. [2]) Ebd. S. 186.

[3]) SACHS: Geschichte der Botanik, S. 56. München 1875.

[4]) Geschichte der induktiven Wissenschaften; üb. LITTROW Bd. 3, S. 219, 319. Stuttgart 1841.

[5]) S. 159. Florenz 1583. [6]) Ebd. S. 216. [7]) Ebd. S. 160.

[8]) Ebd. S. 161. [9]) Ebd. S. 356ff., 302.

[10]) Ebd. S. 327, 259. — Über Wegerichblätter als Gemüse s. weiter oben.

wickeln tatsächlich zuweilen Blätter von überraschender Gestalt, Größe und Färbung; einen auffälligen malerischen Beleg hierfür liefert BALDUNG GRIENS „Taufe Christi" von 1520/21 im STAEDELschen Museum zu Frankfurt a. M.] — Im „Appendix" betitelten Nachtrage zu seinem Hauptwerke[1]) erwähnt CAESALPINUS die Rübe nicht weiter.

---

92. Der Portugiese AMATUS LUSITANUS, dessen gelehrter „DIOSKURIDES-Kommentar" („Ennarationes in Dioscoridem") laut Vorrede 1502 vollendet ist, bildet die „in Gärten gemeine", weiße und schwarze Rübe des DIOSKURIDES ab, mit viel Blattwerk, aber verhältnismäßig kleiner Wurzel[2]), und fügt hinzu, daß es außerdem auch eine rote gäbe. Die Rübe ist von ziemlich warmer Natur und in gekochtem Zustande bekömmlich; ihr Saft reinigt Kopf und Nase und wirkt, zu einem Pfunde innerlich oder als Klistier verabreicht, außerordentlich stark abführend. Der Name lautet lat. beta oder olus siculum (sizilischer Kohl, sizilisches Gemüse), gr. *τεῦτλος* (teútlos), portug. und span. selga und aselgas, ital. beta oder bietola, franz. bete, jotte oder de la porée, deutsch Mangolt oder Piessen, arab. selb. Der Rübe ähnlich, aber ein fast wertloses Unkraut ist die Melde, lat. blitum oder blitus, gr. *βλίτον* (blíton), portug. bretos, ital. blito, franz. blete, deutsch Mayer, arab. bachala[3]); von völlig anderer Art hingegen sind rapa (lat. auch rapum, gr. *γογγύλιον*, portug. nabos, ital. rapa, franz. naveau, deutsch Ruobe oder Rape, arab. selgen), napum (lat. auch napus, gr. *βουνιάς*, portug. nabicos, ital. nagoni, franz. navet, deutsch Steckrübe)[4]) und die ganz fälschlich sog. „wilde Rübe" (lat. beta sylvestris, gr. *λειμώνιον*, ital. montesina, franz. bette oder reparée de pré, deutsch Waldmangolt)[5]). — Einen Beweis dafür, daß die schon im Altertum wohlbekannte Süße der Rübe auch späterhin unvergessen blieb, liefert die Posse „Wer hat Kleie?" des portugiesischen Dichters GIL VICENTE (um 1500), in der es von AIREZ heißt:

„O hätt' er doch in seinem Kopf nur Grütze
So viel, als Zucker führt ein Rübenkopf[6])."

93. In Spanien galt die Rübe (nabo, navo) als ein gewöhnliches und verächtliches Essen, wie einige Angaben der 1554 zu Alcala und Burgos anonym erschienenen Novelle „Lazarillo de Tormes" zeigen, dieses klassischen und dabei durchaus volkstümlichen Urbildes der sog. Schelmenromane[7]). CERVANTES (1547—1616) läßt im „Don

---

[1]) Rom 1603. [2]) S. 355. Lyon 1558. [3]) Ebd. S. 348.
[4]) Ebd. S. 338, 339. [5]) Ebd. S. 596.
[6]) RAPP: Spanisches Theater Bd. 1, S. 91. Hildburghausen 1868. — Der Wortlaut dieser höchst auffälligen Bemerkung blieb im Urtext leider unerreichbar; die Treue der Übersetzung erscheint sehr fragwürdig!
[7]) Ed. FOULCHÉ-DELBOSC, S. 13. Barcelona 1900.

Quijote“ den Helden einem Riesen den Kopf abschlagen „als wäre es eine Rübe“, auch spricht Sancho Pansa von einem Schurken, „der Kraut und Rüben durcheinandergemengt hat“ und nennt „Rüben und Zwiebeln“ die Speise des gemeinen Mannes[1]). LOPE DE VEGA (1562—1635) bezeichnet hingegen im Zwischenspiel „Von den Abgekehlten“ Rüben sowie Rüben mit Käse als beliebte Gerichte[2]) und läßt den Alkalden [Ortsvorsteher] im Laden einer Krämerin 200 Rüben vorfinden[3]). AGOSTIN DE ROJAS erzählt in der um 1601 verfaßten „Unterhaltenden Reise“ von einer Schauspielergesellschaft: „Wir gingen barfuß, schliefen unter freiem Himmel und lebten einmal vier Tage lang nur von Rüben[4]).“

---

94. In Frankreich sind Rüben nach RABELAIS (1483—1553), dessen „Gargantua“ 1533 zu erscheinen begann, als gemeine und blähende Speise bekannt[5]); Rübenblätter und -saat, Rübenfleisch und -schabsel, Rübendunst usf. finden sich in diesem Werke verschiedentlich erwähnt[6]), und auch die Sage vom betrogenen Teufel und den Rüben taucht auf[7]). Besonders gerühmt werden die runden Rüben aus Limousin[8]), und im „Pantagruelischen Prognosticon“ prophezeit das 6. Kapitel: „Viel Rüben werden in Limousin wachsen“; da in diesem Landstriche die vielgebauten Rüben eine Hauptnahrung namentlich der ärmeren Leute bildeten, gab man seinen Bewohnern den Spottnamen „mache-rabe“ [Rübenfresser, Rübenmaul][9]). Welche Art Rübe die rabe oder rave war, bleibt aber wiederum ungewiß, denn RABELAIS spricht auch von naveau [= napus ?][10]), und 1540 erschien zu Lyon ein Lobgedicht des BIGOTHER über die Limousiner Rüben unter dem Titel „Rapina, seu raporum encomium“[11]).

95. Im Jahre 1536 vollendete RUELLE (RUELLIUS) sein sehr reichhaltiges Werk „De natura stirpium“ („Über die Gewächse“), das auch der Beta gedenkt, hauptsächlich noch an Hand der antiken Überlieferungen. In gutem, nicht zu trockenem, reichlich gedüngtem Boden kann man sie zu Beginn des Frühjahres, aber [im Süden] auch sonst das ganze Jahr über aussäen, doch kommen die ersten Blätter nur

---

[1]) Üb. KELLER und NOTTER, Bd. 2, S. 190; Bd. 3, S. 173; Bd. 5, S. 69. Stuttgart 1839.

[2]) DOHM: Die spanische Nationalliteratur, S. 341. Berlin 1867.

[3]) DOHRN: Spanische Dramen Bd. 1, S. 341. Berlin 1841.

[4]) SCHACK: Geschichte der dramatischen Literatur und Kunst in Spanien Bd. 1, S. 255. Frankfurt 1854.

[5]) Gargantua, Teil 2, cap. 46.

[6]) Ebd. Teil 1, cap. 13; Teil 2, cap. 30, 40; Teil 1, cap. 2.

[7]) Ebd. Teil 2, cap. 46. [8]) Ebd. Teil 2, cap. 27.

[9]) RABELAIS. Ed. REGIS, Bd. 2, S. 216. Leipzig 1839.

[10]) Gargantua, Teil 1, cap. 2. [11]) REGIS: a. a. O.

im Sommer schon am 6. Tage zum Vorschein, im Winter aber erst am 10.; sobald ihrer 5 vorhanden sind, wird umgepflanzt[1]). Wenn man dann, nach SOTIONS Rat, rechtzeitig ein Steinchen oder kleines Gewicht auflegt, entfalten sich durch die Pressung die Blätter besser, ebenso werden die Wurzeln länger, schwerer, wohlgeformter, nämlich freier von Seitenwurzeln und Fasern, auch weißer, wohlschmeckender und daher als Speise beliebter; ihre schließliche Größe ist abhängig von der Güte des Bodens, der Düngung und der Bearbeitung, und bei völliger Reife besitzen sie die trefflichen medizinischen Eigenschaften, die schon die Ärzte des Altertums rühmten[2]). Die Rübe selbst zeigt festes, weißes bis rötliches Fleisch, die Blätter sind bald grün, bald blutrot, bald schwärzlich, ähnlich jenen der weißen Eßrübe oder des Limoniums[3]); der Stengel schießt, einer Lanze, ja oft einem Baume gleich, viele Ellen hoch auf, und an ihm sitzen die Blüten und später die Samen, die in einer besonderen Hülle stecken[4]); älterer Samen soll rascher aufgehen als ganz junger, aber nicht aller im ersten Jahre, sondern zum Teil nicht vor dem zweiten oder gar dritten[5]). Der Rübe verwandt sind die wilde Rübe (Beta sylvestris, Limonium) und die Melde (blitum), auch poreta geheißen[6]); manche Ähnlichkeiten zeigen auch napus und rapum[7]), die aber leicht ineinander und auch in Brassica (Kohl) übergehen[8]).

96. Zu den besonderen, schon weiter oben bei DODONAEUS, LOBELIUS, MATHIOLUS und AMATUS LUSITANUS angeführten, zum Teil auch bei RUELLE vorkommenden französischen Namen der Beta (bete, bette) ist folgendes zu bemerken: 1. Poirée, bei RUELLE porrea, auch poreta[9]). Ein Wort poirata als Synonym für beta oder bette führt MAIGNE D'ARNIS schon aus dem Jahre 1127 an[10]), ohne sich über die Etymologie zu äußern; ausgeschlossen ist ein Zusammenhang mit porraye, porrago, borrago, Boretsch, „diesem jetzt sehr bekannten und in vielen Gärten gesäten Küchenkraut“[11]), möglich erscheint aber ein solcher mit porrum, der Lauchart Porrée, über die schon PLINIUS Nachrichten gibt, die sich zum Teil mit solchen über Beta decken[12]). Wie zu seiner Zeit, so sät man auch jetzt noch im Orient, besonders in Ägypten, Porrée möglichst dicht und schneidet die Blätter als „Schnittporrée“ auf dem nämlichen Beete so oft, bis die Pflanze abstirbt; diese großen, schön grünen Blätter, die sich 2 Tage lang frisch erhalten, werden als Gemüse verspeist, oft auch als Salat[13]). Unter-

[1]) S. 40, 38. Basel 1543. [2]) Ebd. S. 363. [3]) Ebd. S. 23, 25, 27.
[4]) Ebd. S. 1, 38. [5]) Ebd. S. 39. [6]) Ebd. S. 588, 356.
[7]) Ebd. S. 351, 345. [8]) Ebd. S. 49, 74, 350. [9]) Ebd. S. 364, 356.
[10]) Lexicon mediae et infimae latinitatis, S. 1732. Paris 1890.
[11]) RUELLE: a. a. O. S. 635. — BJÖRKMAN: a. a. O. Bd. 6, S. 179.
[12]) Lib. 19, cap. 33. [13]) Löw: Flora Bd. 2, S. 131, 133ff., 137.

warf man nun die Rübe einer ähnlichen Behandlung, — und in der Umgebung Wiens z. B. geschah dies noch zur Zeit des großen Gemüsemangels während des Weltkrieges[1]) —, so würde sich hieraus die Angabe des DODONAEUS, „man pflanze die Rübe à la porée“ ausreichend erklären, desgleichen die Herkunft der sonst unverständlichen und daher von keinem Geringeren als NÖLDEKE[2]) beanstandeten späteren Bezeichnung der Rübe selbst mit „à la porée“ oder „de la porée“. — 2. Jotte (iotte, jotte). Nach freundlicher Mitteilung Herrn Geheimrats Prof. Dr. K. VORETZSCH in Halle a. d. S. vom 13. April 1924 ist dieses Wort nicht in der Provence heimisch, sondern nur im nördlichen Frankreich sowie in Teilen des östlichen. Es klingt an das mittellateinische jutta an, d. i. Brühe oder Trank als Viehfutter, an das in Poitou übliche žut (schut, mit weichem sch), d. i. ein Gemisch aus Kohl, Kleie u. dgl. zur Mästung von Gänsen und Truthühnern, an das engadinische ǧuota, d. i. gestampfte Gerste oder Gerstensuppe, an das friaulische yote, und an das in Parma, Modena und Reggio gebräuchliche dzota, d. i. flüssige Nahrung für Schweine; ob diese sprachliche Übereinstimmung aber auf eine sachliche hindeutet, bleibt durchaus fragwürdig. — Der Ausdruck joatre bei MATHIOLUS scheint eine Entstellung zu sein, wie sie Fremdworte bei ihm auch in anderen Fällen zeigen. Ob iotte etwa durch irgendeine Abschleifung aus dem weiter oben erwähnten, im Ahd. oder Mhd. nachweisbaren Bezeichnungen der Rübe als bioza, piozza entstanden sein könnte, wäre noch zu untersuchen; vielleicht ließe sich so das Auftreten des Wortes gerade in den germanisch beeinflußten Gegenden Frankreichs deuten. — 3. Reparée. Laut einer Auskunft, die Herr A. BOUCHON (†), Zuckerfabrikant zu Nassandres, gefälligst übermittelte, dürfte dieser Name mit repaître (füttern, speisen) und repas (Nahrung, Speise) zusammenhängen, wonach „reparee“ bei MATHIOLUS „zu Verfütterndes“, und „reparée de pré“ bei AMATUS LUSITANUS soviel wie „Futter von der Wiese, Wiesenfutter“ bedeuten würde.

97. GIBAULT äußert sich an verschiedenen Stellen seiner bereits erwähnten „Histoire des légumes“[3]) betreffs der obigen Fragen (in zuweilen etwas abweichender Weise) wie folgt: Vor der Ausbreitung der aus Amerika stammenden Bohnen und später der Kartoffeln, demnach im gesamten Mittelalter, vertraten deren Stelle als tägliches Gemüse auch in Frankreich ganz vorzugsweise die Melden, die Steckrüben und die Beta-Arten[4]). Die Melde war schon im 12. Jahrhundert wohlbekannt, im 14. wird auch die rote Abart erwähnt, die in den Gärten des Herzogs von Burgund gedieh, und im 15. und 16. pflanzte man sie

[1]) Privatmitteilung. — Ebenso auch vielerorts in Deutschland (HOLLRUNG).
[2]) Bei Löw: Pflanzennamen, S. 424.
[3]) Paris 1912. [4]) A. a. O. S. 203, 204.

häufig in Italien (woselbst man u. a. Meldentorten bereitete), auch bereits in England, sehr allgemein aber in Frankreich, wie ESTIENNES „Maison rustique" (verfaßt nach 1550) bezeugt; ob sie die nämliche Gattung war, wie die im Mittelalter allenthalben und im Südosten Frankreichs noch jetzt sehr verbreitete Blite (Blitum rubrum), ist fragwürdig[1]). — Die Steckrübe, deren Bezeichnung navet aus dem lateinischen napus (über die Verkleinerungsform napetus) hervorging, war ein allgemein gebräuchliches und so wichtiges Nahrungsmittel, daß z. B. das äußerst fruchtbare Jahr 1432 geradezu als „grande année de choux et de navets" gepriesen wurde, und die Händler sie in allen Straßen ausboten, wie noch TRUQUETS 1545 in Paris erschienenen „Les 107 cris de Paris" zu entnehmen ist, einem Verzeichnisse der Rufe der Pariser Straßenverkäufer[2]). — Vermutlich aus der an den französischen Küsten weitverbreiteten wilden Beta maritima dürften zwei äußerlich sehr verschiedene, botanisch aber identische Formen hervorgegangen sein, die „auf Blätter, Blattrippen und Blattstengel gezüchtete" Beta cicla, Bette, Poirée, noch jetzt als „poirée blonde à cardes vertes" sehr beliebt, und die „auf Wurzeln gezüchtete" Beta rapacea, Betterave[3]). Unter Poirée, — welches Wort sich von porée ganz ebenso ableitet wie poireau von porreau (= Lauch, vom lateinischen porrum) —, verstand man ursprünglich nichts weiter als grünes Gemüse, und demgemäß sind die sehr zahlreichen Namen „rue, place, marché à la poirée" zu deuten. Während des ganzen Mittelalters war porée entweder eine Gemüsesuppe aus Blättern von Porree[4]), Kohl, Kresse, Spinat, Beta usf., oder eine Art Fricassée aus diesen feingehackten Gemüsen, wie sie beide in der Normandie, aber auch in anderen Gegenden, noch heutzutage vielfach gebräuchlich sind[5]). Schon ziemlich frühzeitig erhielt jedoch unter diesen Bestandteilen die Bette das Übergewicht, so daß der Name poirée vorzugsweise auf sie überging: bereits der 1393 verfaßte „Ménagier de Paris", eine Art Haushaltungs- und Kochbuch[6]), sagt: „Keine Mahlzeit ohne porée, und die wahre porée ist die porée de bette"[7]); immerhin bezeichnen aber in den „Les 107 cris de Paris" von 1545 porées auch noch Suppenkräuter[8]). „Bunte poirées", also Zierrüben, sind um diese Zeit ebenfalls schon bekannt und werden bei GÉRARDE (sowie bei LOBELIUS und BAUHIN) erwähnt[9]). Vornehmlich auf die poirée soll sich der Ausdruck Jotte beziehen, der u. a. auch

[1]) Ebd. S. 78, 79. [2]) Ebd. S. 209.

[3]) Ebd. S. 94, 95, 98. S. hierüber weiter unten.

[4]) Porrum sectile, poireau perpétuel; verschieden von Porrum capitatum, poireau à la tête. Ebd. S. 168.

[5]) Ebd. S. 97, 168 ff.; fricassé de betteraves: S. 177.

[6]) Neue Ausgabe von PICHON. Paris 1847.

[7]) GIBAULT: a. a. O. S. 45, 84, 97.

[8]) Ebd. S. 45. [9]) Ebd. S. 98.

in der Touraine und der Bretagne nachzuweisen ist[1]). — Die Betterave, d. i. eine „bette en forme de rave", scheint älterer Herkunft zu sein als die poirée[2]). RUELLE zufolge rühmt der große italienische Philologe HERMOLAUS BARBARUS (gest. 1493) gelegentlich den angenehmen Geschmack der langen, geraden, nicht gegabelten Wurzel; sie kam wohl um diese Zeit aus ihrer deutschen Heimat nach Toscana[3]) und von dort aus in veredeltem Zustande nach Mitteleuropa zurück, wo man sie auch in der feineren Küche anwandte, z. B. zur Bereitung von Torten[4]). Ein französisches Pflanzenbuch von 1549 sagt aber noch, sie sei keineswegs bereits allen Gärtnern bekannt, vielmehr zumeist nur auf den Gütern der großen Herren zu finden[5]); gegen 1600 hingegen war sie schon recht verbreitet, MOLLAT, der Hofgärtner HEINRICHS IV., äußert sich: „Die Beta ist eine ganz ausgezeichnete Wurzel, gleich brauchbar zu Salat und zu Fricassée", und seine Zeitgenossen und Schüler sprechen ihm nach[6]).

98. MAGINET, ein französischer Apotheker, zählt in seinem Gedichte „La thériaque française" von 1550 (?) unter den notwendigen Bestandteilen dieses Wundertrankes auch Rübensamen auf[7]), offenbar der antiken Tradition folgend[8]). GORRAEUS (DE GORRIS), ein vielseitig gebildeter Arzt (1505—1577), sagt um die nämliche Zeit in „Definitionum medicorum libri XXIV", die Rübe sei ein gutes Heilmittel und auch eine von vielen sehr geschätzte Speise, die aber fast keinen Nährwert besitze und infolge ihres süßen Saftes leicht Galle erzeuge[9]). Eine französische Übersetzung des COLUMELLA von 1555 spricht über die „bettes et poirées ou iottes" und versteht hierunter nach LÉGIER die „betteraves", die damals in Frankreich schon wohlbekannt und geschätzt waren[10]). Dies bestätigt auch 1553 der vielgereiste BELLON (BELLONIUS) und erzählt anschließend einige in fremden Ländern gemachte Beobachtungen: Die Türken sah er Unmengen weißer, roter und gelber Rüben (beta) verzehren, die sie fälschlich für eine Art Rettiche halten, auch (ganz so wie geköpfte brassicae) als „salgam" einmachen und so billig verkaufen, daß sich vier Leute für eine kleine, Asper geheißene Münze daran sattessen können. Zu Rom waren in früheren Jahren derart eingemachte Rüben ebenfalls sehr begehrt. In Wien führen die Krämer auch eingemachte rote Rüben sowie

---

[1]) Ebd. S. 95. [2]) Ebd. S. 173, 174.

[3]) Ebd. S. 175. Vgl. über diese Annahme weiter oben bei MATHIOLUS.

[4]) Ebd. S. 86; vgl. S. 78. [5]) Ebd. S. 175. [6]) Ebd. S. 178.

[7]) PHILIPPE: a. a. O. S. 893.

[8]) Schon des GALENOS Theriakrezept enthält unter seinen mehr als 60 Bestandteilen auch Samen der Buniás, βουνιάς ἄγρια, und der Möhre (Ed. KÜHN, Bd. 14, S. 259).

[9]) Frankfurt 1578.

[10]) Histoire des origines de la fabrication du sucre en France, S. 2, 3. Paris 1901.

„rapa integra“ (ganze) und „brassicas decapitatas“ (geköpfte), die sich, im Herbst in gut verschlossene Gefäße eingefüllt, das ganze Jahr über halten, beim Öffnen zwar oft ganz entsetzlich riechen, aber dennoch selbst den Vornehmsten als Leckerbissen gelten[1]). BRUYER-CHAMPIER, der sein Buch „De re cibaria“ („Über die Kochkunst“) laut Vorrede 1560 abschloß, berichtet (meist an Hand antiker Quellen), daß es von der Beta, einer in Frankreich allerorten und reichlich gedeihenden Gartenpflanze, die freilich, „gleich anderen Arten brassica [Kohl!]“, keine rechte Nährkraft besitze, vielerlei Arten gäbe, u. a. weiße, schwarze und rote, welche letztere die Ärzte mit Vorliebe anwendeten; das Vorhandensein einer wilden bleibe jedoch fraglich, da PLINIUS es bejahe, GALENOS aber verneine[2]).

99. Der hervorragende französische Agronom OLIVIER DE SERRES (1539—1619) kommt in seinem umfassenden, gegen 1600 vollendeten „Theâtre d'Agriculture“ auch auf die Rübe zu sprechen, für die er als einer der ersten den Namen „Bette Rave“ gebraucht, und sagt[3]): „Eine Art der Pastinake ist die Rübe (bette rave), die uns aus Italien zukam, was noch nicht lange her ist. Das ist eine tiefrote, ziemlich dicke Wurzel mit Blättern wie die der bette [beta], und beides [Wurzel und Blätter] liefert ein gutes Essen, wenn in der Küche zubereitet: in der Tat zählt man die Wurzel unter die Delikatessen, und der Saft, den sie beim Kochen liefert (en cuisant) und der dem Zuckersirup ähnelt (semblable à syrop de sucre), ist prächtig anzuschauen (tres-beau à voir) wegen seiner hochroten Farbe (vermeille couleur).“ Daß OLIVIER DE SERRES die auch für französische Gemüsegärten (jardin potager) neue Sorte der roten Rübe als eine Art Pastinake hinstellt, zeigt, daß er selbst sie gar nicht näher kannte, denn die Pastinaken gehören, so wie die gelben Rüben (Carotten), zu den Umbelliferen und nicht zu den Chenopodiaceen, also zu einer völlig anderen und schon dem bloßen Anblicke nach gänzlich verschiedenen Pflanzengruppe, und diese Tatsache war den Botanikern seiner Zeit längst geläufig. Als Namen der gewöhnlichen gemeinen Rübe führt OLIVIER DE SERRES an: bette, blette, poree, poiree, reparee[4]); man sät sie am besten bei zunehmendem Monde in guten und gut bearbeiteten Boden, denn es ist wesentlich, daß ihre Wurzel recht tief in die Erde eindringen kann; auch empfiehlt es sich, das Säen 3—4 mal im Jahre zu wiederholen, damit man jederzeit frische Rüben habe. Von den 3 Arten, der weißen, roten und gelben, ist die erstere die beste, aber Wurzeln und Blätter aller Sorten sind sehr wohlschmeckend und werden ent-

[1]) Observationes, lib. 3, cap. 27; abgedruckt in des CLUSIUS: Exoticorum libri X, S. 186. Antwerpen 1605.

[2]) S. 363ff. Frankfurt 1600. [3]) S. 483. Rouen 1623.

[4]) Ebd. S. 486; Register S. 655.

weder frisch verzehrt oder eingemacht, u. a. in Essig[1]). Verschieden von der Bette Rave ist die gewöhnliche rave; in Limousin, in der Auvergne und in Savoyen genießen sie die Armen roh, die Wohlhabenden gekocht, ferner gibt sie ein wertvolles Viehfutter ab[2]).

100. In neuerer Zeit, zuerst anscheinend 1876 von MAUMENÉ[3]), wurde in Frankreich die Behauptung aufgestellt, OLIVIER DE SERRES habe das Vorhandensein des Zuckers in der Rübe (l'existence du sucre dans la betterave) erkannt (reconnu); einige Nachfolger MAUMENÉS erweiterten sie dann dahin, OLIVIER DE SERRES und nicht MARGGRAF sei der wahre Entdecker des Zuckers in der Rübe. Dem oben angeführten Wortlaute zufolge sagt inzwischen OLIVIER DE SERRES nichts weiter, als daß der ausgekochte Saft der neuen roten Rübe ähnlich wie Zuckersirup aussehe; dies traf gewiß auch zu, denn die stark invertierten, wiederholt auf freiem Feuer eingekochten Zuckersirupe der damaligen Raffinerien besaßen sicherlich dieselbe rote, ja oft geradezu feuerrote Farbe, die man noch heute an derlei Produkten einer unvollkommenen Fabrikation wahrnehmen kann, z. B. an den Sirupen und Melassen mancher Kleinbetriebe in tropischen Ländern. Von dem (überdies seit alters her bekannten) süßen Geschmacke des Rübensaftes spricht OLIVIER DE SERRES überhaupt nicht, noch weniger führt er ihn auf die Gegenwart von Rohrzucker zurück. Die erwähnte Legende entbehrt also jeder sachlichen Begründung und es ist schwer zu verstehen, daß sie noch gegenwärtig von einigen Forschern aufrechterhalten wird[4]); nur der Merkwürdigkeit halber sei angeführt, daß sie in MÉRIAUS sehr verdienstlicher Schrift „Histoire de l'industrie sucrière dans la région du nord" von 1891 in der Form auftauchte[5]), OLIVIER DE SERRES habe 1705 (!) die Gegenwart des Zuckers in der Rübe nachgewiesen und die Möglichkeit der Darstellung von Rübenzucker im großen vorausgesehen, MARGRAFF (sic!) aber 1767 (!) die Versuche OLIVIER DE SERRES wieder aufgenommen! Den richtigen Sachverhalt stellt indessen mit klaren Worten schon 1866 HOEFER in der „Histoire de la Chimie" fest[6]), ebenso später (1901) LÉGIER[7]), GESCHWIND-SELLIER[8]), WARENGHIEN[9]) und HÉLOT[10]).

[1]) Ebd. S. 483, 486, 766. [2]) Ebd. S. 480.

[3]) Traité de la fabrication du sucre Bd. 1, S. 5. Paris 1876.

[4]) Vgl. LIPPMANN: Geschichte des Zuckers, S. 404. Leipzig 1890; ferner: Deutsche Zuckerindustrie Bd. 49, S. 525. 1924.

[5]) S. 5. Lille 1891. [6]) Bd. 2, S. 407. Paris 1866.

[7]) A. a. O. S. 3, 8: Entdecker des Zuckers in der Rübe ist „sans conteste" MARGGRAF.

[8]) La betterave agricole et industrielle, S. 3, 4, 8. Paris 1902.

[9]) Histoire de la fabrication du sucre dans les départements du nord, S. 215. Douai 1909/10.

[10]) Histoire centennaire du sucre de betterave, S. 12, 20. Paris 1912.

101. In England erwähnen um 1430—1450 einige Kochbücher, deren Rezepte aber zumeist aus erheblich älteren Quellen stammen, bete oder betus als Bestandteil von Suppen und als Gemüsebeilage[1]). TUSSERS Hausbuch „Five hundred points of good husbandry", dessen letzte noch vom Verfasser selbst besorgte Ausgabe 1580 erschien[2]), reiht rapes und turnips unter „roots" (Wurzeln) ein, beets oder bleets, weiße oder gelbe, aber unter „herbes" (Kräuter)[3]), was vielleicht auf vorwiegenden Gebrauch der Blätter hindeutet. Die rote (italienische?) Rübe wurde in England nach WILEY[4]) erst 1548 eingeführt und nicht vor 1570 allgemeiner bekannt; die abweichenden Angaben von VOLZ[5]) sind hiernach zu berichtigen.

Siebenter Abschnitt.

Das 17. Jahrhundert.

102. Zu Beginn des 17. Jahrhunderts war Deutschland der dichtest bevölkerte, gewerbfleißigste und wohlhabendste Staat Mitteleuropas, und wie Handel und Schiffahrt, Bergbau und Hüttenwesen, so stand auch die Landwirtschaft in reicher Blüte und voller Entwicklung; die Greuel der 1618 einsetzenden religiösen und politischen Kriege vernichteten indessen binnen 30 Jahren alle Errungenschaften der gesamten Vergangenheit und verwüsteten namentlich das offene Land in so beispielloser Weise, daß die nachmalige, wenn auch noch so langsame Erholung des Ackerbaues fast als ein Wunder angesehen werden muß.

Besser als der mühevolle Anbau des Getreides, das überdies der Zerstörung und Plünderung ganz besonders ausgesetzt war, scheint sich längere Zeit der einfachere und ertragreichere der Rüben behauptet zu haben. Wenn freilich der Pfarrer BÖHRINGER in seiner Lebensbeschreibung erzählt, wie 1636 nur mehr „Äpfel und Birnen, Kraut und Rüben" die Bezahlung seitens seiner Gemeinde bildeten, und wie er 1640 einzig dem Versteck in einer Rübengrube letzte Rettung verdankte[6]), oder wenn SASTROW in seiner Biographie schildert, wie noch rechtzeitig „ein Soldat den spanischen Schubiak entzweihieb

[1]) Two fifteenth-century cookery books. Ed. AUSTIN, S. 5, 19. London 1888.

[2]) HAZLITT: Old cookery books, S. 62. London 1886.

[3]) SEAGER: Natural history in SHAKESPEARES times, S. 153. London 1896.

[4]) The sugar beet industry, S. 10. Washington 1891.

[5]) A. a. O. S. 477.

[6]) FREYTAG: Bilder aus der deutschen Vergangenheit Bd. 4, S. 136, 141. Leipzig 1898.

gleich einer Rübe"[1]), so ist allerdings vorwiegend an die gemeinsten Rübensorten zu denken; denn in der Regel wurden damals nach LANGETHAL nur weiße Eßrüben, Kohlrüben und Mohrrüben angepflanzt, seltener schon Runkelrüben, und alle diese fast ausschließlich in den Haus- oder Gemüsegärten, feldmäßig aber allein in den wenigen Gegenden, die es bereits verstanden, Teile der Brachfelder zur Gewinnung von Wurzeln und Blättern als Viehfutter heranzuziehen[2]). Die Beta, die SCHIMBERGK noch 1651 für eine dem Mond heilige Pflanze erklärte[3]), — wurde sie doch bei zunehmendem Monde gesät —, führt selbst die Mainzer Auflage der allerdings sehr konservativen COLERschen „Oeconomia ruralis" von 1656 nur als Gartengewächs auf[4]), ja auch in jener von 1680 ist Mangold eine Pflanze des Kräuter-, nicht des gewöhnlichen Küchengartens[5]). Im Jahre 1682 versichert HOHBERG in den zu Nürnberg erschienenen „Georgica curiosa", man pflanze im großen meist nur Wasser- oder Kohlrüben an, ferner in den Gärten zwecks Bereitung von Salat und Blattgemüsen die rote Rübe, den Mangold oder Beißkohl, dagegen Runkelrüben fast nur am Rhein und in Franken[6]). Aus der Umgebung der reichen, im 30jährigen Kriege unbeschädigt gebliebenen Stadt Nürnberg berichtet 1687 MARX in seiner „Materialkammer": „Die hiesige weiße Rübe ist vor anderen zu loben wegen der förmlichen wohlgestalteten Wurzel auch süßen Geschmacks; die gelbe wird jährlich eingesammelt und in großen Mengen vertan[7])."

103. Die Entfaltung der schönen und der wissenschaftlichen Literatur Deutschlands geriet unter dem schweren Drucke der trostlosen Zeiten völlig ins Stocken, und erst in der zweiten Hälfte des 17. Jahrhunderts machten sich Zeichen einer allmählichen Besserung geltend.

Noch 1628 sagt BAUMEISTER in seinen Erfurter „Fastnachtsspielen"[8]):

„Bei dem ist kein Verstand noch Witz,
Ich zahl' ihm keinen Rübenschnitz";

aber ein Menschenalter später waren die verachteten Rübenschnitze eine willkommene Speise und gelten 1656 bei einer Hochzeitsfeier als angenehmes ländliches Essen[9]). In HOFFMANNSWALDAUS (1618—1679) abgeschmackten und schwülstigen Gedichten begegnet man den Redensarten, „die Rüben sind ihm verdorrt", „welke Rübchen schaben", „man nimmt die Perlen nicht wie Rübensamen ein"[10]). GRIMMELS-

[1]) Ed. MOHNIKE. Greifswald 1823; bei FREYTAG: a. a. O.
[2]) A. a. O. Bd. 4, S. 159ff. [3]) Mysterium sigillorum, S. 23. Erfurt 1651.
[4]) GOLTZ: a. a. O. Bd. 1, S. 128. [5]) VOLZ: a. a. O. S. 490.
[6]) LANGETHAL: a. a. O. Bd. 4, S. 159ff.
[7]) 2. Aufl., S. 267. Nürnberg 1709. [8]) Vers 618. Erfurt 1628.
[9]) Deutsche Hochzeitsgedichte; Ed. FISCHER, S. 72. Leipzig 1907.
[10]) Bd. 2, S. 301; Bd. 1, S. 401; Bd. 2, S. 25. Leipzig 1697.

HAUSEN (1625—1676), dessen „Simplicius Simplicissimus" von 1669 als die getreueste, wahrhaft grauenerregende Schilderung des 30jährigen Krieges anzusehen ist, vergleicht in ihm gelegentlich blanke Zähne, aber auch Geschosse für grobes Geschütz mit weißen Rüben und erwähnt, wie er Weiber und Kinder durch Verbergen in einem Keller mit weißen Rüben vor dem sicheren Hinschlachten bewahrte[1]). Auch in seinen übrigen Schriften erzählt er verschiedentlich, wie es bei den Bauern bald noch „allerhand Gartengewächs" gab, „nicht schlechtweg Rüben und Kraut"[2]), bald „nichts als weiße Rüben zu beißen" oder „gelbe, gebraten den Hunger zu stillen"[3]); er spricht von Zähnen „wie aus weißen Rüben geschnitzt", von Gittern, „die brechen wie Rübenschnitze", von „DIOGENIS CYNYCI Rüben"[4]), und beruft sich auf das „gemeine Sprichwort", ein Mann habe „ein Gesicht so voll Unflaths, daß man gar wohl könnte Riebsam hineinsäen"[5]). Eine große Rolle spielen Rüben auch bei ABRAHAM A ST.-CLARA (1644—1709), dem schlagfertigen und witzigen Wiener Kanzelredner, dessen persönlicher Mut und reger Geist während der Türkenbelagerung (1683) so glänzend zutage trat und aus dessen Schriften SCHILLER bekanntlich die Unterlagen zur Kapuzinerpredigt in „WALLENSTEINS Lager" schöpfte: Man kann auch von Rüben, Wurzeln und Kräutern leben, man düngt auch ganze Rübenäcker[6]), man legt Marktsteuern auf Rüben und Rannen [= Runkeln][7]), saure Rüben sind die gemeinste Speise[8]), das Volk singt das Liedl „Von Rettich und Ruben, Madeln und Buben"[9]), redet von „Rettich und Ruben"[10]), „Kraut und Ruben"[11]), „Ruben und Rannen"[12]), und führt die Sprichwörter im Munde „Wie der Acker, so die Ruben, | Wie der Meister, so die Buben" und „Einem Ruben auf die Nasen säen"[13]). Tatsächlich wurden damals Rüben aller Arten rings um Wien in großer Menge angebaut; der Pater BRULIG bestätigt 1683, daß vor den zum Entsatze Wiens heranziehenden polnischen Völkern „nichts sicher war, denn Kohl und Kraut, Möhren und Rüben, solches alles verzehrten sie ohne Feuer und ungekochter"[14]).

[1]) S. 100, 116, 359. Halle 1880.
[2]) Werke. Ed. BOBERTAG, Bd. 1, S. 33; Bd. 2, S. 215. Stuttgart o. J.
[3]) Ebd. Bd. 1, S. 106; Bd. 2, S. 78; Bd. 3, S. 199.
[4]) S. oben S. 9.
[5]) A. a. O. Bd. 1, S. 124; Bd. 3, S. 81; Bd. 3, S. 294; Bd. 1, Vorr. S. 50.
[6]) Ausgewählte Werke Bd. 7, S. 56, 147. Wien 1837.
[7]) Judas der Erzschelm. Ed. BOBERTAG, S. 139. Stuttgart 1883.
[8]) Ebd. S. 64, 75.
[9]) Ebd. S. 166, 232; in Wien noch jetzt allbekannt.
[10]) Werke Bd. 1, S. 5; Bd. 2, S. 62; Bd. 8, S. 118.
[11]) Ebd. Bd. 6, S. 145. [12]) Ebd. Bd. 8, S. 85.
[13]) Ebd. Bd. 8, S. 250; Bd. 7, S. 32.
[14]) RENNER: Wien im Jahre 1683, S. 398. Wien 1883.

104. Unter den deutschen Gelehrten des Zeitalters erzählt DORN im „Schlüssel der chimistischen Philosophy“, wie die Adepten, die gleich ihm selbst eifrigste Anhänger des PARACELSUS waren, zu sagen pflegten: „Bisher haben wir Disteln gessen, nunmehr hungert uns nach besserem Mangolt[1].“ RULANDUS gedenkt im „Lexicon Alchimiae“ neben den weißen und roten Rüben auch der kleinen gelben (flavae) unter dem Namen „perdettae“ [= Verlorene, wegen ihrer Dünne?][2], REINESIUS übermittelt in den „Variae lectiones“[3] philologische Betrachtungen über die Namen der Rübe[4], SENNERT stellt fest, daß die Rübe wegen ihres blutroten Saftes zweifellos dem Planeten Mars zugehört[5]; GLAUBER, der Entdecker des Glaubersalzes (Natriumsulfats) erklärt in „Des Teutschlands Wohlfarth“ von 1656, daß Rüben deshalb leicht faulen, weil sie zu wenig essentielles Salz enthalten[6], BECHER, der Vater des Phlogistons, macht 1682 im „Chymischen Glückshafen“ das Rezept eines Allheilmittels bekannt, zu dem u. a. auch Samen von weißen Rüben erforderlich sind[7], und KUNCKEL, der Alchemist und Glaskünstler, findet es (um dieselbe Zeit) sehr begreiflich, daß auf Beta, Atriplex (Melde) und Kohl, deren Säften die gehörige Schärfe fehlt, der Mehltau, der aus der Luft auf sie herabfällt, sofort „zu viel tausend Würmern wird“, — obwohl dies „zum Glück nicht durchaus der Fall ist“[8].

105. Was die übrigen Länder betrifft, so bleiben in Spanien, wie verschiedene Stellen in QUEVEDOS berühmter Erzählung „Paul von Segovia“ von 1610 zeigen, Rüben eine gewöhnliche und vielen verächtliche Speise[9]. Der vortreffliche italienische Arzt ANGELUS SALA (1576—1637), der lange Zeit an deutschen Höfen tätig war, verwendet „Mel betae“ (Rübenhonig), die eingekochte Mischung aus Honig und dem Preßsafte der Beta alba, als Klistier[10] und empfiehlt die Beta als leichtverdaulich und gesund, während der berühmte BORRICHIUS in Kopenhagen (gest. 1690) die entgegengesetzte Ansicht vertritt[11]. Zu Basel wandte der schweizerische Gelehrte BAUHIN (BAUHINUS, 1550—1624) die Arbeit eines ganzen langen Lebens an das Studium der Pflanzenwelt, schuf u. a. das neue System der Namengebung (das meist irrtümlich LINNÉ zugeschrieben wird) und erfaßte

---

1) S. 191. Straßburg 1602. 2) S. 361. Frankfurt 1612.

3) Altenburg 1640ff.

4) HALLER: Bibliotheca botanica Bd. 1, S. 437. Bern 1771.

5) De Chymicorum cum Aristotelicis et Galenicis consensu et dissensu, S. 330. Frankfurt 1655.

6) Vgl. im: Glauberus concentratus, S. 395. Leipzig 1715.

7) S. 769. Frankfurt 1682.

8) Laboratorium Chymicum, S. 121. Hamburg 1722. (1. Aufl. 1716.)

9) Üb. KEIL-BIESENDAHL, S. 14, 15, 21, 125, 208. Berlin 1905.

10) Opera, S. 819. Frankfurt 1647. 11) HALLER: a. a. O. Bd. 1, S. 535.

als erster mit völliger Klarheit den Unterschied zwischen Gattung und Spezies, wenn er ihn auch noch nicht folgerichtig durchzuführen verstand. Dies tritt auch betreffs der Rübe hervor, denn im „Pinax theatri botanici" von 1623 schreibt er der Beta, der großen und kleinen (major, minor), nicht weniger als 10 Klassen mit einer Unzahl von Arten zu, ohne dieser Einteilung andere als ganz oberflächliche und meist recht willkürliche Kennzeichnungen nach Färbungen, äußeren Gestaltungen usf. zugrunde zu legen[1]). Neben der zahmen Rübe schildert er auch die wilde (sylvestris, maritima, spontanea), die an der Meeresküste wächst, aber nichts mit dem Limonium zu tun hat, das gar keine Rübenart ist[2]). Gänzlich verschieden von der Beta sind napus oder bunias, sowie rapa oder gongyle[3]), während blitum (Melde)[4]) zu ihrer Verwandtschaft zählt. Von der sog. kretischen Rübe (Beta cretica) heißt es im „Prodromus theatri botanici", sie besitze [wie auch die Abbildung zeigt] eine dünne, lange, faserige Wurzel und komme auch in Mitteleuropa vor, ohne aber daselbst den so geschätzten, charakteristisch gestalteten Samen hervorzubringen[5]). — Auch nach MUNTING, der 1672 zu Amsterdam sein Werk „Waare Oeffening der Planten" herausgab, kennt man zahlreiche Sorten der Beta: vulgaris viridis (gemeine grüne); rubra (rote); candida romana (weiße römische = italienische); lusitanica (portugiesische); candida bulbosa (weiße dickwurzelige); spinosa Cretae (gezähnte kretische?). Sie liefern sämtlich angenehme und allgemein gebräuchliche Speisen und tragen im 2., oft aber erst im 3. Jahre Samen, welcher letztere für besonders gut gilt; er hält sich einige Jahre, geht rascher auf, wenn man ihn zunächst einige Stunden in Wasser einquillt, und wird stets bei zunehmendem Monde ausgesät[6]).

106. In Frankreich gehört DUCHESNE (QUERCETANUS, 1521—1609), als Arzt ein getreuer Anhänger des PARACELSUS, zu den Lobrednern der Beta, „dieses bestens temperierten" Krautes, das daher gesund und wohlbekömmlich ist; als besonders angenehme und leichtverdauliche Speise empfiehlt er im „Diaeteticon" seine „tourtte d'herbe" (Kräutertorte), die man bereitet, indem man Schnitten der in Wasser abgebrühten Beta in Butter bäckt, mit Eidotter, viel Rosinen, Zucker, Zimt und etwas Salz anmacht und bei mäßiger Hitze fertigkocht[7]). — Der hervorragende Botaniker TOURNEFORT (1656—1708), als Systematiker ein wahrer Vorläufer LINNÉS, und namentlich ein gründlicher Erforscher des Baues von Blüten und Früchten, wußte die Erkenntnisse, in denen er seiner Zeit oft weit voraus war, praktisch meist noch nicht entsprechend zu verwerten; so stellt auch er im „Hortus

[1]) S. 117. Basel 1623. [2]) Ebd. S. 192. [3]) Ebd. S. 95, 89.
[4]) Ebd. S. 118. [5]) S. 57. Frankfurt 1620.
[6]) S. 301, 395. Amsterdam 1672. [7]) S. 279, 365. Paris 1626.

regius“ von 1665[1]) und in den späteren „Institutiones rei herbariae“[2]) 10 Arten und zahlreiche Unterarten der Beta auf, zumeist ohne irgendwelchen ausreichenden Anhalt, bloß unter Hinweis auf einzelne äußere Eigenschaften oder gestützt auf die Angaben des DODONAEUS, LOBELIUS, CAESALPINUS, BAUHINUS und einiger anderer Autoritäten. Gleich OLIVIER DE SERRES bezeichnet auch er die „rote römische Rübe“ mit dem Namen „betterave“.

Der englische Reisende LISTER erzählt 1698: „Im April und Mai ißt man in Paris massenhaft die weiße Beta, die man bei uns kaum gebraucht, und nie zu Ragouts. Ihre langen und breiten Blätter bindet man zusammen wie die des Lattichs, um sie zu bleichen, und schneidet sie dann unten ab; das eigentliche Blatt wirft man weg, die zarten breiten Rippen aber bereitet man auf die verschiedensten Weisen zu[3]).“

107. In England nahmen Anpflanzungen von Rüben, die noch zur Zeit HEINRICHS VIII. (1509—1547) nur ganz vereinzelt vorkamen[4]), nach ADAM SMITH, dem großen Nationalökonomen, erst um 1600 weiteren Umfang an, und zwar zwecks Hebung der Viehzucht, die damals merklichem Aufschwunge zustrebte[5]). Indessen handelte es sich hierbei nur um geringwertige Sorten, denn bessere waren, wie ROGERS in seinem unvergleichlichen Werke „History of agriculture and prices in England“ berichtet, vor 1600 kaum bekannt und wurden, wie fast alle feineren Gemüse, aus Flandern bezogen[6]). Demgemäß schreibt BEN-JONSON (1574—1637) in seinem 1605 verfaßten Sittenstücke „Volpone“:

„Glaubt mir, er ist ein Wühler erster Art!
Soviel ich weiß, bekam er jede Woche,
In Köpfen frischen Kohls geschickt verpackt,
Geheimberichte aus den Niederlanden“[7]), —

wobei noch der Doppelsinn zu bemerken ist, daß Kohlkopf schon damals als gleichbedeutend mit Dummkopf gebraucht wurde[8]). In BEN-JONSONS Lustspiel „Der Alchemist“ von 1610 heißt es als Zeichen des Erstaunens und wohl sprichwörtlich: „Ich steig' auf einen Karr'n mit Rüben“[9]); die Rüben, die hierbei in Frage kommen, sind aber wohl die nämlichen turnips, von denen in den 1600 oder 1601 verfaßten

[1]) Tab. 286. Paris 1665. [2]) 2. Aufl., S. 501. Paris 1700.
[3]) GIBAULT: a. a. O. S. 98.
[4]) VOLZ: a. a. O. S. 477.
[5]) Wealth of nations. Ed. STÖPEL, Bd. 1, S. 211, 311. Berlin 1878.
[6]) Bd. 4, S. 653. Oxford 1866ff. Vgl. VOLZ: a. a. O.
[7]) Akt 2, Szene 1; vgl. GELBCKE: Die englische Bühne zu SHAKESPEARES Zeit Bd. 1, S. 239. Leipzig 1890.
[8]) Ebd. Bd. 3, S. 242.
[9]) Akt 5, Szene 3. Üb. BAUDISSIN in: BEN-JONSON und seine Schule Bd. 1, S. 155. Leipzig 1836.

„Lustigen Weibern" des SHAKESPEARE (1564—1616) die Rede ist (Akt 3, Szene 4):

„Oh, lieber pflanzt mich lebend in die Erde,
Und kugelt mich mit Rüben tot!"

Auch wenn BEAUMONT (1586—1615) und FLETCHER (1576—1625), deren gemeinsame dramatische Arbeit 1607 begann, in „Der beste Mann" sagen:

„Und mein gesunder Leib zieht eine Rübe
All diesen abgezognen Wässern vor" [1]),

dürfte nur an eine solche gewöhnliche Art zu denken sein. — Hingegen erwähnt BACON VON VERULAM (1561—1626) ausdrücklich die Beta, da er im 7. Buche der „Natural History" (Sylva sylvarum) unter Nr. 673 den mißverstandenen antiken Bericht wiedergibt, „beet" gedeihe besser, wenn man sie mit salzhaltigem Wasser begieße[2]); als Pflanzen, die allgemein der Ernährung dienen, bezeichnet er indessen in den „Essays" bloß carrots (Möhren), parenips (Pastinaken) und turnips[3]), und im „Novum Organum" (lib. 2, cap. 48) spricht er überhaupt nicht, wie die Übersetzung KIRCHMANNS erwarten läßt[4]), neben Hollunder von „Rüben", sondern nur von irgendwelchen nicht näher bezeichneten Wurzeln[5]).

Achter Abschnitt.

Das 18. Jahrhundert.

108. Für die Ausbreitung der Rübenkultur ist das 18. Jahrhundert das ausschlaggebende, vor allem in Deutschland: die Rübe gelangt daselbst zu sehr allgemeiner Verbreitung, schon vor 1750 erfolgt MARGGRAFS Entdeckung, daß sie wahren Zucker (Rohrzucker) enthält, und bereits vor 1800 ACHARDS Beweis, daß dieser sich im großen gewinnen läßt. Hierdurch wird der Rübenbau die Grundlage eines der wichtigsten landwirtschaftlichen Gewerbe, dessen spätere allmähliche Entfaltung sich in ihren Anfängen vorzubereiten beginnt.

109. Bezeichnend für die zunehmende Bedeutung, die die Rübe in den verschiedensten Landesteilen erringt, ist die große Zahl der ihr erteilten Namen, deren viele an die älteren Überlieferungen an-

[1]) Üb. KANNEGIESSER Bd. 2, S. 257. Berlin 1808.
[2]) Works Bd. 1, S. 157. London 1879.
[3]) Ebd. Bd. 1, S. 289. [4]) S. 335. Berlin 1870.
[5]) Works Bd. 2, S. 492. — 1629 gedenkt PARKINSON der roten Rübe (GIBAULT: a. a. O. S. 178).

knüpfen, andere aber neu auftauchen; hierbei macht sich abermals bemerkbar, wie langsam und schwierig sich die Loslösung der eigentlichen Beta von Kraut, Kohl und den anderen fernstehenden Rübenarten vollzieht. Eine lange Reihe jener Namen erwähnen (neben den schon weiter oben genannten Autoren) KLUGE[1]), HEYNE[2]), HOOPS[3]) und TSCHIRCH[4]), hauptsächlich aber SALOMON[5]) und PRITZEL-JESSEN[6]). Auch ihre Angaben lassen den nahen Zusammenhang erkennen, in dem die Bezeichnungen für Rübe mit jenen der Brassica-Arten stehen[7]), sowie mit jenen der Möhren[8]), der Melden[9]), und unter Umständen auch der Rapunzeln (= Kleinrüben ?)[10]); desgleichen treten immer wieder die Unsicherheiten betreffs Abgrenzung der in Frage kommenden Brassica-Arten zutage, so z. B. ist nach SALOMON bald „Rübenkohl", bald Raps = Brassica rapa[11]), Kohlrabi ist bei ihm Brassica oleracea gongylodes[12]), Sommerraps oder -rübsen Brassica rapa campestris, Winterraps oder -rübsen Brassica rapa oleifera[13]), Wasserrübe und Weißrübe, Teltower und bayrische Rübe sind Varietäten der Brassica rapa napifera[14]) usf.

Ein im ganzen alphabetisches Verzeichnis der Namen, das aber keinen Anspruch auf Vollständigkeit erhebt, sei nachstehend gegeben:

Angersche, Ängersche (= Anger- oder Feldrübe ?)
Bete; Blete, Bliet (von Bleta)
Beiße, Beißkohl, Beißrübe, Beitekohl, Beizkol (auch Peißkohl Peyschol, Peyscheln)
Biese, Bießen, Bießenkraut Bießkohl, Bietekohl (auch Pießen, Pießkol, Pyeßen)
Bieze (auch Piesenkraut), (von Bieza oder Bioza)
Burgunder Rübe[15])
Chrut (= Kraut)
Dickrübe, Dickwurzel
Dirlipsen (aus Turlips ?, im Elsaß = turnips)
Kraut, Krut, Kroten
Kuhrübe
Magolt, Manegolt, Manget, Mangelkraut, Manglet, Mänglet

[1]) A. a. O. S. 44. [2]) A. a. O. S. 66ff. [3]) A. a. O. Bd. 4, S. 1.
[4]) A. a. O. Bd. 2, S. 122.
[5]) Wörterbuch der deutschen Pflanzennamen. Stuttgart 1881.
[6]) Die deutschen Volksnamen der Pflanzen, S. 58. Leipzig o. J.
[7]) PRITZEL, S. 61ff. (6 Seiten!). [8]) Ebd. S. 131. [9]) Ebd. S. 51, 91ff.
[10]) Die jetzige Salatrapunzel, Oenothera biennis, ist nordamerikanischen Ursprungs (ebd. S. 250). — Über Ableitung von Rapunzel aus Rhaponticum s. oben S. 76.
[11]) A. a. O. S. 81, 122. [12]) Ebd. S. 81. [13]) Ebd. S. 122.
[14]) Ebd. S. 126. [15]) SALOMON: a. a. O. S. 94.

Mangold, weißer, roter, römischer, Schweizer[1])
Manichel
Platteyßke (unerklärt; vielleicht mit Plätteisen, der Gestalt nach, zusammenhängend)?[2])
Rabi, Rabet, Rabetwürtel (von rapa und Wurzel)
Rande, Randick, Raner, Rangeld, Ranges, Rangersen, Ranne, Ranrübe (auch Roni, Roners, Ronersen)[3])
Ranuschen, Raunschen[4])
Riep
Rodebeet, Robeet (= rote Rübe)
Römisch Kraut, Kohl, Köl, Kölle, Kolle (auch Rimesch = römisch)
Romeskol, Romeschekol, Romschkohl (auch Rumischeekohl, Rumsche, Runksche, Runkse, Rummel, Rummelsen)
Rube, Rübe[5])
Rübenkohl, Rübenkraut
Runkelrübe, -rüwe, -röwe
Steir, Stier, Stir (auch Stur, Sture, Sturbete)[6])
Weißrübe, Weißkohl (Weiß aus Beiß entstellt?)
Zwickel, Zwichel, Zwicheln (aus Sicula?).

Hinsichtlich des Namens Runkelrübe ist KLUGE[7]) der Ansicht, er lasse sich vor dem 18. Jahrhundert nicht nachweisen, und sein Ursprung sei dunkel. Tatsächlich spricht aber nach PRITZEL schon BOCK (16. Jahrhundert) von Rungelsen und Rungelrüben; betreffs der Ableitung erinnerten WEISE[8]) an das mhd. Runke = Falte (daher Runkunkel = altes Weib), HEHN[9]) sowie TSCHIRCH[10]) an Hrunkel und altnord. Hruga = Geballtes (wegen der dicken Wurzel), und KRÜNITZ[11]) an das im mittleren Westdeutschland gebräuchliche Dialekt-

[1]) Ebd. S. 94, 127: Gartenmangold schon bei BOCK, Rübenmangold bei GESNER (PRITZEL: a. a. O. S. 58), heidnischer Mangold beim Wundarzte PFALZPEUNT (SALOMON: a. a. O.), alle um 1550. Schmieriger Mangold heißt bei TABERNAEMONTANUS die Chenopodiacee „guter Heinrich" (PRITZEL: a. a. O. S. 91).

[2]) PRITZEL: a. a. O. S. 58.

[3]) Nach HEYNE: a. a. O. S. 69, und KLUGE: a. a. O. S. 380, nicht in älterer Zeit; s. RUMPF: Deutschlands Goldgrube, S. 117ff. Berlin 1799.

[4]) Vgl. RUMPF: ebd.

[5]) Vgl. Rübling nebst Nebenformen, d. i. ein dicker, eßbarer Pilz der Art Agaricus: PRITZEL: a. a. O. S. 454; MÜLLER bei BJÖRKMAN: a. a. O. Bd. 2, S. 97.

[6]) PRITZEL: a. a. O. S. 58. So lauten auch einige Namen der Melde (ebd. S. 92). Vielleicht besteht ein Zusammenhang mit „starren", s. das englische stare = starren, hervorragen; hiernach bezeichnete der Name etwa die „aufragende, hochaufschießende", wie schon weiter oben auch betreffs Mangold vermutet. Vgl. das italienische „manigoldo" im Sinne von Räuberhauptmann. — S. ferner das schwedische stór = groß, stör = Pfahl, Stange (HOLLRUNG).

[7]) A. a. O. S. 380.

[8]) Zeitschr. f. dtsch. Wortforsch. Bd. 2, S. 24. Straßburg 1901ff.

[9]) 1911; S. 572. [10]) A. a. O. Bd. 2, S. 122. [11]) Enzyklopädie Bd. 128, S. 523.

wort Runkel = Knollen; möglicherweise ist aber auch an Ringel (Rungel) anzuknüpfen, wonach Runkelrübe die geringelte (z. B. weiß und rötlich gebänderte) wäre, worauf auch die Namen Ringelrübe, Ringelmangold, Ringelkraut, Ringkraut u. dgl. (s. weiter unten) sowie die bei DRAGENDORFF[1]) angeführte lateinische Benennung Beta zonata hinwiesen.

110. Die Verwendung der Rüben zu Speisezwecken blieb auch während des 18. Jahrhunderts eine andauernde. Schon das 1703 zu Nürnberg erschienene, vielgelesene Wirtschaftsbuch „Die so kluge . . . Haushälterin" schildert die Wichtigkeit sachgemäßer Aufbewahrung von Rüben und Rübenkraut in den Kellern [Kraut wohl eingedickter Saft, wie am Rhein noch jetzt „Apfelkraut" u. dgl.]. Die Kochbücher, z. B. das Nürnberger von 1712 „Die aus dem Parnaß entlaufene vortreffliche Köchin", oder das Wiener der BARBARA HICKMANN von 1750, führen vielerlei Zubereitungen, Beilagen, Salate usf. aus weißen und roten Rüben auf, u. a. als Fastenspeise am Freitag auch „rote Rüben mit gebackenen Fröschen"[2]); in Sachsen waren derlei Gerichte ganz besonders verbreitet, daher etwas schon so Gewöhnliches, daß das Vorsetzen einer derart alltäglichen Speise an einen Freier für gleichbedeutend mit seiner Abweisung galt[3]). Solchem Sinne gemäß sagt auch 1721 WELLING im „Opus mago-cabalisticum", das bekanntlich noch von großem Einflusse auf den jungen GOETHE war: Vor dem über ADAM ergangenen Fluche „mag wahrlich schon ein Gericht Rüben . . . mehr Kraft und Würkung gehabt haben, als [derzeit] ganze Kübel voll des so seltsam gesehenen Auri potabilis" [d. i. des „trinkbaren Goldes", eines alchemistischen Allheilmittels][4]).

111. Während nach 1700 das westliche und südwestliche Deutschland sowie in gewissem Grade Franken es bereits verstanden oder doch in rasch zunehmendem Maße erlernten, sich die Vorzüge der Runkelrübe auch landwirtschaftlich in weiterem Umfange zunutze zu machen, war dies bei den Grundbesitzern in den übrigen Gegenden des Reiches zunächst keineswegs der Fall. In Mitteldeutschland vergingen noch mehrere Jahrzehnte, bevor die Rübe erst zum „Besömmern der Brache" und dann zu Zwecken der Viehhaltung und Winterfütterung allgemeinen Eingang fand, und in größerer Ausdehnung traf dies erst um und nach 1750 zu, wie es u. a. ECKHARTS „Vollständige Experimentalökonomie" von 1754 bezeugt[5]). REICHART, dessen „Land- und Gartenschatz" 1753 zu Erfurt erschien, beschrieb „die Runkel- oder Dickrübe", eine Art Mangold, die nach einigen Aussaaten

[1]) Die Heilpflanzen der verschiedenen Völker, S. 196. Stuttgart 1898.
[2]) KUDRIAFFSKY: a. a. O. S. 290.
[3]) Ebd. S. 214. [4]) S. 131. Frankfurt 1721.
[5]) Bd. 1, S. 248ff., 252. Jena 1754. Vgl. GOLTZ: a. a. O. Bd. 1, S. 449.

leicht ihre Röte verliert[1]), und berücksichtigte weiße und rote Rüben bereits bei der Fruchtfolge[2]); jedoch wollte er wahrgenommen haben, daß der Same der Rübe leicht in den von Weißkohl und von verschiedenen Unkräutern übergehe[3]), — ein Irrtum, der niemanden verwundern wird, der da liest, wie z. B. bei Koburg noch 1835 der Übergang von Hafer in Roggen auf das bestimmteste festgestellt wurde[4])! Vieles zur Überwindung derartiger Vorurteile, namentlich aber auch jener, die sich an die angeblich „absolute Notwendigkeit der Brache" knüpften, trug die Belehrung durch die „Landwirtschafts-Gesellschaften" bei, die zunächst in der Pfalz (Kaiserslautern), in Baden (Mannheim), in Hessen (Darmstadt) und in den Rheinlanden, gegen 1750 aber auch in Hannover (Celle), Leipzig und Breslau begründet wurden[5]). In Darmstadt lernte Anbau und Wert von Rüben, Kartoffeln und Klee auch jener Mann würdigen[6]), der mit Recht als „Vater des regelmäßigen Fruchtwechselsystems" gilt, als Beseitiger der Brache und damit des Totliegens von fast einem Drittel der nutzbaren Bodenfläche, und somit als hervorragender Wohltäter der Landwirtschaft und des Volkes: J. Chr. Schubart (1734—1787), den Kaiser Joseph II., der große „Schätzer und Schützer des Ackerbaues", zur Belohnung für seine „durchdringenden Verdienste" zum „Edlen von Kleefeld" erhob. Mit dieser Anerkennung war jedoch der Kaiser, wie leider zumeist, seiner Zeit weit voraus, denn noch als Schubart auf seinem eigenen Gute, Würchwitz bei Weißenfels, zwischen 1765 und 1770 den Anbau der genannten Gewächse einführte, begegnete er auf lange hinaus nicht nur dem Widerstande der Verwalter, Schnitter und Zehntenempfänger sowie der Rückständigkeit der Behörden, die letzteren bei ihren Klagen aus formalen Gründen Recht zusprachen, sondern auch dem Hohn und der offenen Feindschaft fast aller seiner Nachbarn, die erst nach Jahren ihre Kurzsichtigkeit zu erkennen begannen[7]). Noch in seinen seit 1777 verfaßten „Ökonomisch-kameralistischen Schriften" erzählt Schubart[8]), daß zwar, — vermutlich durch den Leipziger „Botanischen Verein" und die 1764 begründete Leipziger „Landwirtschaftliche Societät"[9]) —, der Anbau der Beta, auch Mangold, Dickrübe, Dick-

[1]) Beckmann: Physikalisch-ökonomische Bibliothek Bd. 1, S. 411. Göttingen 1770ff.

[2]) Langethal: a. a. O. Bd. 4, S. 306.

[3]) Reichart: a. a. O. Bd. 1, S. 34. — Goltz: a. a. O. Bd. 1, S. 353. — Langethal: a. a. O. Bd. 4, S. 233ff.

[4]) Langethal: a. a. O. Bd. 4, S. 234.

[5]) Vgl. Handbuch der Staatswissenschaften Bd. 1, S. 95. Jena 1898.

[6]) Reinhardt: Kulturgeschichte der Nutzpflanzen Bd. 2, S. 30. München 1911.

[7]) Beckmann: a. a. O. Bd. 14, S. 466. Göttingen 1786. — Goltz: a. a. O. Bd. 1, S. 358ff.

[8]) Bd. 1, S. 70; 15, 24, 107, 119, 121; Bd. 2, S. 136. Leipzig 1786. (1. Aufl. 1783.)

[9]) Langethal: a. a. O. Bd. 4, S. 346.

wurzel, Raunsche, Raunschern, Runkelrübe, Burgunderrübe geheißen, den Gutsbesitzern schon seit längerem empfohlen und im „Leipziger Intelligenz-Comptoir“ sogar unentgeltlich gelehrt werde, daß aber sein Nutzen immer noch nicht genügend eingesehen sei; selbst 1779, „als man im Saalkreis und in Anhalt schon ganze Felder voll Rüben sah“, war in Kursachsen die Lage zumeist noch die alte, denn übergroß blieb die Macht der Vorurteile, der Trägheit, des Unverstandes und der Unkenntnis. Um gute Erfolge zu sichern, ist freilich viel Arbeit und Aufmerksamkeit nötig: man hat guten Samen zu ziehen, indem man die Hauptstengel rechtzeitig abstützt und die Seitentriebe kappt, es ist für richtiges und rechtzeitiges Säen, Versetzen, Düngen und Behacken zu sorgen, ferner dürfen die Blätter, entgegen den Gewohnheiten vieler, nur sehr schonend „abgelaubt“ werden, da sonst Entwicklung und Wachstum der Pflanzen Schaden leiden. Unter günstigen Umständen kann dann 1 Morgen bis zu 15 Fuhren oder 500 Ztr. [= 250 dz] weiße oder rote Rüben erbringen[1]), die frisch, oder zweckmäßig aufbewahrt, bis ins Frühjahr hinein ein treffliches Futter für Rinder und Schweine liefern, besonders aber für Kühe, die täglich 15—20, zuweilen auch 30 Pfund (in Stücken oder gehackt) sehr wohl vertragen. Auf diese Weise vermag man also eine starke Viehhaltung und Düngung sowie eine große Milcherzeugung zu verwirklichen; überdies lassen sich bei einiger Vorsicht auch recht erhebliche Mengen der Blätter mit Vorteil verfüttern, und endlich zeigen ganz neue Beobachtungen, daß die gerösteten Wurzeln ein wohlschmeckendes Kaffeesurrogat ergeben, das dem aus gebrannten Möhren weitaus überlegen ist.

112. Den wohlbewährten Anbau der „großen weißen Rübe“, d. i. der Dick- oder Runkelrübe[2]), zu Zwecken der Viehzucht in Hessen schildert 1769 STOCKHAUSEN[3]), den in Westfalen und Niedersachsen „zuweilen in kleinen Mengen, aber auch schon bis zur Hälfte des Brachlandes“ MÜNCHHAUSEN[4]); nach Hannover brachte die „Beta maxima“ oder den „Schweizer Mangold“ zuerst 1764 der Hofapotheker ANDREÄ und empfahl die Wurzeln als Viehfutter und die Blätter als ein „noch in später Jahreszeit reichliches Gemüse“[5]). BECKMANN, dessen epochemachendes Werk „Grundsätze der deutschen Landwirtschaft“ zuerst 1769 in Göttingen herauskam, äußert sich bereits recht eingehend über die Rübe, die auch Bete, Mangold, Beißkohl oder römischer Kohl heißt; ihre Hauptarten sind die weiße, rote, gelbe und grüne Bete,

[1]) Auf welchen Morgen sich dieser gewaltige Ertrag bezieht, ist nicht ersichtlich; der gewöhnliche (= rund 0,25 ha) kann es nicht sein.

[2]) BECKMANN: Bibl. Bd. 1, S. 411. Göttingen 1770.

[3]) Ökonomie, Politik ... Naturgeschichte, S. 58. Frankfurt 1769.

[4]) Hausvater. Hannover 1765ff. — LANGETHAL: a. a. O. Bd. 4, S. 136, 340.

[5]) Hannöverisches Magazin 1774, S. 186; 1776, S. 416.

die römische Bete (identisch mit ANDREÄS Beta maxima) und die Dick-, Runkel-, Rummel- oder Burgunderrübe; „bei dieser Bete", so setzt BECKMANN als gewissenhafter Schüler LINNÉS hinzu, „weiß ich keinen Botaniker mit einiger Gewißheit anzuführen", d. h. ihre Eigenart und Herkunft lagen schon damals im Dunkeln. Alle Arten Beta oder Mangold, so fährt BECKMANN fort, verlangen gutgedüngtes Land und sorgsame Pflege; die eigentliche Runkelrübe, die man Beta altissima [die höchstwachsende] benennen kann, da ihr Stengel 7—8 Fuß hoch aufschießt, besitzt 8—10 Pfund schwere Wurzeln mit weißem Fleisch und roten Kreisen (welche Röte sich aber mehr oder weniger leicht verliert) und ist ein treffliches Viehfutter, ganz besonders für Milchkühe; ihre Blätter nimmt das Vieh ebenfalls gerne, außerdem sind aber Blätter, Rippen, Stengel und Wurzeln ein zu verschiedenen Jahreszeiten willkommenes und geschätztes Gemüse[1]). — Aus wenig späterer Zeit berichtet der nämliche Autor auch über die Zustände in Franken: dort ist der schon seit längerem bekannte Anbau der Futterkräuter, u. a. des „spanischen Klees" [Rotklees] sowie des Rangeres oder Viehmangolds immer mehr in Aufnahme gekommen, und den letzteren findet man „fast überall und sehr häufig, . . . bis zu $^1/_6$ der ganzen Flur". Dieser Viehmangold, dessen Blätter ganz jenen des bekannten [Gartenmangolds] gleichen, ist eine Art längliche und dicke Rübe, innen weiß, außen (besonders oben) rot; man sät ihn frühzeitig, versetzt die jungen Pflänzchen wie Kraut auf den Acker, behackt sie fleißig, erntet im Herbst und bewahrt die Wurzeln in Gruben oder Kellern; das nämliche Vieh, das im Sommer die Blätter frißt, erhält im Winter die Wurzeln, zum großen Nutzen der Milchwirtschaft[2]), weshalb die Rübe eine auch dem kleinen Landwirt sehr zu empfehlende Nutzpflanze darstellt.

113. Erheblich langsamer als in den erwähnten Landstrichen faßte der Rübenbau im Norden und Osten Boden. In Preußen gehörten Rüben, Kartoffeln und „Luzerner Klee" (Luzerne) zu den „neuen Kulturzweigen", die FRIEDRICH DER GROSSE bereits 1746 zur Förderung des Ackerbaues einzuführen befahl; gegenüber der unwissenden und widerspenstigen Landbevölkerung vermochte er aber seiner Einsicht nicht „ohne militärische Assistenz und Überwachung durch die Landdragoner" Geltung zu verschaffen[3]). Die Einbürgerung erfolgte indes nur ganz allmählich, und noch 1781 führt BERGEN in der „An-

[1]) Grundsätze, S. 210ff., 439. Göttingen 1775.

[2]) BECKMANN: Beiträge zur Ökonomie, Technologie . . . Bd. 2, S. 378; Bd. 4, S. 122. Göttingen 1781. Was der Verf. aus Flandern und England (Suffolk) mitteilt, scheint nur zum Teil Rübe, zumeist aber „turneps" zu betreffen (ebd. Bd. 1, S. 235; 13, 17, 45, 66, 75; 17).

[3]) Siehe GOLTZ: a. a. O. Bd. 1, S. 457.

leitung für die Landwirte zur Verbesserung der Viehzucht“ [1]) die Wichtigkeit der Futterkräuter und Hackfrüchte, u. a. der weißen Rüben und Runkelrüben, seinen Lesern aufs neue nachdrücklich zu Gemüte. In Schlesien war die Rübe um diese Zeit zwar bekannt, aber immerhin erregte die Tatsache, daß der Organist HAUPTLEUTNER in Mühlräditz Rüben zwecks Viehfütterung anbaute und später aus ihnen auch einen Sirup für seinen Hausgebrauch kochte (s. weiter unten), vieles Aufsehen, so daß die Behörden ihn belobten und sein Beispiel zur allgemeinen Nachahmung empfahlen[2]); ein Dezennium später stellt LÖWE fest, daß jetzt viele Geistliche mit der Rüben- und Kleekultur in verdienstlicher Weise vorangehen und daß Rüben u. a. auch nächst Brieg gebaut werden[3]).

114. Um die letztgenannte Zeit, 1790ff., gab es aber nach NAU in den Rheinlanden, z. B nächst Mainz, überhaupt keine Brache und Brachweide mehr, denn „an Runkelrüben und an Klee hat man Futters genug“ [4]); die mitteldeutschen Landwirte förderten nach LEOPOLD die Viehzucht „durch Anbau und Nutzung der Runkelrübe“, die nicht, wie manche noch glauben, zu den Turnipsen gehört, und bei einer Ernte von 2560 Stück zu 4 Pfund Gewicht vom Morgen 102,4 Ztr. Ertrag gibt[5]); auch in Sachsen, woselbst man nach RÖSSIG Beten- und Mangoldarten schon seit geraumer Zeit als beliebte Küchengewächse kultivierte[6]), wo einzelne eine Art „Rübenkraut“ [Rübensirup] einzukochen pflegten[7]), und RIEM schon 1775 Rübensirup zur Fütterung der Bienen bereitete[8]), sah man nunmehr den Vorteil auch des „großen“ Rübenbaues ein, und der Genannte widmete ihm eine ganze Anzahl Aufsätze, die er später in seiner „Sammlung ökonomischer Schriften“ zusammenfaßte[9]).

115. Unter den Gelehrten des 18. Jahrhunderts gedenkt BOERHAAVE der Beta nur flüchtig: nicht bei oberflächlicher Verletzung, wohl aber beim Zerkleinern gibt sie einen tiefroten Saft, und dieser ist, im Gegensatz zu jenem der rapa, leicht der Gärung fähig[10]). Den

[1]) Berlin 1781; GOLTZ: a. a. O. Bd. 1, S. 372.

[2]) Dtsch. Zuckerind. Bd. 27, S. 42. 1902.

[3]) Neuestes Magazin für Ökonomie. Breslau 1799. — BECKMANN: Bibl. Bd. 21, S. 37. Göttingen 1800.

[4]) Neue Entdeckungen und Beobachtungen, S. 154. Frankfurt 1791. — BECKMANN: Bibl. Bd. 17, S. 23. Göttingen 1791.

[5]) Handbuch der Landwirtschaft Bd. 1, S. 190. Schnepfenthal 1795. — BECKMANN: Bibl. Bd. 20, S. 399. Göttingen 1798.

[6]) Producten- und Handelskunde von Chursachsen Bd. 1, S. 82. Leipzig 1803.

[7]) S. die Angabe bei TABERNAEMOMTANUS, Aufl. von 1731 (oben S. 78).

[8]) RIEM: Bienenpflege. Dresden 1775.

[9]) Leipzig 1800ff.

[10]) Elementa Chemiae Bd. 2, S. 4, 67. London 1732. Echte Ausgabe Bd. 2, S. 10, 169. Basel 1745.

Samen von Rübe, von rapa und von napus oder bunias, rühmen als Gegengift und als bewährtes Heilmittel, „bei Masern und Blattern nicht zu verachten", VALENTINI[1]), die deutsche Ausgabe von POMETS „Aufrichtigem Materialisten"[2]) und des großen STAHL „Materia medica"[3]), die im übrigen nur die antiken Traditionen über Beta wiedergibt. Nach HÜBENERS „Natur-, Kunst- und Handlungslexikon" von 1746 ist gegen Kopfweh, Ohrenschmerzen und Schnupfen der Saft jener weißen und roten Rübe zu empfehlen, „die vielfach in den Krautgärten als Speise und Salat gepflegt wird" und keineswegs einerlei mit der bis 45,5 Pfund schweren Steckrübe ist[4]); die „Onomatologia medica" von 1755, die kein Geringerer als A. VON HALLER mit herausgab und durch ein Vorwort einleitete, preist diese nämlichen inneren und auch einige äußere Wirkungen der weißen und roten Rübe (Beta, Mangold, Runkel) in gleichem Sinne an, erwähnt insbesondere die „Reinigung des Gehirns durch den eingeschnupften Preßsaft"[5]), geht aber auch über die Samen von Rübe, napus oder bunias, und rapa nicht hinweg, die verdünnend, abstergierend und schweißerregend wirken, Masern oder Kinderblattern austreiben und Öl zu einem „emplastrum" (Pflaster) liefern, „so man vor alle Schäden für gut hält"[6]).

116. MACQUERS „Dictionnaire de Chymie" von 1766, wohl der erste seiner Art (in alphabetischer Anordnung), weiß selbst in der deutschen Übersetzung LEONHARDIS (1788) und in deren „Zusätzen" (1792) nichts von Belang über die Beta zu melden und erwähnt nur gelegentlich, daß man den Saft der roten Rübe zum Färben benütze[7]); nach BÖHMER erteilt er tatsächlich in essigsaurer Lösung dem Garn eine schön rote Farbe, die aber DAMBOURNEY [sehr begreiflicherweise] nicht beständig genug fand[8]). SCHEDELS für seine Zeit sonst recht anerkennenswertes „Waarenlexikon" erklärt Beta alba für Weißkohl, Beta sylvestris für Bitterklee (Trifolium amarum), Mangold für den „Namen unterschiedlicher Kräuter", von denen man roten Mangold oder rote Rübe als Gartengewächs und Salat anbaut, und hebt hervor, daß Beta etwas ganz anderes ist als rapa, die Knollenrübe, „des gemeinen Mannes Speise", deren kleinste und geringste Art Steckrübe heißt[9]). Eingehender, zumeist aber nur die Berichte anderer zusammen-

---

[1]) Musaeum Musaeorum Bd. 1, S. 145. Frankfurt 1714. (1. Aufl. 1704.)

[2]) S. 15; mit Abbildung. Leipzig 1717; französisches Original 1692.

[3]) Bd. 2, S. 139. Dresden 1744.

[4]) S. 287, 2001. Leipzig 1746.

[5]) S. 199. Frankfurt 1755.

[6]) Ebd. S. 245, 1169.

[7]) Chymisches Wörterbuch Bd. 2, S. 411. Leipzig 1788ff. Zusätze Bd. 1, S. 383. Leipzig 1792.

[8]) Technische Geschichte der Pflanzen Bd. 2, S. 157. Leipzig 1794.

[9]) Bd. 1, S. 93; Bd. 2, S. 22, 371, 377. Offenbach 1790.

fassend, spricht sich 1785 in seiner „Anleitung zur Kenntnis der Arzneimittel“ der sehr gelehrte und vielseitige Straßburger Professor SPIELMANN aus, dessen chemische Vorlesungen noch der jugendliche GOETHE besuchte: Beta, Betta, poirée oder weißer Mangold gedeiht im ganzen mittleren Europa und besitzt wichtige medizinische Eigenschaften, die schon HIPPOKRATES und GALENOS eingehend beschrieben; von der größeren, zweijährigen, roten und gelben Spielart, die auch römischer oder englischer Mangold heißt[1]) und „bei uns“ [im Elsaß] im 16. Jahrhundert bekannt und seither in Gärten angebaut wurde, genießt man hauptsächlich die Stengel, Stiele und Blätter, während der gelbe Mangold sowie der „rote mit der Rübenwurzel“ des BAUHIN, d. i. die Beta nigra der Alten, die noch gegen 1600 nur in Deutschland gebaut worden sein soll[2]), die wohlschmeckenden, „merkbar süßlichen“ Wurzeln liefert[3]). Geschätzt sind auch die Blätter des verwandten Blitum, das französisch blête, deutsch Mayer heißt[4]); etwas völlig Verschiedenes ist hingegen die rapa oder gongyle (navet, naveau, napus, bunias, französische Rübe, Steckrübe, Stückelrübe) mit ihren vielen Abarten, deren rundliche und längliche man „Weibchen“ und „Männchen“ nennt[5]), ferner die Brassica rapa, heimisch in England und Holland, bei uns für Mensch und Tier in Gärten und auf Äckern kultiviert, endlich die Brassica napus, die fußlange, bis 4 Zoll dicke, weiße und schwarze, eigentliche Steckrübe, deren Samen schon die Alten als wirksames Gegengift rühmten[6]).

117. In botanischer Hinsicht wichtig und auf lange Zeit hinaus maßgebend erwiesen sich die Forschungen des unsterblichen LINNÉ (1707—1778), obwohl sie im vorliegenden Falle eigentlich zu keiner endgültigen und einheitlichen Entscheidung führten. Zunächst, so noch in den „Species plantarum“ (1. Ausgabe 1753), stellte nämlich LINNÉ 4 Arten Beta auf, B. vulgaris (die gemeine), B. patula (die breitlaubige), B. cicla (die sizilische), B. maritima (die vom Meeresufer), deren jeder er wieder zahlreiche Unterarten zuteilte, der ersteren z. B. allein 5, rubra (die rote), rubra major (die große rote), rubra radice rapae (die rote mit der rapa-Wurzel), lutea (die gelbe), pallida (die hellgelbe); später aber, u. a. im „Systema Vegetabilium“ (1. Ausgabe 1774), zog er, unbeschadet seiner Lehre von der Konstanz der Arten, Beta vulgaris und maritima zu einer einzigen Art, Beta vulgaris, zusammen[7]) und klassifizierte deren Varietäten zwar zum Teil nach

[1]) Betreffs des „englischen“ dürfte eine Verwechslung mit Turnips vorliegen.

[2]) Vgl. über diese irrige Ansicht oben S. 83, 89.

[3]) S. 52ff. Straßburg 1785. Vgl. auch SPIELMANNS: Olerum argentoratensium fasciculus = Verzeichnis der Straßburger Gemüse. Straßburg 1769/70.

[4]) Anleitung, S. 552. [5]) Ebd. S. 77. [6]) Ebd. S. 78.

[7]) So noch beibehalten in der von SPRENGEL besorgten Auflage Bd. 1, S. 950. Göttingen 1825.

bewährten Grundsätzen (nach den wilden und kultivierten Formen, nach den Standorten, ...), zum Teil aber auch weiterhin nach vorwiegend äußerlichen, daher mehr oder weniger willkürlich gewählten Kennzeichen.

118. Die bedeutsamste und folgenreichste aller jemals angestellten wissenschaftlichen Untersuchungen über Beta ist die 1747 veröffentlichte von MARGGRAF (1709—1782)[1]. Dieser hervorragende Chemiker, auf dessen sonstige, in vielen Richtungen bahnbrechende Leistungen an dieser Stelle nicht eingegangen werden kann[2], sah sich veranlaßt, wie verschiedene andere Pflanzen so auch die Rübe auf die Ursache ihrer besonderen Eigenschaften zu prüfen; er fand hierbei, daß der süße Geschmack von Beta alba (BAUHINS Beta cicla officinarum, d. i. die der Apotheken; weißer Mangold) und Beta rubra (BAUHINS Beta radice rapae, d. i. die Rübe mit der rapa-Wurzel; roter Mangold) keineswegs bloß durch ein „zuckerähnliches" Wesen bedingt wird, sondern durch „wahren, vollkommenen Zucker, dem bekannten aus Zuckerrohr völlig gleich"; dieser läßt sich in den getrockneten Schnitten mikroskopisch erkennen[3], und aus den Rüben, besonders gut aus den weißen, „reichlich und rein" abscheiden. Beim Ausziehen der Trockenschnitte mit starkem Alkohol erhält man ihn als „schönes, hartes, kristallisiertes Salz", wodurch ohne weiteres die Unrichtigkeit der all gemeinen Meinung erhellt, daß erst das bei der Saftklärung zugefügte Kalkwasser den Zucker „fest und trocken" mache; aber auch schon der gewöhnliche Preßsaft ergibt nach dem Absitzen, Klären mit Eiweiß oder Blut, Abschäumen, sorgfältigem Filtrieren und vorsichtigem Einkochen, allmählich kristallisierten Zucker, der sich nach den bekannten Verfahren zu völlig weißer Raffinade umarbeiten läßt. Wurden auch zunächst aus 100 Teilen getrockneter roter und weißer Rübe im alkoholischen Auszuge nur 3,90 und 6,25% reiner Zucker gewonnen, was auf 100 Teile der frischen Rüben umgerechnet 0,49 und 1,56% ausmacht[4], so ist doch der grundsätzliche Beweis geliefert, daß man Rüben nicht nur auf Sirup zum Süßen oder zur Herstellung von Alkohol verarbeiten kann, sondern „daß auch der Zucker, dieses süße Salz, sowohl aus unseren Pflanzen zu machen ist als aus dem Zuckerrohr".

119. Wenngleich also MARGGRAF sich über die Bedeutung seiner Entdeckung völlig im klaren war, so dachte er doch, als Mann der

[1]) Berichte der Akademie der Wissenschaften, S. 78. Berlin 1747. — Chymische Schriften. Ed. LEHMANN, Bd. 2, S. 70. Berlin 1768. — SCHEIBLER: Aktenstücke zur Geschichte der Rübenzuckerfabrikation in Deutschland während ihrer ersten Entwicklung. Festschrift, Berlin 1875. — Neuausgabe bei LIPPMANN: Die beiden Grundschriften der Rübenzuckerfabrikation, S. 1. Leipzig 1907.

[2]) Eine Darstellung und Würdigung findet sich bei LIPPMANN: Abhandlungen und Vorträge zur Geschichte der Naturwissenschaften Bd. 1, S. 275. Leipzig 1906.

[3]) Derlei Anwendungen des Mikroskops lehrte MARGGRAF zuerst.

[4]) Vgl. LIPPMANN in der „Neuausgabe", S. 69, 70.

reinen Wissenschaft, nicht im entferntesten daran, sie selbst praktisch zu verwerten; ohnehin befand er sich gar nicht in der Lage, entsprechende Versuche anzustellen oder zu veranlassen, und der richtige Zeitpunkt hierfür war auch noch nicht gekommen. Sofern die Chemiker und Technologen von der neuen Errungenschaft überhaupt gelegentliche Anmerkung nahmen, geschah dies daher nur ganz nebenbei, so z. B. noch seitens MACQUERS in seinem oben erwähnten „Chymischen Wörterbuch“ [1]); es darf als Ausnahme gelten, wenn der belesene sächsische Bergrat und Metallurge HENKEL 1755 in seiner Schrift „Flora saturnizans“ erwähnt, „daß die roten Rüben ein Salz enthalten von der allerlieblichsten Süßigkeit“, und seiner Überzeugung Ausdruck gibt, dieses werde in der Rübe und im Zuckerrohr erst neu von der Pflanze gebildet und nicht, wie so manche voraussetzen, schon fertig dem „daseyenden gezuckerten Boden entnommen“ [2]).

120. Erst nach MARGGRAFS Tode trat ACHARD (1753—1821), sein Schüler und Nachfolger als Direktor der physikalischen Klasse der „Kgl. Akademie der Wissenschaften“, an die Aufgabe heran, „des berühmten Lehrers Entdeckung zum Wohle seiner Mitbürger und zur Ehre der Heimat im großen nutzbar zu machen“ [3]) und „aus heißer Liebe für das preußische Vaterland einen neuen Zweig europäischer Industrie zu schaffen“ [4]). Da es bisher leider an einer Biographie ACHARDS gänzlich mangelt, läßt sich nicht genau sagen, welche Umstände den durch Verstandes- und Charaktereigenschaften gleich ausgezeichneten Mann, — dessen übrige, sehr ausgedehnte wissenschaftliche Tätigkeit hier nur kurz in Erinnerung gerufen sei —, zu seinem Entschlusse bestimmten. Mit der Züchtung einiger landwirtschaftlicher Nutzpflanzen, besonders des Tabaks, hatte er sich schon zur Zeit FRIEDRICHS DES GROSSEN mit solchem Erfolge beschäftigt, daß der König ihm eine lebenslängliche Pension von 500 Talern verlieh [5]); es scheint auch, daß er ursprünglich ein kleines eigenes Gut in Caulsdorff nächst Berlin besaß, das ihm Gelegenheit bot, gefaßte Pläne zu verwirklichen und eigene Erfahrungen zu sammeln; ferner stand er (wieso, ist nicht bekannt) in Verbindung mit einigen Grundbesitzern zu Halberstadt, woselbst man schon seit längerem Runkelrüben anbaute und gewohnt war [nach einem von ihm angeführten Gutachten der dortigen „Kammer“ [6])], „schon seit vielen Jahren den zur Sirupkonsistenz eingekochten, einen Zweig des Handels ausmachenden

[1]) A. a. O. Bd. 7, S. 424. [2]) S. 237, 577. Leipzig 1755.

[3]) SCHEIBLER in der oben angeführten „Festschrift“ von 1875, S. 21.

[4]) ACHARDS eigene Worte von 1799 in der „Ausführlichen Beschreibung ...“ (s. weiter unten).

[5]) Siehe LIPPMANN: Abhandlungen und Vorträge Bd. 1, S. 296. Leipzig 1906.

[6]) Vgl. seine Schrift: Beantwortung der Frage ..., S. 38. Berlin 1800. S. weiter unten.

Rübensaft in hölzernen Gefäßen zu konservieren, auch in solchen, ohne daß er verdirbt, zu verschicken"; den besonderen Anstoß mag endlich jene andauernde Preissteigerung des Zuckers gegeben haben, die infolge der wirtschaftlichen und politischen Störungen zeitweise schon während der letzten Dezennien des 18. Jahrhunderts einsetzte, ihren Höhepunkt aber erst 1791 erreichte, als anläßlich des allgemeinen Negeraufstandes in San-Domingo auch die gesamte Zuckerindustrie dieser Hauptversorgungsstätte der ganzen alten Welt plötzlicher völliger Vernichtung anheimfiel[1]).

121. Soweit die 1875 von SCHEIBLER bekanntgemachten Auszüge aus den unveröffentlichten Akten der preußischen Staatsarchive ersehen lassen[2]), begann ACHARD etwa 1786 zuerst in Caulsdorff und dann, nach mehrjähriger Unterbrechung infolge Feuersbrunst und Verkauf dieses Gutes, auf dem neuerworbenen kleinen Anwesen zu Französisch-Buchholtz nächst Berlin die Bedingungen zu erforschen, unter denen Rüben zu erhalten seien „reicher an Zucker, ... aber ärmer an den störenden Schleim- und Extraktivstoffen" [also an dem, was wir heute Nichtzucker nennen]; er bedurfte indes einer längeren Reihe weiterer Jahre, um die richtigen Wege zu erkennen und festzulegen, und erst Ende 1798 fühlte er sich seiner Sache sicher. Nunmehr reichte er am 11. Januar 1799 eine „Immediatvorstellung" an FRIEDRICH WILHELM III. ein, in der er seine Errungenschaften kurz beschrieb, sie in landwirtschaftlicher Hinsicht durch das Zeugnis des Hofgärtners SELLO in Sanssouci erhärtete, in chemischer durch das Gutachten des berühmten Professors KLAPROTH (auf Grund seit 1789 persönlich wiederholter Versuche), ferner Modelle seiner Apparate und Proben überreichte, einschließlich der 1798 von der „Berliner Zuckersiederei" dargestellten Raffinaden, und endlich ein 10jähriges Privilegium erbat. Daß die Staatsbehörden damals noch mit der aus der Zeit FRIEDRICHS DES GROSSEN überkommenen Geschwindigkeit arbeiteten, bezeugt die Tatsache, daß schon am 15. und 19. Januar die Bescheide ergingen; das Privilegium wurde zwar abgelehnt, im übrigen aber die Sache als „von höchster Wichtigkeit" für das Staatsinteresse anerkannt, daher das Generaldirektorium angewiesen, sie sofort durch eine besondere Kommission prüfen und umfassende Anbauversuche vornehmen zu lassen, dem König aber baldmöglichst eingehenden Bericht zu erstatten. Der erste, durch KLAPROTH überwachte Fabrikationsversuch, bestimmt, 3 Ztr. Rohzucker herzustellen, konnte nicht vor dem März 1799 stattfinden, obwohl es ACHARD gelungen war, noch im Januar die nötigen Rüben bei einem Gastwirte SOBBE in Halberstadt anzukaufen, der sie, dank einer glücklichen Verkettung

[1]) Vgl. LIPPMANN: Geschichte des Zuckers. Leipzig 1890.

[2]) S. dessen oben erwähnte „Festschrift" von 1875.

von Umständen, ACHARDS Vorschriften gemäß kultiviert hatte; zeitigte er auch, sehr begreiflicherweise, noch keinen unbedingten Erfolg, so vermochte sich die Kommission doch fast durchaus in günstigem Sinne auszusprechen und die Fortsetzung zu empfehlen; obwohl diese wiederum erst im März—April 1800 zu ermöglichen war, so wurden diesmal immerhin 16 Ztr. Rohzucker erhalten (von denen die „Schlesische Gebirgs-Zuckersiederei" zu Hirschberg 4 Ztr. zwecks Verfeinerung empfing), und die Feststellung ergab, daß gewöhnliche Rüben nur 3,3%, nach ACHARD angebaute aber 6% Rohzucker geliefert hatten. Daraufhin bewilligte der König an ACHARD einen hypothekarisch einzutragenden Vorschuß von 50 000 Talern zur Erwerbung des (leider sehr herabgewirtschafteten) Gutes Cunern in Schlesien, wohin er 1801 unter Aufgabe seiner Stellungen und Ämter übersiedelte, um daselbst den Rübenbau in großem Maßstabe einzuführen und die erste eigentliche Rohzuckerfabrik zu errichten, die dann 1802, in weit vorgerückter Jahreszeit, in Betrieb kam.

122. Von Anfang an hatte ACHARD, wie jeder kühne Neuerer, mit Schwierigkeiten und Anfeindungen aller Art zu kämpfen, deren Träger zum Teil persönliche Neider, zum Teil die um ihre Privilegien besorgten Kolonialzuckerraffinerien gewesen zu sein scheinen, und die hauptsächlich darauf hinausliefen, ihn als unzuverlässigen Projektenmacher und gewinnsüchtigen Geheimniskrämer zu verdächtigen. Um derlei Beschuldigungen zu entkräften, glaubte ACHARD nichts Richtigeres tun zu können, als den Staatsbehörden die Bekanntmachung der wesentlichen Grundlage anzubieten, nämlich seiner Anbauregeln; dieser Vorschlag fand Billigung, und schon am 14. April 1799 wurde seine „Abhandlung über die Kultur der Runkelrübe" eingereicht und sogleich „im Extrakt" in den amtlichen und öffentlichen Blättern abgedruckt. Es genüge zunächst hervorzuheben, daß sie bereits sämtliche, später von ihm des näheren ausgeführte und noch heute gültigen Hauptregeln enthält, „alle schädlichen oder heilsamen Einflüsse verständnisvoll zu umgehen oder zu benützen weiß", und durch ihre Vorschriften und Vorsichtsmaßregeln bezeugt, „daß ACHARD nicht allein Begründer der Rübenzuckerfabrikation ist, sondern ganz besonders auch der rationellen Rübenkultur" [1]). Den gesamten Wortlaut seiner Abhandlung gab ACHARD gleich darauf unter dem Titel heraus: „Ausführliche Beschreibung der Methode, nach welcher bei der Kultur der Rübe verfahren werden muß, um ihren Zuckerstoff nach Möglichkeit zu vermehren und sie so zu erhalten, daß sie mit Vorteil zur Zuckerfabrikation angewandt werden kann" [2]). In rascher Folge verfaßte er dann nachstehende Broschüren: „Kurze Geschichte der Beweise, welche ich von der Ausführbarkeit im großen und den vielen Vorteilen der von

[1]) SCHEIBLER: a. a. O. S. 12. [2]) Berlin 1799.

mir angegebenen Zuckerfabrikation aus Runkelrüben geführt habe", „Anleitung zur Bereitung des Rohzuckers und des rohen Sirups aus den Runkelrüben, wie auch des Branntweins ... aus den Abgängen", „Beantwortung der Frage: Wie ist die Zuckerfabrikation aus den Runkelrüben, und des Branntweins ... aus den Abgängen, in den preußischen Staaten zu betreiben ...", die alle noch gegen Ende 1799 oder Anfang 1800 zu Berlin erschienen. Soweit sie die Fabrikation des Zuckers betreffen, also über den Rahmen der vorliegenden Schrift hinausgehen, muß ihr Inhalt an dieser Stelle unerörtert bleiben. Was hingegen den Rübenbau anbelangt, so seien die Hauptpunkte dieser 4 Veröffentlichungen von 1799 und 1800 im nachstehenden kurz zusammengefaßt: Von der als Runkelrübe bekannten Art des Mangolds gibt es vielerlei Abarten mit sehr verschiedenem Zuckergehalt, unter denen die an Zucker und an „reinst süßem" Safte reichste jene mit weißer Rinde und weißem Fleische ist, deren Wurzeln keine Neigung haben, aus dem Erdboden herauszuwachsen; alle übrigen sind mehr oder weniger minderwertig, namentlich die mit gelbem oder rotem Fleische. Man hat daher von den weißen auszugehen und zunächst aus nicht umgepflanzten, gut entwickelten, richtig geformten Exemplaren, d. h. aus solchen von Spindel- und nicht von Knollengestalt, den nötigen Samen zu gewinnen und in völlig reifem Zustande zu ernten. Zum Anbau wählt man ausschließlich besten und bestgelegenen tiefgründigen, gut wasserhaltenden Boden, der schon im Vorherbste womöglich dreimal tief gepflügt und auch reichlich gedüngt wurde, keinesfalls aber in frischem Dunge steht. In diesem wird, etwa von Mitte April ab, der Samen in bestimmter Verteilung entweder in Löcher gesteckt oder unmittelbar gesät (3—4 Pfund auf 1 Magdeburger Morgen), wobei es die Hauptsache ist, daß die Rüben nicht über 9 Zoll, höchstens aber 12 Zoll voneinander zu stehen kommen, denn andernfalls werden sie zwar groß und blattreich, aber ärmer an reinem Zuckersaft; es ist daher besser, zu dicht als zu dünn zu säen, denn ersteren Fehler kann man gelegentlich des Vereinzelns beseitigen, das angesichts der Natur des Rübensamens ohnehin unumgänglich ist. Dem rechtzeitigen Vereinzeln folgt, je nach den Umständen, rechtzeitiges Jäten, wiederholtes Behacken und (falls nötig) Anhäufeln, damit die Köpfe stets von Erde bedeckt bleiben; unter keiner Bedingung darf abgeblattet werden. Die Ernte ist erst nach gänzlicher Reife vorzunehmen, und zwar so, daß jede Verletzung vermieden wird. Nur auf diese Weise lassen sich Rüben erhalten, die sich zur Fabrikation des Zuckers eignen, sowie zur Verarbeitung der Rückstände auf Branntwein und nach Wunsch auch auf einen Kaffee, der dem vor etwa 40 Jahren erfundenen aus Zichorie mindestens gleichwertig ist[1]).

[1]) S. hierüber: Beantwortung der Frage ..., S. 36. Berlin 1800.

123. Da die Kultur der Rübe seit etwa 1785 oder 1790 allerorten erheblich an Ausdehnung gewonnen hatte, so daß weiße, rote und gelbe Runkelrüben nicht nur in Mitteldeutschland, sondern sogar in Hinterpommern „in jedem Dorf- und Kleingarten ganz gewöhnlich waren“[1]) und selbst der „Bauernkalender“ die Zeiten angab, „zu denen man Rüben zu säen und Flachs zu raufen hat“[2]), machten die seit 1798 umlaufenden Gerüchte, die Ankündigungen ACHARDS, und die Veröffentlichungen der Kommission außerordentliches Aufsehen und erregten übermäßige Hoffnungen. Schon BUSE spielt im obengenannten „Handbuch“ (1798) auf den billigeren „Zucker und Coffee“ aus Rüben an[3]), 1799 heißt es bereits in einem Gedichte „Der schöne Coffee im Thiergarten zu Berlin“:

„Im Zuckerschälchen ist, bei jetz'gem hohem Preise,
Mehr als man nehmen will;
Kommt künftig nur die Runkelrüb' ins Gleise,
Gibt's wohl noch mal soviel“[4]),

und RIEM erzählt in seiner bereits erwähnten „Sammlung ökonomischer Schriften“, „daß nach vieler Meinung Preußen und Sachsen 1800 ihren Zucker schon selbst gewinnen, ... auch aus Rüben Branntwein und Essig sowie aus Rübenblättern Tabak erhalten sollten“, — wozu Vorsichtigere, wie der Technologe LAMPADIUS in Freiberg, freilich bemerkten, „daß man besser erst 1810 mal nachsehen möge, wie weit es damit steht“[5]). ACHARD selbst sah sich bereits 1799 veranlaßt, gegen übertriebene und falsche Nachrichten betreffs seiner Erfolge öffentliche Verwahrung einzulegen[6]) sowie seine „Kulturvorschriften“ zu wiederholen und als das maßgebend Wichtige zu betonen[7]), — wobei er anscheinend zum ersten Male das Wort „Rübenzucker“ gebraucht[8]) —, und fand in dieser Hinsicht Unterstützung seitens des Kanzlers VON HOFMANN, der auf seinem Gut Dieskau nächst Halle a. d. S. „so, bei gutem Ertrage, sehr viel süßere Rüben erhalten hatte“[9]), und des-

[1]) BUSE: Vollständiges Handbuch der Waarenkunde Bd. 2, S. 104. Erfurt 1798ff. — KORMANN und HEINSIUS: Denkwürdigkeiten und Tagesgeschichte der Mark Brandenburg Bd. 8, S. 816. Berlin 1799.

[2]) JEAN PAUL: Sämtliche Werke Bd. 24, S. 321. Berlin 1840.

[3]) A. a. O. Bd. 2, S. 104.

[4]) KORMANN und HEINSIUS: a. a. O. Bd. 8, S. 873. Vgl. zu dieser vielleicht etwas satirisch gemeinten Stelle den Spott des jugendlichen RÜCKERT im „Leipziger Jahrmarkt“ von 1814 über NAPOLEONS „Surrogate“, besonders Zucker und Kaffee aus Rüben (München 1913; S. 36, 37, 51).

[5]) BECKMANN: Bibl. Bd. 22, S. 254. Göttingen 1803.

[6]) Z. B. in HILDT: Neue Zeitung für Kaufleute ..., S. 38. Weimar 1800.

[7]) Jahrbuch der preußischen Monarchie, April 1800, S. 531; ebd. September 1800, S. 33, 36.

[8]) Ebd. S. 38.

[9]) HILDT: a. a. O. S. 86.

gleichen in der von einem anonymen schlesischen „Patrioten" verfaßten Schrift „Über den Wert und Nutzen der Runkelrüben"[1]).

124. Wie in allen dergleichen Fällen, so traten alsbald auch im vorliegenden Mitbewerber auf, die entweder die Neuheit der Sache in Abrede stellten, da sie ganz das nämliche, mindestens aber „beinahe" dasselbe, schon vor ACHARD gewußt haben wollten, oder die Richtigkeit seiner Behauptungen bestritten; nicht alle wird man lediglich böser Absicht beschuldigen dürfen, wenn man bedenkt, daß es an zuverlässigen Methoden zur Feststellung der von so vielen Umständen abhängigen Erfolge noch gänzlich fehlte und daß selbst die aus Fachleuten bestehende kgl. Kommission die Tragweite der ACHARDschen Angaben keineswegs in allen Punkten genügend durchschaut hatte. Aus der umfangreichen, von 1799 an erschienenen Literatur für und wider, seien folgende Werke als die wichtigsten hervorgehoben:

125. GÖTTLING, Professor der Chemie in Jena, bestätigt KLAPROTHS Bericht, daß die in Halberstadt nach ACHARDS Vorschriften angebauten zuckerreichen Rüben weißes Fleisch sowie ebensolche oder rötliche Rinde besaßen und dabei spindelförmig, mittelgroß, 9—10 Zoll lang und $1^1/_2$—$2^1/_2$ Zoll dick waren[2]). In Jena, wo man zu Futterzwecken viel Rüben baut, sie aber durchweg verpflanzt und abblattet, kennt man 4 Sorten, die weißes Fleisch mit weißer Schale, weißes Fleisch mit roter Schale, weißes, oft gelb geringeltes Fleisch mit gelber Schale, und rotes, oft weiß geringeltes Fleisch mit roter Schale haben; einige sind von kleiner knolliger, andere von größerer länglicher Gestalt, noch andere wachsen zum Teil aus der Erde heraus. Gewinnbaren Zucker enthalten sie alle, an Süße sind sie aber verschieden [und anscheinend den ACHARDschen nachstehend][3]); neben Zucker führen sie u. a. auch große Mengen Kali, und ihre Säfte neigen leicht zu schleimiger Gärung, bei der sich Mannit und ein Gummi bilden[4]). — Nach HERMBSTÄDT (1760—1833), dem vortrefflichen Berliner Technologen, der der Rübe vom ersten Anfang an großes Interesse entgegenbrachte und es ihr bis an sein Lebensende wahrte, ist der weiße Mangold (Beta vulgaris, Beta cicla, Beta altissima) eine sehr bekannte Pflanze, die seit langem als Viehfutter angebaut wird, u. a. in Thüringen und auch nächst Berlin, z. B. bei Schöneberg auf dem Gute des Geheimrates NÖLDECHEN; sie zeigt weißes Fleisch, das zuweilen hell- oder dunkelrot geringelt ist, und weist bald dicke knollige Ge-

[1]) Glogau 1800; angekündigt im „Jahrbuch" (April 1800), in dessen „Anzeiger" S. 15.

[2]) Zuckerbereitung aus Mangoldarten. Jena 1799. — Taschenbuch für Scheidekünstler und Apotheker, S. 49. Weimar 1800.

[3]) A. a. O. S. 17, 22.

[4]) Taschenbuch ..., S. 49; 110, 122, 129. Weimar 1800. Diese chemischen Feststellungen sind für die damalige Zeit höchst bemerkenswert!

stalt auf, bald dünne lange, gleich jener der roten Rübe. Ob diese Verschiedenheiten von der Natur der Arten oder dem Einflusse der Böden herrühren, bleibt fraglich; sicher ist aber, auch den Thüringer Erfahrungen nach, daß man durch geeignete Kultur, und vor allem durch Unterlassen des so allgemein üblichen Abblattens, tatsächlich gut geformte, $1-1^1/_2$ Pfund schwere, saftreiche, sehr süße Rüben erhalten kann, die schön kristallisierten Zucker und wohlschmeckenden Sirup ergeben, während andere Sorten, so auch die roten Rüben, bloß Sirup liefern, und zwar minderwertigen[1]).

126. Rumpf führt in „Deutschlands Goldgrube"[2]) aus, daß die Runkelrübe, von der er ein dickes, fast zylindrisch geformtes Exemplar abbildet[3]), eine Varietät von Beta (Mangold) ist, entweder von Beta vulgaris, der roten, oder von Beta cicla, der weißen Rübe, und selbst wieder mancherlei Abarten besitzt; bei Halberstadt z. B. baut man dicke rundliche Sorten von 10—15 Pfund Gewicht, aber auch dünne längliche, sowie die weißen und roten „Kuhhörner", welche letzteren aus der Erde herauswachsen. Nach Angabe eines dortigen „erfahrenen Landwirtes" soll man besten und reifsten Samen in gut vorbereiteten, schon im Herbst gedüngten Boden in Abständen von 12—18 Zoll stecken (nicht säen!), und zwar 1 Zoll tief, und die Pflanzen später sorgfältig reinhalten und behacken; ein besseres und sichereres, auch gut bekanntes und sehr gebräuchliches Verfahren ist freilich das Versetzen[4]). Mit Rücksicht auf die Viehfütterung pflegt man weitgehend abzublatten, doch ist hierbei große Vorsicht zu empfehlen, da sonst die Entwicklung geschädigt wird, sowie „die Menge der Zuckerteilchen". Auf diese hat man besonders zu sehen, wenn man Sirup kochen will, dessen Beschaffenheit doch jener des Möhrensirups überlegen sein soll; die verlauteten Behauptungen Nöldechens [eines Gegners Achards; s. unten], daß die größten Rüben auch die zuckerreichsten seien und den Zucker dem Erdboden oder der Luft entnähmen, sind durchaus irrig[5]), und ebensowenig kann von einer Schädigung des Getreidebaues durch die Rübenkultur die Rede sein, da diese (wie schon Achard angab) im Gegenteil durch das erforderliche Pflügen, Düngen und Hacken das Gedeihen des Getreides fördert[6]). — Ein Anonymus, dessen Schrift „Der neueste deutsche Stellvertreter des indischen Zuckers" 1799 drei Auflagen erlebte, rühmt die Verdienste Achards, durch dessen Vorschriften aus dem Halberstädter Viehmangold die schöngeformte, von Seitenwurzeln freie Runkelrübe hervorging, mit weißem Fleisch und rosa Rinde, mit zuckerreichstem

[1]) Schriften der Gesellschaft naturforschender Freunde zu Berlin, S. 324, 450. Berlin 1799.

[2]) Berlin 1799. [3]) A. a. O. S. 116. [4]) Ebd. S. 124, 131.

[5]) Ebd. S. 126ff., 136. [6]) Ebd. S. 136.

und wohlschmeckendem Safte[1]). Als die wichtigsten Fortschritte betrachtet er die sorgfältige Auswahl des Samens, die Verringerung der Standweite (von 12—18 auf 9—12 Zoll), den Wegfall des Versetzens, das nach Achard stets Wachstumsstörungen und daher Bildung neuer Nebenwurzeln mit sich bringt, sowie die Verbote des Abblattens und des Freilegens der Wurzelköpfe, wie es u. a. noch Riem und Nöldechen empfahlen; diese haben die Errungenschaften Achards gar nicht richtig verstanden, daher ist auch ihre Polemik gegen ihn ganz unberechtigt[2]). Der Verfasser erzählt endlich noch, die eigentliche Runkelrübe sei zuerst um 1750 durch niederländische Mennoniten, Angehörige einer religiösen Sekte, in die Gegend von Mannheim gebracht worden, habe dann eine allmähliche, aber keineswegs durchgreifende Weiterverbreitung erfahren und werde seit längerem besonders nächst Magdeburg und Halberstadt angebaut, jedoch meist nur in der Nachbarschaft dieser Städte selbst, „während man den Landmann noch nicht recht daran hat gewöhnen können", da er den allgemeinen Vorteil nicht genügend einsieht und nur allenfalls „aus Not für das Vieh zugreift"[3]).

127. Meyer, der 1799 „Einige chemische Beobachtungen und Versuche ..."[4]) und 1800 „Ökonomische Beobachtungen und Versuche ..."[5]) veröffentlichte, beklagt die Unsicherheiten der Artbestimmung und die Verwechslungen der Sorten; die richtige, die völlig unter der Erde bleibt, ist die weiße Beta cicla, die er auch Zuckermangoldrübe, Mangoldzuckerrübe und kurzweg Zuckerrübe nennt[6]), welche Bezeichnung er als einer der ersten, wenn nicht als erster gebraucht. Auch Meyer sieht die im „Stellvertreter" angeführten Fortschritte als die ausschlaggebenden an und preist den Rübenbau als höchst wichtig und nutzbringend, da er die gänzliche Abschaffung der Brache ermögliche und den Getreidebau fördere[7]). Zudem sind die Blätter, frisch, eingesäuert oder getrocknet, ein vorzügliches Viehfutter, ferner liefern die Wurzeln, wie Zichorien gebrannt, einen guten Kaffee, und endlich kann man den Sirup, „wie ihn fast alle Bauern in Magdeburg einkochen", auch auf Branntwein und auf Rum verarbeiten[8]). — Ein weiterer Anonymus, der die „Kurze Abhandlung über Burgunderrüben, Zucker und Kaffee" herausgab[9]), stellt fest, daß die Rübe, die auch Sommerbete, Bießen, Bießenkraut, römischer Kohl, Rom, Romgras, Burgunderrübe, Dickrübe, Ringkraut, Rungel heißt und ihr Vaterland am Tajus in Lusitanien hat [am Tajo in Portugal], eine zweijährige, in deutschen Gärten sehr verbreitete Pflanze ist; unter ihren vielen, nach Gestalt und Farbe der Wurzeln und Blätter

[1]) Bd. 1, S. 20ff.; Bd. 2, S. 7ff. Berlin 1799. [2]) Ebd. Bd. 3, S. 41ff.
[3]) Ebd. Bd. 2, S. 28ff. [4]) Düsseldorf 1799. [5]) Berlin 1800.
[6]) A. a. O. S. 34ff., 70; 44, 51, 68; 69. [7]) A. a. O. S. 45, 67.
[8]) Ebd. S. 49, 66. [9]) Stuttgart 1800.

sehr verschiedenen Gattungen, zeichnet sich auch die weiße mit gelblicher Rinde (die in Preußen nur wenig verbreitet ist) durch Reichtum an sehr süßem Saft aus, und ihr Anbau gestaltet sich sehr lohnend, wenn man ihn nach den bekannten Regeln vornimmt, namentlich aber nicht abblattet, „weil doch die Blätter im Sonnenlicht den Zucker vermehren"; daß sie beim Rösten auch einen guten Kaffee liefert, ist noch besonders vorteilhaft, da man bisher den Gebrauch dieses unnützen und kostspieligen Getränkes doch nicht hat verhindern können, trotz aller Bemühungen der Obrigkeit und der strengen, z. B. in Preußen schon durch FRIEDRICH DEN GROSSEN erlassenen Verbote[1]).

128. NICOLAI, der offenbar ACHARD sehr wenig günstig gesinnt ist, hebt 1799 hervor, daß die Rübe (Dickrübe, Burgunderrübe, Beta altissima) in Sachsen (vor allem bei Magdeburg und Halberstadt), in Anhalt, in Hannover und in der Lausitz längst mit Erfolg als Futterpflanze, aber auch als Gemüse kultiviert wird, „da man ihre Stengel und Blätter als Spinat essen kann"[2]), da ihre vielen Abarten 4 bis 10 Pfund schwer werden, und da der Reingewinn vom Magdeburger Morgen 8—10 Taler beträgt, also höher ist wie jener, den das Getreide bringt[3]). Weshalb sollte da der Anbau bei Berlin, wie in Schöneberg oder Wilmersdorf, nicht das nämliche ergeben, auch ohne gewisse besondere Vorschriften und ohne daß man an ein neues „Wundergewächs" zu glauben braucht? Sichtlich zählt NICOLAI zu jenen, die die Bedeutung der ACHARDschen Beobachtungen nicht verstehen konnten oder aus irgendwelchen Gründen nicht zugeben wollten; erwähnt sei, daß auch er von „Runkelrübenzucker" spricht[4]), von „Rübenzucker" (auch im Gegensatz zum indischen Rohrzucker)[5]) und von „Zuckerrüben"[6]). — In ähnlicher Weise äußert sich der schon mehrfach erwähnte Berliner Geheimrat NÖLDECHEN[7]), dessen Ausführungen sich oft mit persönlicher Schärfe gegen ACHARD kehren und infolge vorgefaßter Meinungen ein Gemisch von Richtigem und Falschem darbieten: Die Ringel- oder Runkelrübe[8]), mancherorts auch Ringelmangold genannt[9]), ist verschieden von Beta vulgaris, Bete, weißem und gelbem Mangold, „obgleich diese oft auf dem Acker mit angetroffen werden, ... wo man freilich zuweilen so viel Spielarten findet, als Pflanzen da sind"; sie hat grüne bis rotbraune Blätter, ganz weißes Fleisch

[1]) Siehe u. a. die „Bekanntmachung über den Mißbrauch des Kaffee- und Teetrinkens". Berlin 1768.

[2]) Was ist für und wider den einländischen Zuckerbau in den preußischen Staaten zu sagen? S. 13ff., 26. Berlin 1799.

[3]) Ebd. S. 28. [4]) Ebd. S. 21, 23, 50. [5]) Ebd. S. 29, 49, 50; 35.

[6]) Ebd. S. 33.

[7]) Über den Anbau der sogenannten Runkelrübe. Bd. 1 und 2, Berlin 1799; Bd. 3, Berlin 1800.

[8]) Abbildung: a. a. O. Bd. 3, S. 30. [9]) Ebd. Bd. 2, S. 57.

mit hellroten Ringen, ist zweijährig und wird bei gutem Gedeihen, das bloß in der ersten Jugend manchmal die Erdflöhe beeinträchtigen, 8—10 Pfund schwer[1]). Da man sie bei Magdeburg und Halberstadt seit etwa 1700 baut, um Futter für das Vieh und Sirup für die Landleute zu gewinnen[2]), so sind die dortigen Erfahrungen jedenfalls maßgebend und ausreichend; man wird also, weil Stecken, Säen und Vereinzeln mühsam, kostspielig und unsicher sind, am besten beim Versetzen bleiben[3]), auch gehörig abblatten, da es ohnehin noch fraglich ist, ob die Rüben den Zucker aus der Erde oder der Luft aufnehmen, und vor allem auf gehörigen Ertrag sehen, denn die größten Rüben sind auch die zuckerreichsten[4]), gleich brauchbar und an Zucker gleich ergiebig sind aber alle Sorten[5]); reichlicher Dünger ist von Vorteil, abgesehen von Teichschlamm u. dgl., der zwar bis 20 Pfund schwere Rüben ergibt, aber auch starken Gehalt an Salpeter[6]). Den Getreidebau kann der Rübenbau niemals schädigen, sondern nur fördern[7]), zumal Rüben und auch deren Rückstände nicht nur zur Herstellung von Branntwein geeignet sind, sondern auch bessere Viehfütterung und daher stärkere Düngererzeugung ermöglichen[8]); „Rohzuckerfabriken“, — dieser Ausdruck begegnet hier wohl zum ersten Male —, gehören daher auf das Land und sind in engste Verbindung mit der Viehzucht zu bringen[9]). Die Ausbeuten an Rohzucker werden bei allen Rüben dieselben sein[10]), bestenfalls 6—6,5%; die höheren Angaben und Erwartungen ACHARDS und seiner Anhänger, die sich auf die Verbesserung der Rüben gründen (bis 8%), sind nicht glaubwürdig, erhielt doch er selbst anfänglich nur 3—3,5%, und andere bekamen nicht einmal diese Menge, so z .B. die „Schlesische Gebirgs-Zuckersiederei“ in Hirschberg bloß 2,9% und LAMPADIUS gar nur 1,8%[11]).

129. Über die erwähnten Hirschberger Versuche ist näheres nicht bekannt, doch verlieh FRIEDRICH WILHELM III. im Jahre 1800 der dortigen Raffinerie durch „Kabinettsorder“ die „Goldene Medaille zur Belohnung des Kunstfleißes“ in Ansehung ihrer Probearbeiten mit 50 Ztr. Rüben gemäß ACHARDS Erfindung und der Darstellung von Hutzucker[12]). — LAMPADIUS, der bekannte Freiberger Chemiker und Technologe (Entdecker des Schwefelkohlenstoffes), berichtet in den „Erfahrungen über den Runkelrübenzucker“, daß er weiße, rote und gelbe Ringel- oder Runkelrüben angebaut und dabei erkannt habe, wie Boden und Belichtung, Wärme und Feuchtigkeit usf. auf Rübe

[1]) Ebd. Bd. 1, S. 9; Bd. 3, S. 30ff., 38, 45. [2]) Ebd. Bd. 1, S. 4.
[3]) Ebd. Bd. 2, S. 31; Bd. 1, S. 11ff., 16. [4]) Ebd. Bd. 1, S. 16.
[5]) Ebd. Bd. 3, S. 30ff., 38, 45. [6]) Ebd. Bd. 3, S. 20ff.
[7]) Ebd. Bd. 2, S. 10, 28.
[8]) Ebd. Bd. 1, S. 26; Bd. 2, S. 25, 72; Brief HERMBSTÄDTS Bd. 2, S. 67.
[9]) Ebd. Bd. 2, S. 21ff. [10]) S. oben. [11]) Ebd. Bd. 3, S. 98, 120.
[12]) Jahrbuch der preußischen Monarchie, S. 157. Berlin 1800; September.

und Weinstock etwa gleiche Einflüsse ausübten, so daß gute Wein- auch gute Rübenjahre sein dürften[1]). Für den Wert der Rübe entscheidend erweisen sich ihre Bestandteile, das sind, außer Zucker und Wasser, gewisse Salze, u. a. Salpeter (die auch in den Blättern auftreten)[2]), eine Spur Stärke, ein Schleim (der sich im Laufe der Vegetation anscheinend in Zucker verwandelt, aber auch aus ihm zurückbilden kann), Faserstoff, Eiweiß, Geruch- und Bitterstoffe sowie Farbstoffe, die bei Luftzutritt zur Rübe oder zum Safte unter Oxydation Dunkelfärbung erleiden[3]); ein Teil dieser gelösten Substanzen läßt sich übrigens mittels Bleizucker ausfällen[4]).

130. Busch, der in seinem „Almanach der Fortschritte, neuesten Erfindungen, ...“ ein nicht weniger als 41 Seiten langes Referat über sämtliche bis 1800 bekannt gewordene Bestrebungen zur Herstellung von Rübenzucker erstattet[5]), gedenkt der Versuche des Lampadius mit vieler Anerkennung und erwähnt, daß dieser 1799 Rüben in größerem Umfange auf einem Gute nächst Freiberg kultiviert habe. Entgegen Riem, der noch neuestens behaupte, „Rüben seien Rüben“ (obwohl er doch selbst fand, daß rote Rübe der guten Runkelrübe um 50% unterlegen sei und gelber Mangold, „der den besten und süßesten Saft hat“, um noch mehr!), stehe es zweifellos fest, daß nicht nur auf die Pflege, sondern auch auf die Auswahl der richtigen Rübe außerordentlich viel ankomme und daß man daher Natur und Herkunft der anzubauenden Arten sorgsam erforschen müsse. — Dieser Aufgabe widmete sich, an der Hand aller bis zu Ende des Jahrhunderts gesammelten Erfahrungen, Rössig in seinem „Versuch einer botanischen Bestimmung der Runkel- oder Zuckerrübe“[6]): Die Runkel- (verdorben: Rummel-) Rübe oder Burgunderrübe, Rangers, Ranuschen, „die man auch, mindestens jene Sorte, die sich vorzüglich durch Süßigkeit und Zuckergehalt auszeichnet, Zuckerrübe nennen könnte“, ist eine Art der Bete (Mangold, römischer Kohl, Beißkohl). Solcher Arten sind u. a. 1. die weiße, 2. die rote, 3. die grüne, 4. die gelbe Bete, welche letztere aber verschieden ist vom Turnips der Engländer, einer Brassica rapa oder napobrassica; 5. die römische Bete mit weißen Wurzeln, blaßgrünem Laub, sehr breiten Stengeln und wohlschmeckenden Blättern, d. i. der Schweizer Mangold, den Andreä 1764 nach Hannover brachte; 6. die Runkelrübe, mit weißen, rotgeringelten Wurzeln von 8—10 Pfund Schwere, großen rötlichen Blättern und sehr „hochgehendem“ Stengel. Als Varietäten dieser Runkelrübe hinwiederum hat man anzusehen: die ganz weiße, die weiße mit wenigen äußerlich liegenden roten Ringen, die rote (die aber nicht die rote Salatrübe ist!)

[1]) S. 3ff., 20. Freyberg 1800. [2]) Ebd. S. 25. [3]) Ebd. S. 12ff., 21.
[4]) Ebd. S. 20. Diese Angaben sind für ihre Zeit sehr bemerkenswert.
[5]) Bd. 4, S. 635. Erfurt 1800. [6]) Leipzig 1800.

und die rosa (wohl einen Zwitter); bei allen diesen treten dann noch weitere Verschiedenheiten hervor, betreffend Größe und Form von Wurzeln und Blättern, Stellung, Farbe, Glanz und Behaarung der Blätter, Bildung und Färbung der Nerven, Gestalt und Länge der Blattstiele usf.[1]). Nur die besten dieser Sorten wird man auszuwählen und nach den bewährten Vorschriften anzubauen haben, wenn man die Gewinnung von Zucker, Sirup, Kaffeesurrogat, Branntwein und Viehfutter mit wirklichem Erfolge betreiben will[2]). Was den Ursprung der eigentlichen Runkelrübe anbelangt, so brachten sie (um 1700) mennonitische Auswanderer (zugleich mit Klee, Kartoffeln, Luzerne usf.) aus den ehemals burgundischen Niederlanden in die Pfalz, von wo aus sich die „Burgunderrübe" allmählich nach Schwaben, Franken und dem übrigen Deutschland verbreitete; bei Magdeburg und Halberstadt in Sachsen war sie um 1750 schon sehr weitgehend als Viehfutter gebräuchlich, in Kursachsen dagegen wurde sie zwar schon 1763 durch gelehrte Ökonomen als Futterpflanze empfohlen, jedoch erst 1785 „etwas allgemeiner" verwendet und in Dresden 1795 auch bereits zum Sieden von Sirup versucht[3]).

131. Die Richtigkeit einiger der zuletzt angeführten geschichtlichen Angaben, die Rössig offenbar selbst nur aus zweiter oder dritter Hand schöpfte, ist indessen anzuzweifeln. Betreffs des Klees stellte schon Langethal einen Irrtum fest[4]), denn die 1650—1680 in die Pfalz eingewanderten Mennoniten stammten aus Friesland, wo es nachweislich nur Wiesen- und Weidewirtschaft gab; dagegen kamen die 1561—1579 zugezogenen Wallonen aus Brabant, also den spanischen Niederlanden, und tatsächlich taucht schon in dieser Zeit der Rotklee unter dem Namen „Spanischer Klee" auf. Das bestätigt für die Jahre nach 1550 auch Goltz[5]), und Decandolle verweist[6]) auf Tozzettis Mitteilung über die italienische Bezeichnung „Herba spagna", die gleichfalls für den spanischen Ursprung spricht. Ganz ebenso verhält es sich mit der Luzerne, einer Pflanze, die ursprünglich in weiten Gebieten des mittleren Asiens heimisch war[7]) und bekanntlich zuerst zur Zeit der Perserkriege durch die Perser oder Meder nach Griechenland gelangte, woraus sich u. a. ihr noch jetzt gebräuchlicher wissenschaftlicher Name Medicago sativa erklärt[8]). Die Ansicht, daß die Luzerne so oder auch „burgundischer Klee" deshalb heiße, „weil wir sie aus der Schweiz und Frankreich empfingen", — wie das u. a. schon Voss in seiner

[1]) A. a. O. S. 17ff., 22ff., 26ff. [2]) Ebd. S. 33ff., 46, 48. [3]) Ebd. S. 11, 9.
[4]) A. a. O. Bd. 4, S. 101, 151. [5]) A. a. O. Bd. 1, S. 448.
[6]) A. a. O. (1884) S. 128. [7]) Hehn: a. a. O. S. 415. Berlin 1911.
[8]) In Persien blieb sie seit alters her hochgeschätzt und war als „aspest" (neupersisch = Pferdefutter) bereits im 6. Jahrhundert n. Chr. einer besonderen Besteuerung unterworfen (Hehn: a. a. O. S. 413).

Übersetzung der „Georgica“ des VERGIL behauptet[1]) —, ist völlig unhaltbar, denn die (angeblich sehr neuzeitliche) Herkunft aus Luzern in der Schweiz oder dem einst von Waldensern bewohnten Tale Luzerno (Luserno, Luzerna) in Piemont läßt sich, wie schon HEHN erwähnte, in keiner Hinsicht belegen, so daß der Name „etymologisch dunkel“ bleibt[2]). Ebenfalls untunlich ist die unmittelbare Ableitung aus dem französischen Luzerne, denn in Frankreich wird die Pflanze Luzerne, grand trèfle (= großer Klee), „burgundisches Heu“, „italienische [= fremde] Laucerne“, im 15. und 16. Jahrhundert zuerst in der Picardie bekannt, anscheinend aus Brabant kommend[3]); nach freundlicher Mitteilung des Herrn Geheimrates Prof. Dr. K. VORETZSCH in Halle a. d. S. vom 13. April 1924 ist auch das Wort lucerne, lusern, erst seit dem 16. Jahrhundert nachweisbar und gilt meist als Lehnwort aus dem Neuprovenzalischen. Entgegen dem Altprovenzalischen, das lucerna nur im Sinne von Lampe kennt, besitzt nämlich das Neuprovenzalische den Ausdruck luserno mit zahlreichen Nebenformen, wie leserno, louserto, lauserdo, lauzerdo[4]), lauserto, ausserdo, lazardo u. dgl. Wie ist nun der „dunkle“ Name zu erklären? Es sei gestattet, folgende Vermutung auszusprechen: Der im Orient wegen seiner herrlich blauen Farbe seit jeher hochgeschätzte und lange Zeiten hindurch fast allein aus persischen Gruben gewonnene echte Ultramarinstein heißt im Persischen Lâzward (der Blaue), woraus durch mannigfaltige Vermittlung unser Lazur, Lasur entstanden ist; auch unter den Varietäten der Luzerne finden sich solche mit blauen Blüten, ja mit so prächtig blauen wie Enzian, und es wäre daher denkbar, daß die Pflanze ursprünglich „die blaue, die lasurblaue“ hieß und unter diesem Namen durch die Araber nach Südeuropa kam, insbesondere nach Spanien, von dort aus aber weiter in die benachbarte Provence und später in die spanischen Niederlande. Laut gefälliger Auskunft von Herrn Prof. Dr. J. RUSKA in Heidelberg vom 29. April 1924 hieße „die lasurblaue“ im Arabischen lâzwardijja, von welchem Worte die Formen lauzerdo, lauserdo, lauserto usf. sich sehr wohl ableiten können, während die weiteren Angleichungen an lucerna oder Luzerno durch falsche, sog. Volksetymologien erfolgt wären; hiernach hätte man anzunehmen, daß die blaue Varietät (die, neben vielen anderen, auch PRITZEL-JESSEN besonders anführt)[5]) die älteste und ursprünglichste sei und daß die bei den Papilionaceen seltene blaue Farbe noch besonders auffiel. Jedenfalls so schreibt Prof. RUSKA, spricht vieles für die Wahrscheinlichkeit der aufgestellten Hypothese. — In den Niederlanden erwähnt des DODONAEUS weiter oben angeführtes Werk von 1569 den Namen

[1]) S. 30. Eutin 1789. [2]) A. a. O. S. 414.
[3]) LANGETHAL: a. a. O. Bd. 3, S. 129; Bd. 4, S. 140.
[4]) So auch bei HEHN: a. a. O. S. 414. [5]) A. a. O. S. 231.

Luzerne nicht, führt vielmehr für die Pflanze nur einen spanischen „mielguas", sowie einen offenbar ebenfalls arabischen „alfafa" (alfalfa) an und berichtet, sie komme in Belgien und Deutschland kultiviert vor, aber auch schon verwildert[1]); HERESBACH, der sie sichtlich nur sehr oberflächlich kennt, bestätigt dies 1571 für die Pfalz[2]), und um die nämliche Zeit etwa weiß man von ihr auch in Erfurt[3]); im Jahre 1587 endlich läßt sich der Name „Burgundisches Gras", „Burgundisches Heu" schon in der Lausitz nachweisen[4]). Bemerkenswert ist schließlich, daß die Luzerne in den Kantonen Graubünden und Luzern allgemein „ewiger Klee" heißt, im Kanton Bern aber Lüserne oder Lüzerne[5]).

132. Haben nun die Spanier den Rotklee und die Luzerne nach den Niederlanden gebracht, so kann dies sehr wohl auch hinsichtlich der Rübe zutreffen. Es gibt sogar eine bestimmt dahin lautende Angabe, die sich in KRAUSES 1834 zu Wien erschienener „Darstellung der Fabrikation des Zuckers aus Runkelrüben" findet, woselbst es geradezu heißt, wie die übrigen Mangoldarten, deren Vaterland die Meeresküsten Spaniens und Portugals sind, so seien auch die Zuckerrüben durch die Spanier nach den Niederlanden gekommen[6]). Eine Quelle für diese Behauptung ist nicht angeführt, KRAUSE soll aber ein Schüler des aus Leiden stammenden, berühmten und namentlich auch in der Geschichte seiner Wissenschaft sehr bewanderten Wiener Botanikers JACQUIN (1727—1817) gewesen sein, auf den sie also vielleicht zurückgeht. Die ganze Frage wird sich wohl nicht eher entscheiden lassen, als bis eine (bisher leider noch mangelnde) gründliche Durcharbeitung jener alten spanischen und portugiesischen Pflanzenbücher und Floren erfolgt ist, von denen man vorerst kaum mehr als die Titel kennt[7]).

---

133. In **Frankreich** erörtert LÉMERY im „Traité des aliments" von 1702 die betes oder poirées, die nicht mit den weißen Eßrüben, rave und navet, zu verwechseln sind, welche letztere, solange sie im Boden stehen, selbst Berufsgärtner nicht ohne weiteres voneinander unterscheiden können; die besten raves, die aus Limousin, die langen männlichen und runden weiblichen, werden bis 60 Pfund [?] schwer und liefern einen als Gegengift wertvollen Samen[8]). Der Wurzel der rave ähnlich ist die jener roten bete, die daraufhin auch „bete-rave" heißt; sie ist groß, zart, süß und voll blutroten Saftes, während die rötlichen Blätter verhältnismäßig klein sind. Eine andere rote oder auch weiße

1) Historia frumentorum, leguminum ..., S. 228, 229. Antwerpen 1569.
2) LANGETHAL: a. a. O. Bd. 4, S. 140; Bd. 3, S. 127. 3) Ebd. Bd. 3, S. 192.
4) PRITZEL-JESSEN: a. a. O. S. 231. 5) Ebd. S. 231. 6) S. 3. Wien 1834.
7) S. viele von diesen in PRITZEL: Thesaurus litteraturae botanicae. Leipzig 1872.
8) S. 170, 175. Paris 1705.

Art der Beta (poirée) ist die, deren Blätter zur Speise dienen, sobald sie fleischig, saftreich und zart geworden sind; die Wurzeln enthalten viel essentielles nitröses Salz und Phlegma, das ihre schon den antiken Ärzten wohlbekannten medizinischen Wirkungen bedingt, namentlich die kühlende, die sie für alte Leute oder für Personen mit schwachem Magen unbekömmlich macht[1]). Im „Traitè universel des drogues simples" spricht sich LÉMERY, auch in der 2. Auflage von 1714, über beta, blitum, napus und rapa noch in fast gleichlautender Weise aus[2]); nach der deutschen Ausgabe von 1723 ist die Bete (poirée, poirée blanche, betterave, Mangold) ein sehr verbreitetes und nützliches Küchenkraut mit weißer oder roter Wurzel und heißt Beta, weil sie dem griechischen Buchstaben β gleicht, wenn sie in vollem Samen steht[3]); die verwandte weiße oder rote blete (blitum, Mayer) wächst in vielen Krautgärten[4]); von der rave (rapa, Rübe), der männlichen wie der weiblichen, sind die besten Sorten die englische und die Limousiner[5]); navet (napus, bunias, Steckrübe) treibt eine lange dünne Wurzel, durch die allein sie von anderen Arten unterschieden werden kann, und trägt reichlichen, als Gegengift geschätzten Samen[6]).

134. Zu den in Frankreich gebräuchlichen Rübenarten, deren 1771 der Pflanzenzüchter ANDRIEUX vier aufzählt (Näheres s. weiter unten), gesellte erst 1775 sein Schwiegersohn PH.-V. DE VILMORIN, damals „botaniste du roi", die eigentliche Runkelrübe und führt in seinem ersten Pflanzenkataloge von 1778 auch die Futterrübe auf[7]). Nach GESCHWIND-SELLIER[8]) kam sie [aus der Pfalz oder den Rheinlanden?] zunächst nach Lothringen, und zwar unter dem Namen disette [d. i. Rübe des Mangels, Mangelrübe, ein Ausdruck, der sichtlich aus dem mißverstandenen „Mangoldrübe" hervorgegangen ist]. In LE GRAND D'AUSSYS schon weiter oben erwähntem Werke von 1782 fehlt sie noch[9]), ebenso anscheinend in der gleichzeitigen „Encyclopédie méthodique"[10]), und tatsächlich sollen erst nach 1782 der um die Landwirtschaft so verdiente Abbé ROZIER (1734—1793) sowie der Abbé DE COMMERELL ihren regelmäßigen Anbau in Gang gebracht haben, wobei ersterer zwei rote, eine weiße und eine gelbe Sorte empfahl[11]). COMMERELL beruft sich in seiner ausführlichen Schrift „Mémoire et instruction sur la culture, l'usage et les avantages de la racine de disette ou betterave

---

[1]) Ebd. S. 129.

[2]) S. 121, 129, 580 (mit Abbildung), 712. Paris 1714.

[3]) Vollständiges Materialien-Lexikon, S. 160. Leipzig 1723.

[4]) Ebd. S. 171. [5]) Ebd. S. 943. [6]) Ebd. S. 770.

[7]) Neue Ausgabe des OLIVIER DE SERRES Bd. 1, S. 187, 194; Bd. 2, S. 450. Paris 1804. — VILMORIN: L'hérédité chez la betterave cultivée, S. 32, 33. Paris 1923.

[8]) La betterave agricole et industrielle, S. 3. Paris 1902.

[9]) Bd. 1, S. 140. Paris 1782. [10]) S. 411. Paris 1782.

[11]) Neue Ausgabe des OLIVIER DE SERRES Bd. 2, S. 450. Paris 1804.

champêtre", die 1786 in Metz erschien[1]), bald auf die Erfahrungen SCHUBARTS[2]), bald auf seine eigenen in Lothringen seit 1785 im großen angestellten Versuche[3]), und versichert, die Pflanze sei für Frankreich neu oder doch dort kaum bekannt und in keinem botanischen Werke beschrieben[4]); sie ist verschieden von der bette oder poirée sowie von der betterave, d. i. der roten Rübe der Deutschen, und heißt bei letzteren Dickrübe, Dickwurzel, oder Mangelwurzel „also nach deutscher Etymologie racine de disette", während man doch gerade im Gegenteil von „racine d'abondance" (Wurzel des Überflusses) sprechen müßte[5]). Diese Rübe wächst nämlich leicht und reichlich in jedem Klima, — neuerdings selbst in Französisch-Westindien[6]) —, gedeiht stets gut, sofern man nicht den Fehler begeht, sie 2 Jahre hintereinander anzubauen, bringt immer große Erträge und hat keine tierischen Feinde[7]). Man sät am besten im Frühjahr (bis Mitte April) in Beete und setzt gegen Anfang Mai mit 18 Zoll Standweite um, welches Verfahren in Deutschland zumeist als das richtigste und sicherste gilt[8]); ebensogut und dabei viel billiger ist aber die nach den Zeugnissen PARMENTIERS, THOUINS und BROUSSONETS ganz neu entdeckte Methode des Säens ins Feld und Vereinzelns[9]). Nach fleißigem Jäten, Behacken und Freilegen des Kopfes kann man von Ende Juni an 4—5mal abblatten[10]) und im Oktober zur Ernte schreiten; unverletzte, in trockenen Kellern oder Erdmieten eingelagerte Rüben halten sich dann bis zum nächsten Frühjahr[11]). Gleich bei der Ernte wählt man zwecks Samenzucht solche Exemplare aus, die gutgeformt, mittelgroß, außen rosa und innen weiß-rot geringelt sind, — denn die ganz weißen oder roten sieht man als degeneriert an —, pflanzt sie im April mit 3 Fuß Standweite wieder aus und erntet im Oktober den Samen, der 3—4 Jahre lang haltbar bleibt[12]). Die Wurzeln wiegen 4—5 Pfund, in England aber bis 25, besitzen deutliche Süße (état sucré) und sind, in richtiger Menge verabreicht, ein vortreffliches Mast- und Milchfutter, aber auch eine gute, der betterave überlegene Speise[13]); das nämliche gilt von den Blättern, die man frisch bei gehöriger Vorsicht auch den Milchkühen verabreichen kann und die durch Trocknen noch wertvoller werden, leider aber gar zu teuer[14]). — Ein bloßer Auszug aus COMMERELLS Schrift ist die von der „Commission d'agriculture et des arts" 1794 herausgegebene „Instruction sur la culture de la betterave champêtre", die u. a. damals mit französischem und deutschem Texte auch in Straßburg erschien; der deutsche Titel lautet: „Unterricht über den

[1]) 2. Aufl. Paris 1788. [2]) S. 12. Metz 1786. [3]) Ebd. S. 11, 12, 35, 38.
[4]) Ebd. S. 41, 2, 4. [5]) Ebd. S. 3, 4. [6]) Ebd. S. 2. [7]) Ebd. S. 24, 5.
[8]) Ebd. S. 7, 9, 10; 32, 36.
[9]) Ebd. S. 10; Vorr. S. 7. In der Annahme der Neuheit irrt COMMERELL.
[10]) Ebd. S. 5, 15; 8, 14. [11]) Ebd. S. 21, 24ff. [12]) Ebd. S. 22ff.
[13]) Ebd. S. 8, 36, 27ff.; Vorr. S. 7. [14]) Ebd. S. 20.

Bau der Feld-Rotherahne", als welche namentlich jene Art gerühmt wird, „die weiß ist mit rosenroten Adern und außen angenehm rosenfarben". — So schwierig es bleibt, sich auf derlei Beschreibungen hin bestimmte Urteile zu bilden, so hält es BECKMANN doch für zweifellos, daß COMMERELLS Rübe die richtige Runkelrübe war[1]); hierin bestärkt ihn auch wohl die ausdrückliche Erwähnung ihrer Süße, auf die übrigens BUCHOZ' „Dissertation sur la betterave", die 1787 in Paris herauskam, ebenfalls hinweisen soll.

135. Von den Erfolgen ACHARDS erfuhr man in Frankreich zuerst 1799 durch einen Brief SCHERERS an den Akademiker VAN MONS[2]), der außerordentliches Aufsehen erregte, da er von Ausbeuten bis zu 8% aus Beta vulgaris, der sog. Runkelrübe, berichtete; VAN MONS bemerkt hierzu, die Runkelrübe oder Dickwurzel sei nicht Beta vulgaris, die nach LINNÉ nur rote, gelbe oder grünliche Wurzeln habe, sondern Beta sicla, die weiße Wurzeln und grüne oder rötliche Blätter besitze, auch Schweizer Mangold, betterave champêtre und racine d'abondance (fälschlich de disette) heiße, und häufig mit den Brassica-Arten, den Turnips der Engländer und den Turlips der Elsässer verwechselt werde. Im Jahre 1800 richtete dann ACHARD persönlich ein längeres Schreiben an VAN MONS[3]), der es dem „Institut" vortrug und die Einsetzung einer Kommission zur Nachprüfung der ACHARDschen Angaben beantragte und durchsetzte; da diese aber willkürlicherweise von den maßgebenden Vorschriften abwich, überdies auch nur in sehr kleinem Maßstabe arbeitete, lautete der von DEYEUX im Juni 1800 erstattete umfangreiche Bericht[4]) nicht durchweg günstig; ACHARD, dem VAN MONS ein Exemplar sandte, äußert sich in seinem Dankschreiben auch ganz zutreffend über die Ursachen der mangelhaften Ergebnisse[5]). Die anfänglich große Begeisterung für die Zuckerrübe und den Rübenzucker erlosch zwar daraufhin nicht sofort, vielmehr wurden von verschiedenen Seiten noch weitere Versuche eingeleitet, auch solche in etwas größerem Umfange; da es aber an Sachkenntnis fehlte und die Umstände zumeist ungünstige waren, blieb ein durchschlagender Erfolg aus, so daß sich das Interesse alsbald der Herstellung anderer Surrogate für den unerschwinglich teuren Kolonialzucker zuwandte, vor allem jener des Traubensirups und -zuckers. Trotz andauernder Unterstützung des Staates und großen Geldaufwandes blieben indessen alle die fast unzähligen Bemühungen ohne das gehoffte Ergebnis[6]), was schließlich, nach fast 10 Jahren, auch der eifrigste und hervorragendste Fachmann, PARMENTIER, — der begreif-

---

[1]) Grundsätze der deutschen Landwirtschaft, 4. Aufl., S. 219. Göttingen 1790.

[2]) Annales de Chimie Bd. 30, S. 299. Paris 1799.

[3]) Abgedruckt bei LÉGIER: a. a. O. S. 26.

[4]) Ebd. S. 27. [5]) Ebd. S. 41. [6]) Ebd. S. 59—305!

licherweise dem Rübenzucker entschieden abhold war[1]) —, nicht weiter beschönigen konnte. Auf die inzwischen bekannt gewordenen weiteren Errungenschaften ACHARDS hin erwachte dann, etwa von 1810 an, die Teilnahme an Zuckerrübe und Rübenzucker aufs neue, vor allem gefördert durch das zielbewußte persönliche Eingreifen des Kaisers NAPOLEON; hierauf wird weiter unten noch zurückzukommen sein.

136. In England wurden Rüben auch im 18. Jahrhundert teils zu Zwecken der Viehzucht, teils als „gemeine Speise" in steigendem Umfange angebaut[2]); nach ADAM SMITH war die Rübe 1776 nur mehr halb so teuer wie 30—40 Jahre früher, „da sie aus den Gärten auf die Felder gewandert ist und statt mit dem Spaten durch den Pflug kultiviert wird"[3]). Welche Sorten hierbei in Frage kommen, bleibt indessen zweifelhaft; nach ROGERS sind bestimmte Preise für weiße und rote Rüben nicht vor 1768 nachweisbar[4]), und die eigentliche Runkelrübe soll, wie PERKINS angibt, erst 1786 nach England gelangt sein, wahrscheinlich aus Flandern; die Rüben, die BECKMANN 1781 dort und in England (Suffolk) anbauen sah, waren, wie schon weiter oben erwähnt, hauptsächlich wohl noch Turnips. — In Italien blieben Rüben eine gebräuchliche und für sehr alltäglich erachtete Speise, so daß z. B. der Dichter FORTIGUERRA (1674—1735) in seinem 1715 (?) verfaßten „Richardetto" die Einfachheit einer Klostermahlzeit nicht besser zu schildern weiß, als durch die Worte: „Das Rübensüppchen geht zuerst herum[5])." Ein sizilisches Volksmärchen vom „König CARDIDDU" (Stieglitz), das übrigens vermutlich in ältere Zeiten zurückreicht, erwähnt Rüben als im Gemüsegarten gezogen[6]). — In Österreich erschienen auf Empfehlung der „Patriotisch-Ökonomischen Gesellschaft" zu Prag 1770, 1775 und 1790 Anweisungen zur Anpflanzung der Rübe als Futtermittel[7]), doch galt 1787 deren Einfügung in den Fruchtwechsel der Domäne Lobositz noch als eine ungewöhnliche Neuerung[8]). Die Runkelrübe soll 1795 STÖHR (aus Schlesien ?) nach Königsaal bei Prag, dem Sitze einer größeren Kolonialzuckerraffinerie, gebracht haben[9]), und in dieser Fabrik stellte man, durch die Gerüchte von ACHARDS

[1]) Ebd. S. 48.

[2]) ADAM SMITH: Wealth of Nations von 1776. Ed. STOEPEL, Bd. 1, S. 211, 311. Berlin 1878. — KUDRIAFFSKY: a. a. O. Bd. 1, S. 97.

[3]) A. a. O. Bd. 1, S. 108, 335.

[4]) ROGERS: a. a. O. Bd. 7, S. 249, 250, 558.

[5]) Üb. GRIESS, Bd. 1, S. 140. Stuttgart 1831.

[6]) GONZENBACH: Sizilische Märchen Bd. 1, S. 102. Leipzig 1870.

[7]) NEUMANN: Entwurf einer Geschichte der Zuckerindustrie in Böhmen, S. 5ff. Prag 1891.

[8]) MEDINGER: Wirtschaftsgeschichte der Domäne Lobositz. Wien 1903.

[9]) NEUMANN: a. a. O. S. 5, 12, 13. — PROSKOWETZ: Ö. Bd. 25, S. 743ff.

Erfolgen bewogen, auch die ersten Proben mit der Gewinnung von Rübenzucker an, die 1799 oder 1800 LAMPADIUS zu einer Reise dahin Anlaß gaben[1]). Weitere Anbauversuche folgten in Böhmen durch die Domänenverwalter FISCHER in Ziak bei Czaslau und ADAM in Horzowitz, ferner durch den Prof. SCHEERER in Prag[2]), und in Niederösterreich 1799 durch JACQUIN im Botanischen Garten der Wiener Universität sowie im Wiener Prater, und 1800 durch RIES in St. Pölten[3]). — In Ungarn sollen ein Pfarrer TESCHEDIK und ein Apotheker GERTINGER in Eperies die ersten Proben mit der Kultur der Runkelrübe (1790) und ihrer Verarbeitung auf Zucker (1800?) gemacht haben; seit 1797 wurde der Anbau an vielen Orten betrieben und zum Teil auch schon in größerem Maßstabe[4]). — Über welche Art Rübe die 1792 zu Lund in Schweden erschienene Schrift „De beta pabulari" von FALLÉN berichtet und ob sie Futter- oder Speiserüben betrifft, bleibt noch zu ermitteln.

Neunter Abschnitt.

Die Anfänge des 19. Jahrhunderts.

137. Über den deutschen Rübenbau zu Beginn des 19. Jahrhunderts gibt die eingehendste Auskunft ein 1801 erschienener, 96 Seiten langer, sehr ausführlicher und vollständiger Artikel im 83. Bande der KRÜNITZschen „Ökonomisch-Technologischen Enzyklopädie", der vielleicht, da der Name des Verfassers nicht besonders angegeben ist, vom Herausgeber dieses 1782—1858 in 242 Bänden erschienenen Riesenwerkes persönlich herrührt. Beta, so heißt es daselbst[5]), auch Mangold oder Mangoldwurzel genannt, ist der Gattungsname für mehrere, äußerst nutzbare Garten- und Futtergewächse, zu denen auch „die kürzlich so berühmt gewordene Runkelrübe gehört". Runkelrübe (Rummel-, Dick-, Burgunderrübe, Rangers, Ranausche), römische Bete (Schweizer Mangold), weißer, roter oder grüner Mangold usf., bieten nämlich, weil durch Anbau während langer Zeiten ausgeartet, keine

---

[1]) LAMPADIUS: a. a. O. S. 6, 54. — BUSCH: a. a. O. Bd. 4, S. 635.

[2]) NEUMANN: a. a. O. S. 12, 13, 20, 49. — HERMBSTÄDT: Bülletin des Neuesten . . . Bd. 7, S. 293. Berlin 1811. — KEESS: Beschreibung der Fabrikate . . . des österreichischen Kaiserstaates Bd. 2, S. 295ff. Wien 1823.

[3]) KEESS: a. a. O. — BAUER: Naturwissenschaftlich-biographische Essays, S. 8. Stuttgart 1911.

[4]) P.: Praktische Anleitung zum zweckmäßigen Anbau der Runkelrüben, S. 8, 9. Wien u. Pest 1817.

[5]) Bd. 83, S. 604ff. Berlin 1801.

festen Kennzeichen, gehen leicht ineinander über, lassen sich nicht eindeutig bestimmen und sind keine wahren Spezies, sondern „bloße Abänderungen infolge Kultur", wie schon LINNÉ voraussetzte. Allenfalls wäre die Einteilung in folgende Gruppen zulässig: 1. Rote Rübe, Beta, Mangold, Beißrübe, Ronan (Rahne); sie hat ihre Heimat an den Meeresküsten des südlichen Europas, ist eine jetzt im ganzen Erdteile gemeine, zweijährige Gartenpflanze, liefert geschätztes Gemüse für die Menschen und Futter für das Vieh, und besitzt die reinigenden und schleimlösenden Eigenschaften, die schon die antiken Ärzte bei Katarrhen, Kopf- und Zahnschmerzen usf. bewährt fanden; ihre gelben und grünen Spielarten finden sich oft zwischen den anderen auf den Feldern. 2. Weiße Rübe, weißer Mangold, Beiße, Beißkohl, römischer Kohl, Rungelsen; sie stammt vom Tajo in Portugal, ist gleichfalls allgemein verbreitet, liefert in ihren Blättern ein vortreffliches Sommergemüse[1]) und zeichnet sich durch rein süßen Saft aus. Eine Spielart stellt der Schweizer Mangold dar, den in Norddeutschland zuerst 1764 der Hofapotheker ANDREÄ zu Hannover durch seine „Briefe aus der Schweiz" bekanntmachte, während man in Süddeutschland seine Vorzüge schon seit längerem würdigte; er fordert nämlich zwar viel Sonne und freie Luft, ist aber gleich ertragreich als spätes Herbstgemüse wie als bekömmliches Viehfutter und wird von Insekten nicht angegriffen[2]). Eine weitere Spielart ist die Burgunder-, Mangold- oder Runkelrübe, d. i. BECKMANNS Beta altissima, mit weißem, rotgeringeltem Fleisch und bis 10 Pfund schwerer Wurzel; die an Größe und Gestalt, Farbe von Rinde und Fleisch, Ausbildung und Färbung von Blättern und Stielen usf. äußerst verschiedenen Varietäten, wie sie u. a. auch RÖSSIG beschrieb, sind in Wahrheit wohl nur „sehr veränderliche Abarten" oder „durch gegenseitige Befruchtung entstanden"[3]). Wie ACHARD zeigte, passen die älteren Kulturvorschriften nur, wenn man Rüben zu Futterzwecken anbaut, dagegen sind völlig andere zu befolgen, falls man Zucker herstellen will[4]), und auch diese bleiben fruchtlos, wenn man nicht von den richtigen Betasorten ausgeht; durch Sortenverwechslungen erklären sich daher so manche abweichende Befunde[5]). Inwieweit sich nun die Erwartungen hinsichtlich der Zuckererzeugung erfüllen werden, steht noch dahin, auch erwarten manche nur, „daß das Resultat ein ganz guter und wohlfeiler Sirup sein wird"; außerdem soll noch wohlschmeckender Kaffee und aus den Rückständen Branntwein gewonnen werden[6]). Viel wird auch vom Preise der Rüben abhängen, der in der Mark in guten Jahren 12 Groschen für 1 Ztr. [50 kg] beträgt, in Freiberg aber während eines Mißjahres auf 1 Taler stieg[7]).

[1]) Es werden zahlreiche Küchenrezepte angegeben.
[2]) A. a. O. S. 617, 619. [3]) Ebd. S. 619, 622, 623. [4]) Ebd. S. 626ff.
[5]) Ebd. S. 630. [6]) Ebd. S. 691ff. [7]) Ebd. S. 663.

138. ACHARD hatte nach Vollendung der in Berlin angestellten Proben[1]), seinen Wohnsitz nach Cunern verlegt und dort unter unendlichen Schwierigkeiten die neuerbaute Rübenzuckerfabrik in Gang gebracht. Nach Vollendung des ersten Betriebsjahres (1802/03) verfaßte er die „Anleitung zum Anbau der zur Zuckerfabrikation anwendbaren Runkelrüben ...“[2]), eine seiner wichtigsten Schriften, in der er mit Rücksicht auf rein praktische Zwecke alle bisherigen Erfahrungen kurz zusammenstellte. Begnügt sich der Landwirt mit Rüben, die ihm eine große Erntemenge sichern, also viel Wurzeln und Blätter, so muß hingegen der Zuckerfabrikant von den seinigen auch vielen und zuckerreichen Saft fordern. Um solche zu erlangen, hat er vom Samen der besten Abarten auszugehen, das sind, wie die Erfahrung lehrt, in erster Linie die mit weißem Fleisch und weißer Rinde, in zweiter auch noch jene mit weißem Fleisch und roter Rinde, die zwar schon leicht etwas aus der Erde herauswachsen, aber ohne doch vergrößerte Wurzelköpfe oder seitliche Blatttriebe zu erzeugen[3]); die letzteren bringen vielleicht ein wenig höheren Ertrag, den ersteren aber ist die meiste und reinste Süße eigen. Allgemein gültige Regeln für den Anbau gibt es nicht, vielmehr hat sich jedermann nach den örtlichen Umständen zu richten, also nach Lage, Güte, Beschaffenheit, Feuchtigkeit, wasserhaltendem Vermögen seines Bodens usf.; man hat tief zu ackern und zu lockern, das erstemal bereits im Vorherbst, reichlich, aber nicht übermäßig zu düngen, keinesfalls frisch und auch nicht mit Schafmist, da dieser die Bildung von Salpeter fördert[4]), und sich auch betreffs Mengen und Arten des Düngers den gegebenen Verhältnissen anzupassen, da diese allein maßgebend sind. Das Verpflanzen der Rüben ist nicht unbedingt verwerflich und kann z. B. auf unreinen Äckern viel Arbeit und Arbeitskosten beim Jäten usf. ersparen, zumal die Rübe es bei schonender Ausführung und bei feuchtem Wetter gut verträgt; da aber verpflanzte Rüben stets reicher an Nebenwurzeln und Fasern, kleiner und auch zuckerärmer sind, soll man es nach Möglichkeit vermeiden und die Rüben lieber aussäen oder die Samen in kleine, gut vorbereitete und regelmäßig verteilte Löcher einlegen; hierbei hat man ebenfalls für die Wahrung knapper Standweiten zu sorgen und keine größeren Reihenbreiten zuzulassen. Nach 1—2, höchstens 3 Wochen wird zum ersten Male gejätet, nach dem hierauf folgenden Verziehen unter Umständen zum zweitenmal, und sodann wiederholt gehackt, wobei weder der Kopf verletzt noch der Boden von ihm weggezogen werden darf. Das

[1]) Kurze Nachricht über den Ausfall der zweiten großen ... Rübenzucker-Fabrikationsprobe. Berlin 1801.

[2]) Breslau 1803; abgedruckt bei LIPPMANN: Die beiden Grundschriften ..., S. 14. Leipzig 1907.

[3]) S. 8, 10, 25. Breslau 1803. [4]) Ebd. S. 14.

Abblatten hat auf jeden Fall zu unterbleiben, weil es sowohl den Ernte- wie den Zuckerertrag schädigt. Da die Rübe außer den sog. Reitwürmern [= „Drahtwürmern“, in Wahrheit Larven verschiedener Insekten] nur wenige Feinde besitzt, so reift sie bis zum Oktober ungestört aus[1]). Bei der Ernte ist vorsichtig zu verfahren, da jede Wunde die Haltbarkeit schädigt, ebenso beim Köpfen; gut behandelte Rübe hält sich in Kellern oder in mit Erde beworfenen und bedeckten Gruben bis zum nächsten Mai und wird überhaupt nicht durch den Frost zerstört, sondern durch das Auftauen unter ungünstigen Umständen. Die abgeschnittenen Köpfe liefern zusammen mit den Blättern ein gutes Futter, besonders auch für Kühe, lassen sich aber (allein oder mit Salz) auch einsäuern oder bei günstiger Witterung trocknen. Nach den Ermittlungen der königlichen Magdeburger Domänenkammer kostet die Bestellung von 1 Morgen Land mit Rüben 26 T. 7 Gr. 6 Pf., und 1 Ztr. Rüben kommt auf 5 Gr. 3 Pf. zu stehen[2]); für Cunern hat die dortige amtliche Kommission als Einstandspreis von Rüben, die 4% Rohzucker ergaben, $7^1/_2$ Gr. festgestellt[3]).

139. Wenn schon in Cunern, wo ACHARD 1802/03 rund 8000 Ztr. weiße zuckerreiche Rüben anbaute[4]) und die Verarbeitung persönlich überwachte, die Ausbeute infolge der ungünstigen Umstände und der noch sehr unvollkommenen Methoden zunächst nur 4% betrug, so läßt sich leicht begreifen, daß sie bei anderen Anstellern kleinerer Versuche, die viel weniger Erfahrung und Einsicht besaßen, noch weiter hinter den gehegten Erwartungen zurückblieb und daher große Enttäuschungen bedingte. Bereits 1803 hatte daher HERMBSTÄDT zu mahnen[5]), man möge sich nicht durch die Anfangsschwierigkeiten abschrecken lassen, sondern die Bemühungen fortsetzen[6]), auch sich nicht begnügen, die Rüben nur auf Kaffee oder Branntwein zu verarbeiten; in Mecklenburg z. B. hätte man nämlich damals bereits vermocht, aus Rüben Kaffee „weit besser als der aus Zichorie“ in großen Mengen herzustellen, „sofern nur das an Zichorien gewöhnte Publikum ihn tränke“[7]), und in Hannover erklärte WESTRUMB die Runkelrübe für den besten Rohstoff der Brennerei[8]). Um die nämliche Zeit erzeugte auch in

---

[1]) Nach HOLLRUNG wird aber unter Reitwurm wohl die Maulwurfsgrille, Gryllotalpa vulgaris, zu verstehen sein.

[2]) Ebd. S. 89, 93. [3]) Ebd. S. 95, 98.

[4]) RÜMPLER: Die Rübenzuckerindustrie in Schlesien vor 100 Jahren, S. 23. Berlin 1901.

[5]) NÖLDECHENS Annalen der Landwirtschaft, S. 129. Berlin 1803.

[6]) BECKMANN: Bibl. Bd. 23, S. 145. Göttingen 1805.

[7]) Ebd. Bd. 22, S. 367. Göttingen 1803.

[8]) Bemerkungen für Branntweinbrenner, S. 67. Hannover 1803. Bei seinen Versuchen machte er die interessante Beobachtung, daß die Gärung auch im luftleeren Raume stattfinde; vgl. BECKMANN: a. a. O. Bd. 22, S. 83, 84.

Bottendorf (nächst Artern in Thüringen) die Firma C. G. WILCKE aus Rüben „Arak", die Flasche zu 18 Gr. sächsisch, der „ohne Posaunenton dem besten ausländischen gleichkomme", und forderte jeden, der diese Angabe bezweifle, zur Nennung seines Namens auf[1]). TROMMSDORFF, der 1804 sein verdienstliches „Systematisches Handbuch der Chemie" herausgab, bezeichnet als Hauptfehler des neuen Erwerbszweiges, daß es noch am richtigen Rübenbau, daher an genügend zuckerhaltigen Rüben mangle, und äußert deshalb wenig Zutrauen[2]); in RÖSSIGS „Produkten- und Handelskunde von Kursachsen" fehlt noch jede nähere Erwähnung, und Runkelrüben, Kohlrabi und Kohlrüben stehen ungefähr auf der nämlichen Stufe[3]); der hervorragende Landwirt SCHWERZ bemerkt, daß am Rhein, z. B. bei Koblenz, sowie in Belgien (nicht aber in den Niederlanden) viel Runkeln oder Rangschen gebaut würden, deren Samen aber nach vierjährigem Aussäen degeneriere, und daß das übliche Abblatten viele Nachteile zeitige, „besonders ersichtlich beim Sirupkochen"[4]); JUCH versichert, die Rübe werde erheblich zuckerreicher, wenn man ihr im August mittels eines harten Holzstabes ein Loch von 1 Zoll Tiefe beibringe[5])! In Schlesien bemühte sich, auf Veranlassung des Landrates in Lüben, der schon weiter oben genannte Organist HAUPTLEUTNER in Mühlräditz weiter um den Anbau der Rübe[6]) sowie um ihre Verarbeitung auf Sirup und Zucker; der eifrigste und tatkräftigste Anhänger ACHARDS aber war der Freiherr VON KOPPY in Krayn bei Strehlen, der schon 1805 eine Fabrik zur täglichen Verarbeitung von 70 Ztr. Rüben anlegte und auf seinen Gütern jährlich 10 000 Ztr. Rüben baute[7]).

140. Gegenüber den mißlichen ersten Anfängen, auf die hin noch KLAPROTH im „Chemischen Wörterbuch" sich sehr zurückhaltend äußerte[8]), BECKMANN in der „Anleitung zur Technologie" gänzlich stillschwieg[9]), und GMELIN abfällig urteilte[10]), war indessen auch ACHARD nicht müßig geblieben. Trotz der unglaublichen Widerwärtigkeiten, die die politischen und wirtschaftlichen Zeitereignisse sowie der Brand seiner Fabrik mit sich brachten, hatte er durch rastlose Arbeit und Beobachtung sowohl den landwirtschaftlichen wie den industriellen Betrieb sehr wesentlich verbessert. Als Frucht dieser in

[1]) Die Anzeige steht in HILDTS bereits erwähntem „Magazin", S. 372. Weimar 1804; Okt.

[2]) Bd. 6, S. 18ff., 38. Erfurt 1804. [3]) S. 83. Leipzig 1803.

[4]) Anleitung zur Kenntnis der belgischen Landwirtschaft Bd. 2, S. 42, 67. Halle 1808.

[5]) Beiträge zur Chemie, S. 18. Nürnberg 1808.

[6]) RÜMPLER: a. a. O. S. 6. [7]) Ebd. S. 34; Näheres s. unten.

[8]) Bd. 5, S. 820. Berlin 1807. [9]) S. 552. Göttingen 1809.

[10]) Über den Einfluß der Naturwissenschaften auf das Staatswohl, ... über Surrogate für die kostbaren Kolonialwaren ... Karlsruhe 1809.

Cunern seit 1801 unablässig fortgesetzten Bemühungen erschien 1809 seine umfassendste und wichtigste Schrift: „Die europäische Zuckerfabrikation aus Runkelrüben", das eigentlich grundlegende Werk des Rübenbaues und der Rübenzuckerindustrie, das die Periode tastender Versuche endgültig abschließt und jene der zielbewußten Weiterentwicklung eröffnet, die sich seit seinem Erscheinen bis zum heutigen Tage in durchaus folgerechter Weise vollzogen hat. An dieser Stelle kann auf den technologischen Inhalt nur hingewiesen, aber auch auf den landwirtschaftlichen nur insoweit eingegangen werden, als er ACHARDS ältere, schon weiter oben besprochene Darlegungen in wichtigen Punkten zusammenfaßt oder ergänzt.

141. ACHARD erinnert zunächst an seine langjährigen Bestrebungen in Caulsdorf und Buchholtz (seit 1786), sowie in Cunern (seit 1802), die sich jederzeit nur das eine Ziel setzten, die aus den burgundischen Niederlanden stammende Runkelrübe (die er u. a. auch Ranusche oder Röhne nennt) in eine möglichst zuckerreiche und zur Zuckerfabrikation geeignete Nutzpflanze überzuführen[1]); da aber zahllose Spielarten bestehen, deren Wurzel und „Krautkopf" (d. i. „der obere, die Blätter treibende Teil") die weitgehendsten Verschiedenheiten zeigen, so genügt es nicht, die richtigen Sorten nur zu erkennen, vielmehr gilt es, die einmal Ausgewählten auch zu erhalten, und hierzu führt den Fabrikanten nur ein einziger Weg, nämlich die eigene, andauernd sorgfältigste Samenzucht[2]). Weiterhin beschreibt nun ACHARD genau, wie bei dieser zu verfahren ist, welche besondere Vorsicht der Anbau der Samenrübe und vor allem die Verhütung der störenden und verderblichen Fremdbefruchtung erfordert, und wie man den Samen zu gewinnen und zu behandeln hat, damit seine Güte zwei Jahre lang vorhalte, — denn im dritten läßt sie schon sehr erheblich nach[3]). Der beste Same liefert auch die beste Rübe, die nach Gestalt, Farbe, Größe und Entwicklung der Blätter, sowie nach Gestalt, Farbe, Saftreichtum und Süße der Wurzel allen Ansprüchen genügt, und dabei 2—3, selten über 3 Pfund, ganz vereinzelt aber bis 25 Pfund schwer wird[4]); sie ist in der Regel zweijährig, zuweilen aber einjährig, und da es Störungen in der Vegetation der jungen Pflänzchen sind, die das Aufschießen bewirken, so ist dieses keine erbliche Eigenschaft[5]). Als Rübenboden ist nur in jeder Hinsicht guter, tiefgeackerter und richtig gedüngter Boden anzusehen, wobei die besonders großen Einflüsse der

[1]) S. 3ff. Leipzig 1809. [2]) Ebd. S. 7, 11, 20, 58.

[3]) Ebd. S. 20, 58; 12; 64. [4]) Ebd. S. 14, 36, 6.

[5]) Ebd. S. 12, 58. — Neueren Erfahrungen gemäß zählt die Neigung zum Aufschießen doch zu den Stammesanlagen, wird aber allerdings durch Störungen, besonders durch solche infolge tiefer Temperatur während des Keimens, ganz außerordentlich begünstigt. — Nach HOLLRUNG bleiben diese Angaben indessen immerhin noch zweifelhaft.

verschiedenen Dungstoffe, namentlich der [an Kalium reichen Holz-] Asche eingehend zu berücksichtigen sind[1]). Auf solchen Äckern genügt eine Pflanzweite von 8 Zoll, und zwar liefert das Aussäen gleichmäßige und gutgeformte Rüben, das Verpflanzen aber an Fasern und Nebenwurzeln reiche, daher ungleichmäßige und schlechtgeformte[2]). Fleißiges Jäten und Behacken ist unumgänglich; Anhäufeln hat sich in Krayn und Cunern unter Umständen als nützlich erwiesen[3]). Unzulässig ist das Entfernen der Blätter, es sei denn vergilbter, denn die Blätter führen den Pflanzen die Nahrung aus der Luft zu, sind daher für sie durchaus nötig und fördern bei der Rübe zudem noch die Saftreinheit[4]). Diese hängt vom Verhältnis der „wesentlichen Bestandteile" ab, als welche (außer dem Wasser) anzusehen sind: kristallisationsfähiger Zucker (bis 9%), nicht kristallisierender Schleimzucker, ein fast geschmackloses Gummosum, ein flüchtiges scharfes Prinzip, Eiweiß und Stärke; bloß „zufällige Bestandteile" sind: Farbstoff, etwas Extraktstoff, Salpeter, verschiedene Neutralsalze (auch ammoniakalische) und Salmiak, auf dessen Gegenwart wohl die Ammoniakentwicklung bei der Einwirkung des Kalkes auf die Rübensäfte schließen läßt[5]). Die entzuckerten Rückstände stellen ein ausgezeichnetes Mastfutter dar, lassen sich aber auch mit Vorteil auf Branntwein, Essig, Bier oder Kaffeesurrogat verarbeiten[6]), während wieder die Blätter, frisch oder nebst den Köpfen getrocknet, entweder verfüttert oder als Tabaksurrogat verwertet werden können[7]); 1 Ztr. [= 50 kg] wird hierzu mit 8—12 Talern bezahlt[8]). — Wie die ausführlichen Belege der amtlichen Überwachungskommission ersehen lassen[9]), beliefen sich 1806 in Cunern die Kosten des Rübenbaues für 1 Morgen auf 10 T. 3 Gr.[10]) und bei einer Ernte von 120 Ztr. kam 1 Ztr. Rüben auf 2 Gr. zu stehen, oder, wenn man die Blätter als Viehfutter (mit 5 T. für 1 Ztr.) in Gegenrechnung brachte, nur auf $1^1/_3$ Gr.[11]). Da auf gutem Boden Zerstörungen der Rüben durch Insekten od. dgl. nicht beobachtet wurden[12]) und der nach Frankreich, Belgien, England, Rußland und selbst Schweden gesandte Samen dort unter den verschiedensten klimatischen Verhältnissen überall gute Rüben hervorbrachte[13]), so stehen dem Rübenbau offenbar keinerlei grundsätzlichen Hindernisse entgegen, zumal er nur Brachfeld in Anspruch nimmt und noch das Gedeihen des nachfolgenden Getreides begünstigt[14]). Da er endlich für eine Fabrik, die 10 000 Ztr. Rüben verarbeiten soll, nur

[1]) Ebd. S. 22, 26ff., 28.
[2]) Ebd. S. 37, 7; mit charakteristischen Abbildungen auf Tafel I.
[3]) Ebd. S. 38. [4]) Ebd. S. 52. [5]) Ebd. S. 79ff., 82, 110, 132.
[6]) Ebd. S. 171ff. [7]) Ebd. S. 66ff., 281. [8]) Ebd. S. 68, 73.
[9]) Ebd. S. 372ff. [10]) Gegen 26 T. 7 Gr. in Magdeburg 1803 (s. oben).
[11]) Ebd. S. 72ff. [12]) Ebd. S. 352. [13]) Ebd. S. 354ff.
[14]) Ebd. S. 338, 339.

etwa 85 Morgen Ackerland erfordert[1]), so liegen seine besonderen und allgemeinen Vorteile auf der Hand; zu letzteren zählt namentlich die Beseitigung des englischen Handelsmonopols, dem man seit der Verwüstung Domingos völlig ausgeliefert ist, sowie die Einschränkung oder Aufhebung der Sklaverei[2]). [Bekanntlich wurden ACHARD von englischen Interessenten schon 1800 50 000 Taler und 1802 200 000 Taler geboten, falls er öffentlich erkläre, daß er sich in seinen Hoffnungen getäuscht habe und der Rübenzucker nicht an Stelle des Rohrzuckers treten könne[3]).]

142. Durch die furchtbare Notlage des preußischen Staates wurde 1810 eine endgültige Auseinandersetzung des Fiskus mit ACHARD notwendig, die für diesen den völligen finanziellen Untergang und für Cunern die Einstellung der fabrikmäßigen Verarbeitung bedeutete, an deren Stelle der kümmerliche Betrieb einer kleinen Lehranstalt trat; in dürftigster Lage, gesundheitlich schwer geschädigt und schließlich völlig vergessen, blieb ACHARD dort bis zu seinem Tode (1821) so weit tätig, als es die trostlosen Umstände gestatteten. Zunächst verfaßte er 1810 noch eine kleinere Schrift: „Die Zucker- und Sirupfabrikation aus Runkelrüben“, eine Art kurzen praktischen Auszuges aus seinem Hauptwerke, von dem übrigens 1812 eine zweite, fast unveränderte Auflage (in bescheidenerer Ausstattung und kleinerem Formate) herauskam; von diesem Zeitpunkte ab verstummte er jedoch. — Nach wohlbeglaubigter, aber allerdings nicht sicher zu beweisender Tradition[4]) soll ACHARD auch der Autor einer 1810 in den „Schlesischen Provinzialblättern“ erschienenen kurzen „Anleitung zum Anbau des Rübensamens“ gewesen sein[5]); sie warnt u. a. nachdrücklich vor dem Dulden gefärbter Runkelrübenarten in der Nähe der Samenfelder, „da solche unausbleiblich eine Ausartung des Samens bewirken, indem der befruchtende Blumenstaub der gefärbten Rüben durch die Luft zur Blüte der weißen geführt wird und eine nachteilige Befruchtung hervorruft“. Diese Angaben stimmen übrigens mit anderen, weiter oben erwähnten ACHARDS durchaus überein, desgleichen auch mit der ihm zugeschriebenen Beobachtung[6]), der gemäß eine rote Rübe, die man unter hundert weiße setzt, bereits hinreicht, um deren Samen so zu beeinflussen, daß er Rüben hervorbringt, die in Farbe und Form der Wurzeln und Blätter gänzlich von den ursprünglichen abweichen; es spricht für das Vorliegen einer berechtigten Überlieferung, daß noch 1838 BETZHOLD diese Tatsache mit fast den nämlichen Worten be-

---

[1]) Ebd. S. 347. [2]) Ebd. S. 377ff.

[3]) LIPPMANN: Abhandlungen und Vorträge Bd. 1, S. 300ff. Leipzig 1906.

[4]) Mitgeteilt durch den vor Jahrzehnten in sehr hohem Alter verstorbenen Direktor PISCHGODE der Zuckerfabrik in Brieg.

[5]) Vgl. RÜMPLER: a. a. O. S. 44, 46. [6]) Quelle: PISCHGODE.

richtet, bloß daß er eine weiße Mangoldwurzel zwischen hundert rote Rüben pflanzen läßt[1]).

143. Gleiche Beachtung wie ACHARDS eigenen Mitteilungen gebührt jenen des bereits genannten Freiherrn VON KOPPY in Krayn, der in seiner Schrift „Die Runkelrüben-Zuckerfabrikation" von 1810 ausdrücklich und wiederholt hervorhebt, mit welcher Aufopferung und Uneigennützigkeit ACHARD ihn seit dem ersten Beginne seines Unternehmens (1805) beriet und unterstützte. Auch nach KOPPY ist die beste Rübe die weiße Runkelrübe[2]), von der 1 Ztr. zu 8—12 Groschen käuflich ist. Im Eigenbau bringt 1 Morgen bei 100 Ztr. Ertrag mindestens 26 Taler ein, und dazu noch 10 Taler für die Blätter, die man entweder (mit Vorsicht!) verfüttern, oder als Tabaksurrogat verkaufen kann[3]); fraglos ist dieser eigene Anbau jeder Fabrik ganz vorzugsweise zu empfehlen[4]). Unter den in Krayn herrschenden Verhältnissen hat es sich am geeignetsten erwiesen, den Samen 4—5 Tage lang in etwas lauem Wasser einzuquellen und auf eine Art Beete in Furchen 1 Zoll tief auszulegen, die Wurzeln aber, sobald sie die Dicke eines Pfeifenstieles zeigen, auf die gut bearbeiteten und gedüngten Felder zu verpflanzen; die weitere Behandlung, Ernte und Aufbewahrung erfolgt dann gemäß ACHARDS Vorschriften[5]). Eindringlich verweist KOPPY immer wieder auf die hohe land- und staatswirtschaftliche Bedeutung sowie auf die großen besonderen und allgemeinen Vorteile des Rübenbaues und der Zuckerfabrikation[6]): „Es gibt keine Frucht, die einen so mächtigen Einfluß sowohl auf die Verbesserung der Wirtschaft selbst als auf den erhöhten Ertrag haben kann, . . . auch für ihr nachfolgende Getreidefrucht; . . . keine andere Fabrikation ist mit der des Zuckers an heilsamem Einfluß auf vermehrte innere Industrie und auf wachsenden Wohlstand der Nation zu vergleichen." — Den Bemühungen KOPPYS zollt auch BOUDET, der Chefapotheker der napoleonischen Rheinarmee, große Anerkennung und schildert die Eindrücke, die er 1808/9 gelegentlich eines Besuches in Krayn gewann; auf den Rübenbau geht er hierbei allerdings nicht im einzelnen ein[7]). Solange die Umstände es irgend gestatteten, hielt KOPPY auch nach dem Zusammenbruche der Kontinentalsperre seine Fabrikation weiter aufrecht; aber auch nach deren Einstellung [etwa 1820[8]), nicht erst 1828] sowie nach ACHARDS Hinscheiden erwarb er sich das ganz außerordentliche Ver-

[1]) Ökonomische Neuigkeiten und Verhandlungen Bd. 56, S. 842. Prag 1838.

[2]) S. 32ff., 54. Breslau u. Leipzig 1810. (Neudruck Berlin 1919, mit sehr lesenswertem Vorwort B. BRUKNERS.)

[3]) Ebd. S. 54; 53; 58. [4]) Ebd. S. 41ff. [5]) Ebd. S. 41ff., 51, 13.

[6]) Ebd. S. 51, 64, 69, 73ff. [7]) LÉGIER: a. a. O. S. 55.

[8]) So gab PISCHGODE an; in einer Übersicht von 1836 nennt DITTRICH als letztes Betriebsjahr 1822, d. i. wohl 1821/22. Vgl. THIELEPAPE: Deutsche Zuckerindustrie Bd. 49, S. 653. 1924.

dienst, die begonnene Rübenzüchtung fortzusetzen und so „die Stammmutter aller Zuckerrüben der Welt“, die weiße schlesische Rübe, der Menschheit dauernd zu erhalten[1]). Noch zur Zeit des Wiederauflebens der deutschen Zuckerindustrie um 1830 stand diese Tat in rühmlicher Erinnerung[2]), und in vollem Maße verdient sie es, auch fernerhin vor Vergessenheit bewahrt zu bleiben.

144. Mit dem Wiederbeginn der Einfuhr von Kolonialwaren seit 1813 nahm für Deutschland die Möglichkeit der Zuckerfabrikation und mit ihr auch des Rübenbaues zunächst ein Ende. Schon 1814 beschränkt sich selbst ein Anhänger des Rübenzuckers wie HERMBSTÄDT im „Grundriß der Technologie“ auf die schonende Bemerkung, seine Herstellung sei „ein Gegenstand allgemeiner Prüfung geworden“[3]), und 1816 ist für DIETERICH, den Verfasser des vielgelesenen „Naturhistorisch-ökonomisch-technologischen Handwörterbuches“, die Runkel- oder Zuckerrübe wieder auf die Stufe des Garten- und Viehmangolds, der Eß- und Steckrübe herabgesunken, die alle er in gleicher Weise als Gemüse und Futter empfiehlt[4]), u. a. aber auch zur Herstellung des nämlichen „heilsamen und ungemein schätzbaren Rosenpflasters“, dessen Wirksamkeit bereits DIOSKURIDES um 75 n. Chr. rühmt[5])! Anbau und Zucht der Rüben waren jedenfalls um diese Zeit in Deutschland so gut wie erloschen; nur als Kuriosum kann man daher anführen, wie der damals sehr geschätzte Münchner Astronom GRUITHUISEN (1774—1852) den Vorschlag machte, mit den Mondbewohnern oder Meneen (deren Existenz zu seinen fixen Ideen gehörte) in Verbindung zu treten und ihre Aufmerksamkeit zunächst dadurch zu erregen, daß man in der Donauebene den pythagoreischen Lehrsatz in Form ungeheurer Rübenfelder zur Darstellung bringe[6])!

145. In Frankreich hatten, wie bereits weiter oben angedeutet, die mangelhaften Ergebnisse der ersten kleineren und größeren Versuche gleichfalls eine erhebliche Enttäuschung aller Beteiligten hervorgerufen[7]), so daß noch 1807 CHAPTAL (= Graf CHANTELOUP) die Rübenzuckerfabrikation in seiner „Chimie appliquée aux arts“ für so

[1]) RÜMPLER: a. a. O. S. 46.

[2]) 9. Versammlung der deutschen Land- und Forstwirte, S. 162, 236. Breslau 1846.

[3]) S. 560. Berlin 1814. [4]) Bd. 2, S. 31, 519ff., 527. Ulm 1816.

[5]) Lib. 2, cap. 134.

[6]) Er wiederholte diesen Gedanken später nochmals in der „Naturgeschichte des gestirnten Himmels“ (München 1836), s. GÜNTHER: Vergleichende Mond- und Erdkunde, S. 76. Braunschweig 1911. — Auf GRUITHUISEN bezieht sich BÖRNES köstliche Satire „Die Meneen“ von 1826. (Gesammelte Schriften Bd. 1, S. 189. Leipzig o. J.: Reclam.)

[7]) LÉGIER: a. a. O. S. 25ff.

gut wie aussichtslos erklärte[1]), und auch ein Brief ACHARDS an die Redaktion des „Moniteur universel" von 1808 (über seine neusten Fortschritte berichtend) zunächst wirkungslos blieb[2]); erst einige Jahre nach Erlaß der Kontinentalsperre (Ende 1806) wandte sich die allgemeine Aufmerksamkeit seinen Errungenschaften aufs neue zu, und 1810 (oder 1811) verlieh ihm die „Société d'Agriculture de la Seine" ihre goldene Medaille „als dem ersten, der in Europa Zucker herstellte"[3]). Entscheidend für die weiteren Ereignisse war aber erst der anfangs 1811 erstattete Bericht MONTALIVETS an den Kaiser[4]), auf den hin NAPOLEON, nunmehr überzeugt, daß keines der übrigen Surrogate dem „englischen" Zucker ernstlich die Spitze bieten könne, das berühmte Dekret vom 25. März 1811 erließ und mit der ganzen Fülle seiner Macht für die Entwicklung der einheimischen Zuckerindustrie und des zugehörigen Rübenbaues eintrat[5]). Sofort zeigte sich eine große Anzahl von Personen bestrebt, den Willen des Herrschers in die Tat umzusetzen, und es erschien eine Unmenge einschlägiger Schriften, die sich jedoch vorwiegend mit der Fabrikation befaßten, mit der Landwirtschaft hingegen nur ziemlich nebenbei. Eine der gründlicheren Anleitungen ist CALVELS „De la betterave et de sa culture" von 1811[6]), die aber immerhin ersehen läßt, wie weit die Kenntnisse der französischen Fachgenossen damals noch hinter jenen ACHARDS oder KOPPYS zurückstanden. Es gibt nach CALVEL verschiedene Arten Rüben, rosa, mehr oder weniger rote, gelbe, selten ganz weiße, ferner auch weißgelb, weiß-rot, gelb-rot geringelte (marbrées), unter denen sich als beste und süßeste die gelbe von Castelnaudary erweist[7]); sie ist heller oder dunkler gefärbt, sehr groß (22 Zoll und mehr im Umfange) und sehr süß, so daß sie den Namen „betterave à sucre" vollauf verdient. Zu unterscheiden hat man sie von der bette, die stets weiß ist, übrigens nach eigenen eingehenden Erfahrungen doch keine besondere Art bildet. Durch das Vorhandensein der zahlreichen Sorten gestaltet sich der Rübenbau schwierig, und seine Ergebnisse hängen vor allem davon ab, daß man den richtigen Samen besitzt und fortzuzüchten versteht; die Angaben in dieser Hinsicht schließen sich an jene SCHUBARTS an[8]). — Wesentlich gleichlautenden Inhaltes sind die Anweisungen

[1]) Bd. 2, S. 477. Paris 1807. [2]) LÉGIER: a. a. O. S. 53.

[3]) JOUFFROY-MIGNE: Dictionnaire des Inventions, S. 476. Paris 1860. — Gegenüber gewissen späteren Versuchen, die Rübenzuckerfabrikation als eine französische Erfindung hinzustellen, ist diese ausdrückliche Anerkennung besonders bemerkenswert.

[4]) LÉGIER: a. a. O. S. 550.

[5]) Ebd. S. 581. [6]) Ebd. S. 6, 611.

[7]) S. 7, 8, 10. Paris 1811. — DE COMBLES kennt daselbst 1749 nur die gewöhnliche weiße und rote, sowie die „große rote" (GIBAULT: a. a. O. S. 178).

[8]) LÉGIER: a. a. O. S. 611.

von TESSIER, JOHANNOT und einigen anderen[1]), alle aus der Zeit um 1811; auch sie sprechen von der „betterave à sucre", die „von einigen Autoren so bezeichnet wird"[2]), erwähnen die weiße, oft auch rotgeringelte Rübe, „wie man sie z. B. in der Pfalz hat", machen noch keinen deutlichen Unterschied zwischen Futter- und Zuckerrübe[3]), und rühmen die gelbe Rübe, wie das auch ISNARD und sonstige wohlbewährte Fachleute tun[4]). — BONMATIN, der 1812 die amtliche „Instruction sur la fabrication du sucre de betteraves" herausgab, erklärt ebenfalls als beste Rübe die mit gelber Rinde und gelbem Fleisch; es folgen dann an Güte die gelb-weiße, weiß-weiße, rot-weiße, rot-rote und die rot-weiß geringelte (marbrée), „die im Elsaß schon seit langem als Viehfutter gebaut wird und Runkelrübe oder Turlips heißt", aber nicht das nämliche ist wie der Turneps der Engländer[5]). Noch PAJOT-DESCHARMES, dessen „Mémoire sur la cultivation de la betterave à sucre" 1815 erschien[6]), bringt ein besonderes Verzeichnis jener Departements, die gelbe Rüben bauen[7]), warnt vor der „bette poirée" als einer zur Fabrikation ungeeigneten Sorte, und empfiehlt daher, beim Ankaufe von Samen vorsichtig zu sein und die Lieferungen durch Keimversuche zu prüfen[8]).

146. Nach dem Sturze des Kaiserreiches (1815) erachtete man auch in Frankreich die Zuckerindustrie als dem Untergange geweiht, und die in den nächsten Jahren erschienenen Ausgaben oder Neuauflagen der Schriften von FOURCROY, BUILLON-LAGRANGE, CHAPTAL, DOMBASLE usf. sind tatsächlich in ihren Mitteilungen äußerst knapp und zurückhaltend[9]). Jene Befürchtungen gingen indessen nicht in Erfüllung, vielmehr vermochte die Industrie, den mißlichsten Verhältnissen trotzend, die nächsten 15 Jahre zu überstehen und sich bis zu einer Zeit über Wasser zu erhalten, die sie, unter völlig veränderten wirtschaftlichen und handelspolitischen Bedingungen, zu erneuter, dauernder und ungeahnter Blüte erweckte. Hierfür waren eine ganze Anzahl wichtiger Umstände entscheidend. Zunächst ging Frankreich aus den napoleonischen Wirren, — dank den Uneinigkeiten und Eifersüchteleien der Alliierten und der außerordentlichen Geschicklichkeit, mit der seine Unterhändler diese auszunützen verstanden —, weniger geschädigt und finanziell leistungsfähiger hervor als fast sämtliche Siegerstaaten, vor allem als das gänzlich ausgeraubte und ausgesaugte Deutschland; die

[1]) Ebd. S. 549, 558, 562. [2]) Ebd. S. 564. [3]) Ebd. S. 549ff.
[4]) JOUFFROY-MIGNE: a. a. O. S. 470.
[5]) S. 3ff.; französisch und deutsch. Straßburg 1812.
[6]) Journ. de physique et de chimie Bd. 80, S. 349. 1815.
[7]) LÉGIER: a. a. O. S. 358ff. [8]) Ebd. S. 366.
[9]) LÉGIER: a. a. O. S. 835; vgl. selbst noch CHAPTAL: Chimie appliquée à l'Agriculture Bd. 2, S. 382. Paris 1823.

Reichtümer seines Bodens sowie der Fleiß und die Sparsamkeit seiner Bewohner ermöglichten ihm eine verhältnismäßig rasche Erholung; Technik, Chemie, Verkehrswesen usf. befanden sich bereits auf einer hohen Stufe; die weitgehende Zersplitterung des Grundbesitzes durch die Revolution hatte einen zahlreichen Stand neuer Landwirte geschaffen, die ihren meist ziemlich engbegrenzten Feldflächen eine möglichst hohe Einnahme abzugewinnen trachteten; endlich gab es einige Männer, die für die Zuckerfabrikation wahre Begeisterung gefaßt hatten, Mut und Zuversicht besaßen, und fest entschlossen waren, den so aussichtsvollen Erwerbszweig für das Vaterland zu retten; als der hervorragendste und erfolgreichste unter ihnen ist der wahrhaft bewunderungswürdige Crespel-Dellisse (1789—1865) zu nennen. Während also in Deutschland, das zu arm geworden war, um die Unternehmungen Achards, Koppys und anderer Vorkämpfer zu erhalten, ja nur durch Vorschüsse zu unterstützen, die Rübenzuckerfabrikation für anderthalb Dezennien gänzlich vom Schauplatze verschwand, blieb sie in Frankreich unter günstigeren Verhältnissen lebendig, wurde durch zielbewußte Arbeit intelligenter Techniker und Chemiker ganz außerordentlich vervollkommnet, und allmählich reif gemacht, sich zur Stufe einer Großindustrie zu erheben; diese bedeutsame und für die Geschichte der Zuckererzeugung ausschlaggebende Leistung kann nicht hoch genug bewertet werden.

147. Auf ihre technischen Einzelheiten einzugehen, ist an dieser Stelle ausgeschlossen, betreffs der landwirtschaftlichen fließen aber die Quellen sehr spärlich; fast scheint es, daß im allgemeinen Anbau und Züchtung der Rübe noch nicht die gebührende Beachtung fanden, — vielleicht gerade, weil es am Großgrundbesitz fehlte, dem allein Boden und Kapital in einem Umfange zur Verfügung zu stehen pflegen, wie ihn weitausschauende Bestrebungen solcher Art erfordern. Hiermit soll jedoch nicht gesagt sein, daß man die Wichtigkeit erlesener Rüben und edlen Samens mißkannte; ist es doch Tatsache, daß Koppy seine Rübenzucht nur zu erhalten vermochte, weil er für seinen als vorzüglich und immer gleichmäßig gut anerkannten Samen stets bedeutenden und lebhaften Absatz gerade nach Frankreich hatte, wo man die „bette-rave de Koppy“, „bette-rave de Silésie“, nach Gebühr zu schätzen wußte[1]). Wie wenig geklärt die damaligen Einsichten und Kenntnisse noch waren, zeigt aufs deutlichste Dubrunfauts „Art de fabriquer le sucre de betterave“ von 1825, ein geradezu grundlegendes Werk, das am Ende der ganzen fraglichen Epoche steht und ihre gesamten Erfahrungen übersichtlich zusammenfaßt; verglichen mit dem in chemisch-technischer Hinsicht Geleisteten macht aber das, was es auf

[1]) S. den Neudruck von Koppys Werk, S. 19ff., 27. Berlin 1919. Irrtümlich steht dort bette rare statt bette rave.

seinen ersten 130 Seiten über den Rübenbau enthält[1]), trotz sichtlicher Gewissenhaftigkeit und Ausführlichkeit immerhin nur einen recht dürftigen Eindruck, und soweit die Rübe selbst in Betracht kommt, begnügt sich der Verfasser, die Angaben aus PAYENS „Dictionnaire technologique" zu wiederholen[2]), die selbst wieder auf solche von VILMORIN-ANDRIEUX zurückgehen. Hiernach gibt es 5 Arten der Rübe: Disette [Mangelrübe], d. i. Beta sylvestris [!], ist ganz weiß oder weiß und rotgeringelt; schlesische Rübe ACHARDS, Beta alba, ist weiß und besitzt eine weiße, rosageringelte Abart; Corne de boeuf (Kuhhorn) ist lang von Gestalt und weiß; Beta rubra oder romana (rote oder römische Beta) ist rot, doch gibt es auch längliche und rundliche Abarten von gelber oder roter und gelber Farbe; Beta lutea (gelbe Beta) ist gelb oder in manchen Abarten gelblich, gelb mit weißem oder rotem Fleisch usf. Zu Zwecken der Fabrikation wird in erster Linie die schlesische Beta alba empfohlen, indessen halten viele auch die gelbe Rübe (die von Castelnaudary) für sehr geeignet. — Vorstehende wenige Hinweise müssen an dieser Stelle genügen, zumal DUBRUNFAUTS Werk dem Datum nach die Zeitgrenze schon weit überschreitet, die der vorliegenden Schrift gesetzt ist.

---

148. Aus Österreich, besonders aus der Hauptstätte seines landwirtschaftlichen Großbetriebes, dem Kronlande Böhmen, liegen über den Rübenbau, wie NEUMANNS schon weiter oben erwähntes, höchst verdienstliches Werk bezeugt, für die Zeit von 1800—1810 fast keine verläßlichen Nachrichten vor und für die von 1810—1815 nur sehr spärliche[3]). Versuche in Königsaal bei Prag, die seit einem Besuche ACHARDS daselbst (1795?) fortgedauert haben sollen, führten zu keinem entscheidenden Ergebnisse[4]), und auch an manchen anderen Stellen traten zunächst nur Fehlschläge zutage[5]). Bessere Ergebnisse scheint zuerst der Domänenverwalter FISCHER in Ziak (oder Zak) erzielt zu haben, und zwar seit ihm 1809 ACHARDS neuerschienenes Hauptwerk bekannt wurde[6]); wesentlich (wenn auch nicht durchweg) dessen Vorschriften folgend, baute er die „Burgunderrübe" an, und zwar die weiße oder gelbe mit weißem Fleisch sowie die rote mit weißem oder

[1]) S. 8ff. Paris 1825. Vgl. auch DUBRUNFAUT: Traité de l'art de la Distillation Bd. 1, S. 88. Paris 1824.

[2]) S. 8. Paris 1825. Zum Teil noch abgedruckt in PAYEN: Traité de la fabrication et du raffinage des sucres. Paris 1832.

[3]) NEUMANN: a. a. O. S. 14, 20ff. [4]) Ebd. S. 11, 12.

[5]) Einiges über die Ursachen verzeichnen: HERMBSTÄDT: Bülletin des Neuesten Bd. 7, S. 193. Berlin 1811; BALLING: Geschichte und Statistik der böhmischen Rübenzuckerfabrikation. Centralblatt für die gesamte Landeskultur. Prag 1853; POKORNY: Ö. Bd. 39, S. 60, 75.

[6]) NEUMANN: a. a. O. S. 14.

rotgeringeltem Fleisch, und bestätigte, daß die weiße, mehr rundliche Sorte die beste und geeignetste sei, da sie den süßesten und reinsten Saft, dabei aber die wenigsten Fremd- und Farbstoffe führe[1]). Von dieser weißen Rübe züchtete er auch selbst den für seine Wirtschaften erforderlichen Samen und legte großen Wert auf dessen gründliche Reinigung und sorgfältige Aufbewahrung. Seine Erfolge in der Landwirtschaft, die er auch durch verschiedene selbsterfundene Anbaugeräte bereicherte, sowie in der Fabrikation, erregten so allgemeine Aufmerksamkeit, daß ihn Kaiser Franz II. schon 1811 durch Verleihung einer goldenen Verdienstmedaille auszeichnete[2]). Im Jahre 1809/10 soll sich der Einstandspreis von 1 dz Rüben bei ihm auf 1 fl. bis 1 fl. 3 Kr. ö. W. gestellt haben[3]), doch sind diese, wie alle die sonstigen Angaben über Preise, Erträge, Unkosten usf. nur mit großer Vorsicht aufzunehmen, weil der Wert des Geldes während der damaligen Zeit der Inflation (die zum Staatsbankerott führte) fortwährenden starken Schwankungen unterlag und eine wirklich zutreffende Umrechnung der sog. „Bancozettel" in österreichische Währung unmöglich ist[4]). — Die Prager „Patriotisch-ökonomische Gesellschaft" sandte 1812 eine Abordnung nach Cunern, um die Fortschritte und verbesserten Arbeitsweisen Achards in seiner (nach dem Brande von 1810 wieder aufgebauten) Versuchsfabrik an der Quelle zu studieren; der sehr interessante, von Prof. Schmidt erstattete Reisebericht[5]) enthält aber fast nur technische Angaben und auch diese konnten kaum mehr nach Erwarten ausgenützt werden, da sich nach 1813, wie in Deutschland so in Böhmen, die Rübenzuckererzeugung nicht weiter aufrechterhalten ließ; binnen etwa 2 Jahren waren bereits so gut wie sämtliche Fabriken von der Bildfläche verschwunden, und 1820/21 stellte auch die letzte, Liboch bei Melnik a. d. E., ihren noch mühsam erhaltenen Kleinbetrieb dauernd ein[6]). Nicht alle Freunde der Zuckerfabrikation hatten übrigens ihr Vertrauen auf eine bessere Zukunft gänzlich verloren; so z. B. spricht 1817 ein patriotischer Landwirt P. in seiner „Praktischen Anleitung zum zweckmäßigen Anbau der Runkelrübe" die feste Überzeugung aus, „die Runkelrübe oder Kuhrübe, von vielen auch wirklich schon Zuckerrübe geheißen", sei „nur eingewiegelt, aber nicht begraben"[7]), wenn sie auch vorerst „mit ihren Arten und Afterarten, die sich den Umständen nach vervielfältigen . . . und unendliche sind"[8]), nur als Viehfutter Anwendung finden könne.

---

[1]) Ebd. S. 29ff. [2]) Ebd. S. 23. [3]) Ebd. S. 22.
[4]) Ebd. S. 42. [5]) Ebd. S. 55ff. [6]) Ebd. S. 78.
[7]) S. 9, 39. Wien u. Pest 1817. „Eingewiegelt" im Wiener Dialekt das Gegenteil von „aufgewiegelt".
[8]) Ebd. S. 11.

149. Daß England, dessen Handelsmonopol von der Zuckerrübe bedroht wurde, ihr nicht freundlich gegenüberstand, erscheint begreiflich, und demgemäß schenkten ihr auch seine Gelehrten wenig Aufmerksamkeit; THOMSON z. B. erwähnt in seinem „System der Chemie“ den Rübenzucker nur ganz nebenbei[1]), und nach DAVYS „Agriculturchemie“ soll er dem Traubenzucker gleichen und von bitterlichem Geschmacke sein[2]). Aus England ließ 1809 der Gouverneur BEATSON die weiße Runkelrübe, die er als Futterpflanze hatte rühmen hören, nach der Insel St. Helena kommen und beobachtete unter den dortigen klimatischen Verhältnissen eine fast unglaubliche Entwicklung der Blätter und Wurzeln und einen unerhörten Massenertrag; Exemplare von 37—40 Pfund Gewicht waren häufig, und eine Rübe, die 16 Monate stehengeblieben war, besaß einen oberen Umfang von 37 Zoll, hatte 20 aufrechte, holzartige, 2—3 Zoll dicke „Zweige“ getrieben und wog samt den Nebenwurzeln und Blättern 115 und ohne diese 63 Pfund[3]).

150. Der Vollständigkeit halber sei hier noch angegeben, daß in Nordamerika schon FRANKLIN den Anbau der Rüben warm empfahl, da sie eine billige, gute und bekömmliche Volksnahrung abgäben[4]); bald nach 1830 sollen VAUGHAN und DONALDSON die Zuckerrübe in die östlichen Staaten eingeführt, und einige Jahre darauf auch die ersten Versuche zur Rübenzuckerfabrikation gemacht haben, jedoch ohne genügenden Erfolg, der erst etwa ein halbes Jahrhundert später ihren Nachfolgern in Kalifornien beschieden blieb[5]). In Südamerika, war, wie SCHERZER im Berichte der österreichischen Novaraexpedition (1858) erwähnt, die Zuckerrübe erst gegen 1850 bekannt geworden, und zwar in Chile[6]).

Zehnter Abschnitt.

Abstammung und Herkunft der Rübe.

151. Zu verschiedenen Malen tauchten bereits in den vorhergehenden Abschnitten die Fragen nach Art, Einheitlichkeit und Heimat der Runkelrübe auf, konnten jedoch dort nur kurz gestreift werden, da andernfalls störende Unterbrechungen im Fortgange der Darstellung unvermeidlich geworden wären. Wenn nunmehr zum Versuche ge-

[1]) Üb. WOLFF, Bd. 4, S. 18. Berlin 1806. [2]) LÉGIER: a. a. O. S. 590.

[3]) HERMBSTÄDT: Museum Bd. 3, S. 374. Berlin 1814. — NEWBY: Remarks on Mangelwurzel, 3. Aufl. S. 6. Dublin 1815. Der Verf. bezeichnet dort diese Wurzel als eine deutsche Entdeckung der neueren Zeit.

[4]) LEUCHS: 10 000 Erfindungen Bd. 1, S. 375. Nürnberg 1870.

[5]) HAVEMEYER: A short story of sugar, S. 8, 39. Chicago 1923.

[6]) Reise der Fregatte „Novara“ Bd. 2, S. 473. Wien 1878.

schritten werden soll, sie im Zusammenhange zu erörtern, so ist vorauszuschicken, daß hierbei nur auf die Betrachtung ihrer Geschichte ausgegangen werden kann, nicht aber auf ihre endgültige Lösung; an eine solche ist vorerst noch gar nicht zu denken, um so mehr, als Probleme der Stammesentwicklung, der Vererblichkeit, der Einflüsse der Umwelt usf. in Betracht kommen, die zu den schwierigsten und umstrittensten der Wissenschaft gehören und von deren zureichender Erkenntnis diese heute noch weit entfernt ist.

152. Die Tatsache, daß alle älteren Einteilungen der Rübe in verschiedene Arten und Unterarten durchaus unsicher, ja willkürlich seien, scheint mit völliger Klarheit zuerst BECKMANN erkannt zu haben, der nicht nur ein Technologe und Sprachkundiger von seltenster Vielseitigkeit war, sondern als Schüler LINNÉS auch ein vortrefflicher Botaniker. Schon in den „Grundsätzen der deutschen Landwirtschaft", die zuerst 1769 erschienen, stellt er fest, auf wie unzureichenden Grundlagen die Klassifikation der vielerlei „Rüben" beruhe, die doch wohl „vornehmlich durch die Verschiedenheit der Böden entstanden sind"[1]), die er also, um den derzeit üblichen Ausdruck zu gebrauchen, hauptsächlich als „Standortsvarietäten" ansieht. Noch deutlicher und mit wahrhaft klassischen Worten äußert er 1805 seine Meinung an einer Stelle, an der man sie freilich so leicht nicht suchen dürfte, nämlich in den „Beiträgen zur Geschichte der Erfindungen"[2]): „Die Verteilung der kultivierten Pflanzen in Arten und Unterarten bleibt eine mißliche und unzuverlässige Unternehmung; ... Stammbäume ohne Beweise sind in der Naturkunde nicht mehr wert als bei Erbschaften und Adelsproben; ... wo bleiben aber die Beweise, daß verschiedene Pflanzen einer Gattung Arten sind, andere aber nur Abarten[3])?" Er bespricht die angedeuteten Schwierigkeiten unter Hinweis auf die Geschichte der Blitum- und Brassica-Arten bei den Alten[4]): es bleibt z. B. „unbestimmlich", ob Blitum unsere Melde war oder eine andere und welche Art der eßbaren Chenopodien[5]). Die *γογγυλίς* (Gongylís) oder rapa, d. i. Brassica rapa, kann keinesfalls die „Kohlrübe über der Erde" gewesen sein (= Kohlrabi), die erst bei den Botanikern des 16. Jahrhunderts auftritt, aber auch nicht die „Kohlrübe unter der Erde" (= Steckrübe), die noch 1620 bei BAUHIN als Napobrassica etwas Neues ist und in Deutschland allgemein erst 1764 bekannt wurde, als böhmische Glashändler sie unter dem Namen „Dorsen" oder „Dorschen" weithin verbreiteten[6]). Die *βουνιάς* (Buniás) oder napus, d. i. Brassica napus, früher Steckrübe, jetzt Rübsen genannt, diente bei den Alten nur als Speise (denn Öl hatten sie genügend von besserer Beschaffen-

[1]) Göttingen 1790; 4. Aufl. S. 211. [2]) Bd. 5, S. 107. Leipzig 1805.
[3]) Ebd. S. 123, 125, 126. [4]) Ebd. S. 111, 118, 122. [5]) Ebd. S. 117.
[6]) Ebd. S. 127, 128.

heit), wird aber von PLINIUS mit raphanus verwechselt und von GALENOS mit rapa, — wofür man die Erklärung angibt, daß die Spielarten sich damals noch näherstanden, daher vielleicht auch wirklich noch fähig waren, wechselseitig ineinander überzugehen[1]). Aus derlei Unterlagen auf Wesen und Zahl der Arten zu schließen, ist also ganz aussichtslos, und ebensowenig beweisen die verschiedenen Namen und Beinamen; in dieser Hinsicht erinnere man sich, daß [um 1530] der Spinat bei BOCK „Olus hispanicum" heißt (= spanischer Kohl), und bei RUELLE „Atriplex hispanicum" (= spanische Melde), was weder für seine botanische Natur maßgebend ist noch (an sich) für seine Herkunft, „da man zu jener Zeit alles, was ausländisch und neu war, spanisch hieß"[2]).

153. Wenngleich BECKMANN dies nicht ausdrücklich anmerkt, so kann doch der Tadel, den er über die Urheber der unsicheren und unzureichenden Einteilungen ausspricht, nur jene Nachfolger LINNÉS betreffen, die dessen spätere Lehre vom einheitlichen Charakter der Beta abwiesen und sich weiter an seine älteren, allerdings wenig begründeten Angaben hielten (s. hierüber oben). Indessen erschienen diese nicht nur ihnen richtiger oder einleuchtender, sondern auch der Mehrzahl ihrer Nachfolger, und so kommt es, daß zahlreiche Arbeiten aus dem ganzen 19. Jahrhundert einerseits zwar eine Fülle treffender Beobachtungen und Beschreibungen aufweisen, andererseits aber mancherlei kaum begreifliche, ja rein willkürliche Aufstellungen von Arten. Auf Grund der Abhandlungen von PROSKOWETZ, dessen umfassende und inhaltreiche Studien schon am Eingange der vorliegenden Schrift gewürdigt wurden, läßt sich zum Nachweise dieser Behauptung folgende Liste einschlägiger Werke zusammenstellen[3]):

1798: DESFONTAINES: Flora atlantica Bd. 1, S. 215. Paris 1789.
1813: KITAIBL und WALDSTEIN: Descriptiones et icones plantarum rariorum Hungariae Bd. 1, S. 34. Wien 1813.
1813: HORNEMANN: Hortus regius botanicus Hafniensis, S. 163. Kopenhagen 1813.
1819: MARSCHALL v. BIEBERSTEIN: Flora taurico-caucasica Bd. 1, S. 192. Charkow und Leipzig 1819.
1831: K. A. MEYER: Verzeichnis im Kaukasus gesammelter Pflanzen, S. 161. Petersburg und Leipzig 1831.
1832: ROXBURGH: Flora indica Bd. 2, S. 59. Serampore und London 1832.
1837: BOISSIER: Voyage botanique dans le midi de l'Espagne Bd. 2, S. 540. Paris 1837.
1838: HOHENACKER: Pflanzen der Provinz Talysch. Bulletin de la société imperiale des Naturalistes. Moskau 1838.
1840: MOQUIN-TANDON: Chenopodearum Monographica Enumeratio, S. 12. Paris 1840[4]).

[1]) Ebd. S. 129ff., 133. [2]) Ebd. S. 117.

[3]) In einigen Punkten ergänzt, nach PRITZEL: Thesaurus Litteraturae Botanicae. Leipzig 1872.

[4]) Gerade dieses Werk, dessen Einfluß Jahrzehnte hindurch vorhielt, ist ein Muster völlig unkritischer und daher unfruchtbarer Systematik.

1843: Koch, W. D.: Synopsis florae germanicae et helveticae, S. 699. Leipzig 1843[1]).
1849: Koch, K.: Beiträge zu einer Flora des Orients. Zeitschr. „Linnaea“ Bd. 26, S. 180. Berlin 1848ff.
1851: Ledebour: Flora rossica Bd. 3, S. 690. Stuttgart 1842/53.
1877: Heldreich: Pflanzen der attischen Ebene. Leipzig 1877.
1879: Boissier: Flora orientalis. Genf 1879.
1886: Radde: Reisen an der persisch-russischen Grenze. Leipzig 1886.
1896: Meyer: Die Insel Tenerife. Leipzig 1896.

154. Aber nicht nur bei den Autoren vorstehender Schriften, sondern auch bei den neuen und neuesten Fachgelehrten zeigt sich ein starkes Auseinandergehen der Meinungen betreffs der Hauptfragen: Sind die verschiedenen heutigen Rüben auf eine, ursprünglich wilde Stammform zurückzuführen oder nicht, und welches Land ist ersteren Falles als deren Heimat anzunehmen? Noch 1884 faßte Decandolle in seinem ausgezeichneten und für die Folgezeit auf lange hinaus maßgebend gebliebenem Buche „Der Ursprung der Kulturpflanzen“ die Ansichten, die ihm als die bestbegründeten erschienen, in nachstehender Weise zusammen[2]): Alle jetzigen Rüben sind Abkömmlinge einer Stammart, der Beta cicla, die wild in den sandigen Böden der Meeresgestade wächst und deren dünne holzige Wurzeln bei Verpflanzung in bessere Böden und sorgsamer Pflege ganz ebenso leicht fleischig und saftreich werden, wie das bei vielen anderen Pflanzen der Fall ist, z .B. bei den Brassica-Arten des gemäßigten und nördlichen Europas und Asiens[3]). Da sich wilde Rüben von den westafrikanischen Inseln an durch das gesamte Mittelmeergebiet hindurch bis nach den Ländern um den Kaspisee, Persien und Mesopotamien vorfinden, nicht aber in Indien, da ferner weder ein gemeinsamer sog. indo-europäischer Name besteht noch ein altindischer oder hebräischer, so dürfte die Kultur der Rübe zuerst in den genannten Gegenden aufgenommen worden sein, und zwar vermutlich nicht früher als im 4.—6. Jahrhundert vor unserer Zeitrechnung. — Daß diese Sätze heute nicht mehr durchweg aufrechterhalten werden können, ergeben bereits jene Darlegungen, die den Inhalt der ersten Abschnitte vorliegender Schrift bildeten; inwieweit sie aber der Abänderung bedürfen, wird am besten aus einer Betrachtung der einschlägigen Hauptpunkte zu ersehen sein.

155. Nach Asien, und zwar nach dem westlichen, verlegte die Heimat der Rübe, auf die Berichte älterer Forscher hin, bereits Engler, der im „Versuch einer Geschichte der Pflanzenwelt“[4]) die Ansicht vertritt, dort sei die Heimat der Chenopodien aller Wahrscheinlichkeit nach zu suchen, wenngleich derzeit die meisten europäischen

[1]) Von diesem Werke gilt in vieler Hinsicht das nämliche.
[2]) S. 73. Leipzig 1884. [3]) Ebd. S. 46ff.
[4]) Bd. 1, S. 200. Berlin 1879/82.

Arten daselbst nicht mehr vorkommen. HOHENACKER fand 1838 die wilde Rübe am südwestlichen Ufer des Kaspisees in der Provinz Talysch weitverbreitet und bis zu Erhebungen von 1300 m ansteigend[1]), und auch K. KOCH berichtet 1849, daß die salzhaltigen Böden dieses Landstriches zahlreiche Chenopodien hervorbringen, deren meiste in der Ebene gedeihen, während einige auch größere Höhen (bis zu 1900 m) aufsuchen[2]); seine Zweifel an dem Vorkommen wilder Rüben nächst dem Kaspisee selbst, dürfen durch die Angaben von BOISSIER (1879)[3]), BUNGE[4]) und RADDE (1886)[5]) als erledigt gelten. Nach letzteren hat die wilde Rübe, Beta vulgaris, die Stammform aller anderen Rüben, ihre Urheimat in den zahlreichen Steppen des kaspischen und des Kaukasus-Gebietes, wo sie in Talysch, Daghestan und nächst Tiflis auch noch in Höhen von 1300—1700 m trefflich gedeiht; von da aus wanderte sie allmählich nach den Küsten des gesamten Mittelmeeres und über diese hinaus bis nach den westafrikanischen Inseln, suchte aber dabei, wo die örtlichen Umstände es gestatteten, ganz wie daheim auch subalpine Standorte auf[6]). Als wichtigste asiatische Verbreitungsbezirke bezeichnen BOISSIER (1837 und 1879)[7]), BUNGE (1891)[8]), PROSKOWETZ (1895)[9]) und DE VRIES (1906)[10]) das westliche Kaspigebiet, Transkaukasien, die Ost- und Südküste des Schwarzen Meeres, Armenien, Kleinasien (in Höhen bis zu 1700 m), Syrien, Mesopotamien, das Becken des Roten Meeres, Persien (Aserbeidschan, Masenderan) und Indien. Betreffs der beiden letzteren bestehen indessen einige Zweifel, zumal im eigentlichen Persien (wie auch in Turkestan) noch neuerer Zeit nur aus Europa eingeführte Rübensorten angebaut werden, einheimische aber anscheinend weder vorhanden sind, noch waren. Für Indien ließen die Angaben ROXBURGHS (1832)[11]) darauf schließen, die Beta bengalensis, d. i. die in Bengalen als „Palung“ bekannte Rübenart, sei dort nur in angebautem Zustande nachweisbar, also vermutlich fremdländischen Ursprungs; nach WATT (1889)[12]) wächst sie jedoch daselbst auch wild, und ihre Namen Palung und Mitha sind zweifellos einheimische. Ihren Typus bezeichnet SCHINDLER als den einer ausgeprägten Zwergform der wilden Beta maritima und sieht als Ursache

[1]) A. a. O. [2]) A. a. O.

[3]) A. a. O. Bei PROSKOWETZ: Ö. Bd. 25, S. 760. 1896.

[4]) Bei SCHINDLER: Botan. Zentralbl. Bd. 15, S. 6. 1891.

[5]) A. a. O. Bei PROSKOWETZ: Ö. Bd. 25, S. 736, 762. 1896.

[6]) Vgl. PROSKOWETZ: Ö. Bd. 25, S. 524, 764. 1896 und Bd. 33, S. 512. 1904.

[7]) A. a. O. Bd. 2, S. 540; a. a. O., wie oben angegeben.

[8]) A. a. O., wie oben. [9]) Ö. Bd. 24, S. 227. 1895.

[10]) Arten und Varietäten, S. 43ff. Berlin 1906.

[11]) A. a. O. Bd. 2, S. 59.

[12]) Dictionary of the economical products of India Bd. 1, S. 448; Bd. 4, S. 628; Bd. 6, S. 330. London 1889ff. Vgl. JORET: a. a. O. Bd. 2, S. 256.

der Verkümmerung den besonders hohen Salzgehalt des Bodens an[1]); PROSKOWETZ vermochte sie im Verlaufe seiner Züchtungsversuche mit unerwarteter, oft sogar mit geradezu erstaunlicher Geschwindigkeit, vielleicht auch unter Mutation, in die Kulturform der jetzigen Zuckerrübe überzuführen[2]). Für das „Indigenat" der Rübe in Indien spricht auch jenes anderer verwandter Chenopodien, z. B. der Melde: schon der arabische Schriftsteller ALBIRUNI, der lange Jahre in Indien lebte, erzählt 1031, daß man an gewissen Festtagen den Brahmanen eine Speise darbringe, die aus „Sarmak" bestehe, welches Wort die arabische Bezeichnung für Atriplex hortensis ist[3]). Endlich erwähnt auch bereits DARWIN die Beobachtung, daß sich in Indien der Samen von einheimischen Rüben erheblich besser entwickle als der von europäischen[4]). — Das Vorkommen wilder Rüben in Malakka und China ist nicht genügend beglaubigt; für das Gebiet Holländisch-Indiens darf es bestimmt als ausgeschlcssen gelten[5]). Wie es mit dem in den Wüstenstrichen des mittleren Australiens steht[6]), bedarf noch der weiteren Untersuchung.

156. In Afrika zeigt sich die wilde Rübe nach BOISSIER (1837) weitverbreitet, sowohl in Ägypten, als längs der ganzen Nordküste, als auf den Inseln des Westens[7]). In Ägypten ist sie, wie ASCHERSON bezeugt[8]), als „Silk" eine ganz gewöhnliche Pflanze und besitzt dort eine dünne, nicht genießbare Wurzel; außer an den Gestaden des Meeres kommt sie auch im Innern des Landes vor, z. B. nächst Kairo[9]). Eine besondere Art der Rübe oder auch mehrere solche Arten soll Algier hervorbringen[10]), doch scheint es hierüber noch an genügend sicheren Feststellungen zu fehlen. Die Beta patula der Insel Madeira, nach PROSKOWETZ der Typus der Rüben-Kriechform, bedeckt bis je 1 qm Bodenfläche mit einem unglaublichen Gewirre hundertfacher Verzweigungen, Verästelungen und Verschlingungen ihrer dünnen Stengel, die lederartige, charakteristisch löffelförmige Blätter tragen[11]). Es wäre möglich, daß sie autochthon ist[12]), nach den Mitteilungen von HENRIQUES in Coimbra[13]) muß es aber für wahrscheinlicher gelten, daß sie

[1]) PROSKOWETZ: Ö. Bd. 25, S. 735. 1896; Bd. 27, S. 497ff. 1898; Bd. 29, S. 489ff., 512. 1900.

[2]) Ö. Bd. 27, S. 497ff. 1898; Bd. 29, S. 489ff. 1900; Bd. 30, S. 394, 397. 1901; Bd. 31, S. 309. 1902.

[3]) India. Engl. Übers. SACHAU, Bd. 2, S. 183. London 1910.

[4]) Das Variieren der Tiere und Pflanzen. Üb. CARUS. Bd. 2, S. 355. Stuttgart 1899.

[5]) VILMORIN, J. DE: L'hérédité chez la betterave cultivée, S. 7, 4. Paris 1923. — BUNGE, bei PROSKOWETZ: Ö. Bd. 24, S. 227. 1895.

[6]) MÜLLER, bei PROSKOWETZ: Ö. Bd .24, S. 272. 1895. [7]) BOISSIER: a. a. O.

[8]) Bei LÖW: Pflanzennamen, S. 424. [9]) VILMORIN: a. a. O. S. 7.

[10]) Ebd. S. 8. [11]) Ö. Bd. 29, S. 495. 1900; Bd. 31, S. 305. 1902.

[12]) Ö. Bd. 30, S. 403. 1901. [13]) Ö. Bd. 25, S. 764. 1896.

als Abart der Beta maritima erst im 15. Jahrhundert bei Entdeckung der Insel aus Portugal eingeführt wurde und seither infolge allmählicher Entwicklung ihre jetzige Gestalt annahm, entweder (nach PROSKOWETZ) unmittelbar durch den Einfluß des ozeanischen Klimas[1]), oder (nach VILMORIN) mittelbar durch eine Auslese, die dieses Klima unter den ursprünglich schon hybriden Formen bewirkte[2]). Bei Versuchen zur Umzüchtung erweist sich Beta patula als besonders beharrlich und widerstandsfähig, läßt sich aber schließlich doch völlig (zum Teil vielleicht unter Mutation) in die Kulturform der Zuckerrübe überführen[3]) und kann daher keinesfalls für eine besondere Art gelten[4]). Nach den Kanarien, insbesondere nach Tenerife, dürfte die Rübe, wie die weitaus meisten Pflanzen, im 15. und 16. Jahrhundert aus Portugal oder Nordafrika gebracht worden sein[5]); die Entwicklung verschiedener Standortsvarietäten oder die Auslese aus (afrikanischen?) Hybriden kommt auch hier in Frage[6]). Die Kapverdischen Inseln empfingen sie, nach GRISEBACH, von den Kanarien aus[7]).

157. Nach Europa verlegten das Vaterland der Rübe eine Anzahl älterer Forscher und in neuerer Zeit u. a. HEHN[8]) und HÖCK[9]), ohne jedoch betreff der in Betracht zu ziehenden Gegenden übereinzustimmen. Einige dachten an den Norden, denn wilde Rüben wachsen nach GRISEBACH[10]), dessen Angaben aber PROSKOWETZ im vorliegenden Falle in einigen Zweifel zieht[11]), in Norwegen, Lappland, Finnland und Karelien, nach KRÜGER im südlichen Schweden[12]), nach W. D. KOCH am Nordseestrande[13]), nach HELDREICH in den sumpfigen Meeresniederungen (nicht aber in den Dünen) Schleswigs[14]), nach BOISSIER (1837) und KLEMM an den Küsten Hollands, Englands und Irlands[15]), nach BOISSIER (1837)[16]), SAILLARD[17]) und VILMORIN[18]) an der ganzen atlantischen Küste Frankreichs usf. Andere hingegen, z. B. HÖCK[19]),

[1]) Ö. Bd. 29, S. 492, 495ff. 1900. [2]) VILMORIN: a. a. O. S. 11.

[3]) PROSKOWETZ: Ö. Bd. 30, S. 401. 1901; Bd. 31, S. 307. 1902.

[4]) Ebd. Bd. 31, S. 308. 1902; Bd. 32, S. 362. 1903.

[5]) HENRIQUES: a. a. O.; MEYER: a. a. O. und bei PROSKOWETZ: Ö. Bd. 25, S. 743. 1896.

[6]) VILMORIN: a. a. O. S. 11.

[7]) Vegetation der Erde Bd. 2, S. 589. Leipzig 1884.

[8]) A. a. O. S. 458. 1877.

[9]) Ursprung und Verbreitung der Nutzpflanzen, S. 54. Leipzig 1900.

[10]) A. a. O.; vgl. PROSKOWETZ: Ö. Bd. 24, S. 227. 1895.

[11]) Ö. Bd. 39, S. 637. 1910.

[12]) Blätter für Zuckerrübenbau, S. 58. 1922. [13]) A. a. O. S. 699.

[14]) A. a. O.; PROSKOWETZ: Ö. Bd. 25, S. 743ff. 1896.

[15]) Allgemeine Kulturwissenschaft, S. 197. Leipzig 1855.

[16]) A. a. O.

[17]) Journal des fabricants de sucre Nr. 8. 1922.

[18]) A. a. O. S. 14ff. [19]) A. a. O.

Blomeyer-Settegast[1]), Proskowetz[2]), Colin und Baudry[3]), zogen den Süden in Betracht; sie verwiesen darauf, daß die Rüben daselbst noch jetzt zumeist die nur dünneren Wurzeln jener Stammpflanzen besitzen, die im Altertum und bis tief in das Mittelalter hinein bloß ihrer Blätter und Stengel wegen als Gartengewächse, nicht aber feldmäßig angebaut wurden[4]); ferner machten sie geltend, daß die der Zuckerrübe noch heute eigene Kälteempfindlichkeit, die sich u. a. im sog. Aufschießen bei ungünstigem Frühjahrswetter äußert, in hohem Grade zugunsten eines südlichen Stammsitzes spreche. Zwar trifft, wie Dupont und Riffard feststellten[5]), diese Kälteempfindlichkeit gerade für südliche Rüben nicht allgemein zu, und es besteht auch keine unbedingte Notwendigkeit, die Heimat der Rübe ausschließlich nach Norden oder nach Süden zu verlegen; immerhin sind aber die angeführten Gründe sehr beachtenswert, und für den Süden fiele namentlich noch das dort so allgemeine und reichliche Auftreten der wilden Rübe ins Gewicht. Zur Zone ihrer Verbreitung zählen: 1. Portugal, an dessen Meeres- und Flußniederungen erhebliche Mengen, angeblich in verschiedenen Arten, vorkommen[6]). — 2. Spanien. Nach Willkomm[7]) ist die wilde Rübe nicht nur an sämtlichen Küsten zu finden, sondern auch im Innern (selbst bei Madrid); in Catalonien heißt sie „Bleda boscana“ (= buschige Melde), in Castilien „Acelga savalge“ (= wilde Rübe), und es wird behauptet, daß sie 2—3, nach Bunge sogar 4 Abarten aufweise[8]). — 3. Das südliche Frankreich, sowohl die Mittelmeerküste als die Täler der Garonne und ihrer Nebenflüsse[9]). — 4. Italien. Am besten untersucht ist, dank den langjährigen hervorragenden Arbeiten Muneratis (s. unten), die nordöstliche Küste nebst der Po-Ebene; im Sandboden des Waldes von Sassano fand Trotter, noch 60 km von der Küste entfernt und in 350 m Höhe, wilde Rüben[10]). Falls der ausgezeichnete Botaniker Anguillara (um 1550), wie Langkavel[11]) und Bunge angeben, in Italien wirklich nur eine Chenopodiacee als wild (und auch als kultiviert) erwähnt, nämlich die Gartenmelde, so wäre dies keinesfalls ein Beweis gegen das Vorhanden-

[1]) Kultur der landwirtschaftlichen Nutzpflanzen Bd. 2, S. 83. Leipzig 1891.

[2]) Ö. Bd. 39, S. 635. 1910.

[3]) Bulletin de l'Association des Chimistes Bd. 38, S. 61, 71. 1910.

[4]) Vgl. Hehn, S. 572. 1911.

[5]) Sucrerie indigène et coloniale 1907, S. 351; 1908, S. 395.

[6]) Henriques: a. a. O. — Bunge: a. a. O.

[7]) Strand- und Steppengebiete der iberischen Halbinsel. Leipzig 1852. — Prodromus florae hispanicae. Stuttgart 1861 ff.

[8]) Proskowetz: Ö. Bd. 24, S. 271. 1895.

[9]) Flahault bei Schindler: a. a. O. — Dupont und Riffart: a. a. O.

[10]) Ö. Bd. 40, S. 953. 1911. — Circulaire hebdomadaire du Comité central 1923, Nr. 1799.

[11]) A. a. O. S. 22.

sein wilder Rüben im 16. Jahrhundert, da sein Werk, die „Semplici"[1]), nur aus bruchstückweisen Niederschriften von fremder Hand besteht. — 5. Die Balkanländer, einschließlich Rumäniens[2]) und Griechenlands[3]); nach LANGKAVEL und BUNGE[4]) sind hier auch die wilde und die Gartenmelde (Atriplex hortensis) sehr verbreitet, letztere unter dem Namen Atrapsi oder Chrisolacano [d. i. das altgriechische *χρυσολάχανον*]. Reich an wilden Rüben ist die Nordostküste der Adria, besonders in Istrien, im Quarnero, in Abbazia und in den vorgelagerten Inseln[5]). — 6. Die Inseln des westlichen und östlichen Mittelmeeres, u. a. auch die jonischen, Malta und Cypern[6]).

158. Angesichts dieses so ausgedehnten Vorkommens der Beta maritima, namentlich an den seit uralter Zeit besiedelten und kultivierten Küsten des Mittelmeeres, vermuteten bereits WOENIG (1886)[7]), KERNER (1888)[8]), BUSCHAN (1895)[9]) und SEIDEL (1908)[10]), daß die wilde Stammform der Rübe schon zu weit früheren Zeiten, als DE CANDOLLE annahm, in verschiedenen Landstrichen (wahrscheinlich solchen des Mittelmeeres) umgepflanzt, gepflegt und veredelt worden sei; dürfe man aus den zum Teil selbständigen und nicht weiter erklärbaren Namen schließen, so möchte dies anfänglich auch gleichzeitig seitens mehrerer Völker geschehen sein, zunächst also ohne gegenseitige Entlehnung. Insoweit diese Voraussetzungen zutreffen sollten, stehen sie übrigens der Möglichkeit nicht entgegen, daß in einer späteren Periode gewisse, schon gefestigte Kulturformen der Rübe von ganz bestimmten Einzelpunkten her ihren Ausgang nahmen, so z. B., wie in den ersten Abschnitten vorliegender Schrift gezeigt wurde, die als Silk bekannte wohl schon im 2. Jahrtausend v. Chr. von Sizilien aus. — Die Tatsache, daß die wilde Rübe als Kontinentalpflanze immerhin nur „ruderal" auftritt, d. h. als Rest oder Rückstand einer Flora, an den Seeküsten aber sehr verbreitet und allgemein, legt nach PROSKOWETZ den Schluß nahe, daß ihre Kultur doch nächst diesen ihren Ursprung genommen habe[11]), und die Gestade des Mittelmeeres bleiben dann, auch aus anderen als rein botanischen Gründen, ganz vorzugsweise in Betracht zu ziehen. Jedenfalls gehört, BUNGE zufolge, die Beta, wie der ganze Stamm der Cheno-

---

1) Venedig 1561. 2) DE VRIES: a. a. O. S. 43ff.

3) BOISSIER: a. a. O. Bd. 2, S. 540. 1837. 4) A. a. O.

5) FREYN: Flora von Südistrien. Wien 1877. — PROSKOWETZ: Ö. Bd. 24, S. 227. 1895.

6) BOISSIER: a. a. O. 1879. — BUNGE, bei SCHINDLER: a. a. O. — MUNERATI: a. a. O.

7) A. a. O. S. 217. 8) Pflanzenleben Bd. 1, S. 68. Leipzig 1888.

9) A. a. O. S. 244.

10) In MECHITHAR: Trost in Fiebern, S. 193. Leipzig 1908.

11) Ö. Bd. 33, S. 512. 1904.

podien, zu jenen entwicklungsgeschichtlich verhältnismäßig spät auftretenden Ordnungen der Pflanzenwelt, die sich zu höheren Formen erst ausbildeten, als ihnen in trocken gewordenen, salzhaltigen Meeresbecken weite geeignete Standorte geboten wurden[1]). „Die Mehrzahl der von uns als Gemüse benützten Pflanzenarten," — so sagt KERNER[2]) — „besonders Rüben, Kohl und Kresse, sind eigentlich aus Salzpflanzen, Halophyten, gezüchtet, und daher kommt es auch, daß sie einen an aufgeschlossenen Alkalien reichen Boden verlangen." Demgemäß stellt nach PROSKOWETZ die „wildeste" Form der Rübe auch am reinsten die spezifische „Alkalipflanze" dar und vermag noch aus erheblich konzentrierten Salzlösungen ihr Nahrungs- und Wasserbedürfnis zu decken[3]); hierbei drücken, wie in allen dergleichen Fällen, die Salzlösungen die Transpiration stark herab, bewirken Verkleinerung und Verdickung der Blattflächen usf., und bedingen auf diese Weise den ganzen so charakteristischen äußeren Habitus der Halophyten[4]). Eine Erscheinung, in der die ursprüngliche Natur der Beta als Strandpflanze noch jetzt besonders auffällig zutage tritt, ist ihre Fähigkeit, relativ große Mengen der seltenen Haloide des Meerwassers zu absorbieren und aufzuspeichern, nach GUARESCHI des Broms[5]) und nach STOKLASA des Jods[6]); dieses wird von den Wurzeln aufgenommen, in den Blättern angehäuft und soll eine deutliche Reizwirkung auf die Entwicklung der Rübe ausüben.

159. Der Zuckergehalt der wilden Rübe ist ganz außerordentlich wechselnd, doch sind die Bestimmungen selbstverständlich nur dann maßgebend, wenn man sie vor Eintritt des Samentriebes ausführt, da bei diesem die angehäuften Reservestoffe größtenteils verbraucht werden. Es fanden z. B. PROSKOWETZ für die Beta maritima der östlichen Adria von 0,3—15, ja bis 18%[7]), MUNERATI für die der westlichen 10—14, aber auch bis 20%[8]), SAILLARD für die aus der Bretagne 13,8—19,6, im Mittel 15,95%[9]), BAUDRY und COLIN für die aus dem Garonnegebiete 9—14%[10]), VILMORIN für verschiedene französische Sorten 13—14,6%[11]), und KRÜGER für eine nicht näher bezeichnete

[1]) BUNGE, bei PROSKOWETZ: Ö. Bd. 24, S. 274. 1895. [2]) A. a. O.

[3]) Ö. Bd. 31, S. 312. 1902; Bd. 39, S. 635. 1910.

[4]) SCHINDLER: a. a. O.

[5]) Zeitschr. f. analyt. Chem. Bd. 52, S. 538.

[6]) Journ. fabr. de sucre 1924, Nr. 6. Chemiker-Zeit. Bd. 48, S. 950. 1924. Das Vorkommen von Jod in der Rübe erwähnten schon GÖBEL (Agrikulturchemie, S. 71. Leipzig 1858), BAUMANN (Chemiker-Zeit. Bd. 20, Ref. 194. 1896), BOURCET (Chem. Zentralbl. 1900, S. 44; 1901, S. 6, 138) und WINTERSTEIN (ebd. 1919, S. 861).

[7]) Ö. Bd. 21, S. 239, 887. 1892; Bd. 27, S. 508, 502. 1898; Bd. 33, S. 512. 1904.

[8]) Ö. Bd. 40, S. 953. 1911; bei VILMORIN: a. a. O. S. 13.

[9]) A. a. O. [10]) Bull. Ass. Chim. Bd. 38, S. 71. 1920.

[11]) A. a. O. S. 13.

Art bis 20%[1]). Da also manche Exemplare der Beta maritima den nämlichen Gehalt aufweisen wie sehr gute Zuckerrüben, kann es nicht wundernehmen, daß nach PROSKOWETZ[2]) und MUNERATI[3]) deren kultivierte Nachzucht sich jenen alsbald, ja oft sofort, als gleichwertig erweist und selbst zur „Blutauffrischung" brauchbar ist; auch die Gewichte, die z. B. SAILLARD zwischen 11—56 g schwankend fand, erhöhen sich hierbei rasch auf 95—550, ja 790—2000 g[4]). Der Gehalt an Invertzucker beträgt zwar zuweilen 0,4—0,7%, gewöhnlich aber nur 0,10—0,15%[5]) und ist oft auch gar nicht mehr mit Sicherheit bestimmbar[6]); er bewegt sich also etwa innerhalb der nämlichen Grenzen wie jener der Zuckerrübe und erreicht niemals auch nur annähernd den der Futterrübe, der sich unter Umständen auf 1—2, ja selbst auf 3% belaufen kann und meist mit einem solchen an entsprechenden Mengen Invertin verbunden zu sein scheint[7]).

160. Die Farbe der Beta maritima fanden FLAHAULT, SAILLARD und VILMORIN für die wilden Rüben der atlantischen und der Mittelmeerküste Frankreichs immer nur weiß[8]), desgleichen MUNERATI und seine Mitarbeiter für die westliche Adria[9]); auch eine bloße gelbliche oder rosige Pigmentierung zeigte sich nach VILMORIN recht selten und stets nur in kaum merklichem Grade[10]), während bei der Nachkultur allerdings zuweilen Individuen mit mehr oder weniger rosavioletten Stengeln und Stielen zutage traten[11]). Unter den wilden Rüben der östlichen Adria kommen hingegen nach PROSKOWETZ außer den weißen auch gelbliche und rötliche vor, zuweilen selbst rein gelbe (curcumagelbe) und rote[12]); diese mit VILMORIN[13]) von vornherein als Hybriden anzusehen, d. h. als Produkte einer zufälligen Kreuzung wilder Rüben mit gelben oder roten Kulturrüben, liegt keine Veranlassung vor, um so mehr, als in jüngster Zeit MUNERATI und VILMORIN ermittelten, daß auch Portugal, Malta und das Inselchen Gabinière rote und gelbe wilde Rüben hervorbringen[14]). DUCELLIERS Beta macrocarpa aus Algier zeigt ebenfalls gelbe oder rote Wurzeln und Stiele, und dieser Forscher

---

[1]) Blätter für Zuckerrübenbau Bd. 29, S. 58. 1922.

[2]) Ö. Bd. 24, S. 227. 1895.

[3]) Ö. Bd. 42, S. 1014. 1913. — Blätter f. Zuckerrübenbau Bd. 20, S. 241. 1913. — Chemiker-Zeit. Bd. 37, Ref. 638. 1913. — Circ. hebdom. 1923, Nr. 1799.

[4]) PROSKOWETZ: Ö. Bd. 27, S. 502, 508. 1898. — MUNERATI: a. a. O.

[5]) MUNERATI: Ö. Bd. 40, S. 953. 1911. — Circ. hebdom. a. a. O.

[6]) VILMORIN: a. a. O. S. 111. — COLIN: Bull. Ass. Chim. Bd. 42, S. 13. 1924.

[7]) VILMORIN: a. a. O. S. 110. — MUNERATI: Circ. hebdom. 1923, Nr. 1799.

[8]) VILMORIN: a. a. O. S. 92.

[9]) Ö. Bd. 42, S. 1014. 1913. — VILMORIN: a. a. O. S. 91.

[10]) Ebd. S. 14ff. [11]) Ebd. S. 93.

[12]) Ö. Bd. 24, S. 227. 1895; Bd. 39, S. 633ff. 1910.

[13]) VILMORIN: a. a. O. S. 92.

[14]) VILMORIN: a. a. O. S. 92. — Circ. hebdom., a. a. O.

vermutet sogar, daß aus ihr durch Kreuzung mit Beta maritima die farbigen Speiserüben hervorgegangen seien[1]); am besten „fixiert" hat sich nach ihm die rote Farbe, weit weniger die gelbe, doch besitzt oft auch die nämliche Wurzel verschieden gefärbte Zonen oder bei einheitlichem (auch weißem) Fleisch verschieden gefärbte Rinde[2]). Alle diese Verhältnisse erweisen sich demnach als noch sehr undurchsichtig und selbst mittels der neueren Vererbungstheorien keineswegs in einfacher Weise erklärbar[3]). Von hoher Bedeutung für die Zusammenhänge der Eigenschaften ist die Tatsache, daß PROSKOWETZ auch bei der Umzüchtung der weißen indischen Wildrübe des öfteren rötliche, ja intensiv rote Exemplare erhielt[4]), und bei jener der atlantischen Beta patula die Rotfärbung auftreten, später zum Teil schwinden, und schließlich oft wieder auftreten sah[5]). Rote Rüben als Abkömmlinge gelber erwähnt FRUHWIRT[6]), rote als Kreuzungsprodukte weißer und gelber, sowie weiße und rosa (neben gelben und roten) als solche gelber und roter KAJANUS[7]). Die ältere Ansicht ANDRLIKS[8]) und die MUNERATIS[9]), daß farbige Rüben aus weißen ausschließlich durch Degeneration oder durch Fremdbefruchtung hervorgehen, lassen sich jedenfalls die erstere gar nicht mehr, die letztere nicht unbeschränkt aufrechterhalten.

161. Über die Lebensdauer der Rübe wird noch jetzt sehr allgemein angenommen, die wilde sei eine einjährige, die kultivierte aber eine zweijährige Pflanze, so daß man das sog. Aufschießen der Zuckerrüben im ersten Jahre als Rückschlagserscheinung anzusehen habe. Diese Voraussetzungen sind indessen in solcher Fassung völlig irrtümlich, und die Verhältnisse liegen in Wirklichkeit weitaus verwickelter. Über die wilde Rübe Südfrankreichs berichteten bereits FLAHAULT (1890) sowie DUPONT und RIFFARD (1907)[10]), und über die der Küsten des Mittel- und des Roten Meeres sowie des kaspischen und transkaukasischen Gebietes RADDE und BUNGE[11]), daß sie niemals ein-, sondern stets zweijährig oder ausdauernd seien. Aus Samen, die FLAHAULT gesandt hatte, erhielten indes SCHINDLER (an der Ostsee) und PROSKOWETZ (in Mähren) in erster Generation allein einjährige

---

[1]) VILMORIN: a. a. O. S. 22, 92, 94. [2]) Ebd. S. 97.

[3]) Ebd. S. 94ff. — LINDHARD und KARSTEN: Zeitschr. f. Pflanzenzüchtung 1919, S. 1.

[4]) Ö. Bd. 30, S. 394, 397. 1901; Bd. 21, S. 306. 1902.

[5]) Ö. Bd. 31, S. 317. 1902.

[6]) Züchtuug der landwirtschaftlichen Kulturpflanzen. Berlin 1918. — VILMORIN: a. a. O. S. 80.

[7]) Zeitschr. f. Abstammungslehre Bd. 6, S. 137. 1911. — VILMORIN: a. a. O. S. 81.

[8]) Zeitschr. f. Zuckerind. in Böhmen Bd. 33, S. 409. 1909.

[9]) Dtsch. Zuckerind. 1921, S. 107.

[10]) A. a. O. [11]) Bei SCHINDLER: a. a. O.

und erst in zweiter zum Teil zweijährige Rüben, desgleichen ergab derlei Samen, den MUNERATI sorgfältig und unter reichlicher Düngung anbaute, erst in wärmerer Zeit (Ende Mai) aussäte, oder auch nachts mit künstlichem Lichte bestrahlte, rasch und in zunehmendem Maße einjährige Rüben[1]); die veränderten äußeren Verhältnisse zeigen also tiefgreifende Einwirkung. Die Wildrüben der östlichen Adria fand PROSKOWETZ bald ein-, bald zwei-, bald mehrjährig (ausdauernd, perennierend), und zwar, je nach der herrschenden Witterung, auch am nämlichen Standorte; die einen „durchliefen in wenigen Wochen den ganzen Kreis des Lebens", die andern wurden mehrere Jahre alt[2]) und trugen dabei jährlich Samen[3]), — was DUPONT und RIFFARD auch im Garonnetal beobachteten[4]). Die Wildrüben der westlichen Adria sind hingegen nach MUNERATI vorwiegend einjährig, manchmal aber auch zwei-, und nicht selten drei- bis vier-, sechs- bis sieben-, ja auch bis zehnjährig[5]) und tragen daher meist im ersten Jahre Samen, zuweilen erst im zweiten oder dritten, und dann, falls sie weiter ausdauern, alljährlich[6]). Der Samen keimt nur langsam und ergibt meist wieder einjährige Rüben, zum Teil aber auch zweijährige, und diese besonders oft (jedoch nicht immer), wenn sich die Keimung aus irgendwelchen Gründen stark verzögert; die Zweijährigkeit vererbt sich bei manchen Individuen oft zu fast 100%, bei anderen aber so gut wie gar nicht[7]). Die wilden Rüben Frankreichs untersuchte neuerdings VILMORIN; er fand die der Mittelmeerküste zumeist zwei-, nicht ganz selten aber doch auch einjährig, die der atlantischen Küste hingegen ausschließlich zwei-, drei- bis vier-, und mehrjährig[8]). Diese Unterschiede schreibt er lediglich jenen der Wärmeverhältnisse zu und schließt sich der Meinung an, daß in fraglicher Hinsicht klimatische wie auch andere Störungen von maßgebendem Einflusse seien, der sich selbst bei asexual gewonnenen Nachkommen der nämlichen Stammpflanze in auffälliger Weise geltend macht[9]); demgemäß können unter besonders günstigen Umständen, z. B. in sehr mildem Klima, auch kultivierte Rüben bis 3 Jahre hintereinander Samen hervorbringen[10]). — Aus allem Angeführten ergibt sich, daß allgemeine Regeln nicht aufzustellen sind und daß

[1]) S. Anm. 3 auf S. 152. — Circ. hebdom. 1924, Nr. 1857.

[2]) Ö. Bd. 24, S. 269. 1895; Bd. 25, S. 738. 1896; Bd. 39, S. 637. 1910.

[3]) Ö. Bd. 25, S. 717. 1896.

[4]) Vgl. die ersten Mitteilungen über mehrjährige Kulturrüben von STROHMER, STIFT und BRIEM: Ö. Bd. 29, S. 502. 1890; Bd. 32, S. 236. 1893.

[5]) Ö. Bd. 40, S. 953. 1911; Bd. 42, S. 1014. 1913.

[6]) Ö. Bd. 42, S. 1014. 1913 bei VILMORIN: a. a. O S. 83ff.

[7]) MUNERATI, s. Anm. 3 auf S. 152. [8]) VILMORIN: a. a. O. S. 14ff., 85.

[9]) Ebd. S. 87, 101.

[10]) GAILLOT: Bull. Ass. Chim. Bd. 38, S. 364. 1920; bei VILMORIN: a. a. O. S. 89.

man allenfalls nur mit KRÜGER[1]) voraussetzen darf, die Rübe neige im Süden eher auch zur Einjährigkeit als im Norden, wo sie größere Langlebigkeit entfalte. Gemäß den Annahmen von TIMBAL-LAGRAVE, VOLKENS und anderen früheren Forschern[2]) sowie den Befunden von PROSKOWETZ und MUNERATI, dürfte sowohl die wilde wie die kultivierte Rübe zumeist, wenn nicht immer, ein- und zweijährige Individuen (wenn auch in sehr wechselnder Prozentzahl) enthalten, die in solchen Fällen, wie schon DE VRIES lehrte, durch Auslese nicht völlig trennbar sind und ihre Eigenschaften zwar weitgehend, aber nicht unbedingt vererben; hiernach hat man also das Aufschießen der Kulturrübe, das im ganzen eine Seltenheit bildet, in manchen Jahren aber massenhaft erfolgt, keinesfalls als einen Rückschlag in die Wildform aufzufassen[3]), und gegen eine solche Deutung spräche auch das Verhalten der wilden indischen Rübe, bei deren Umzüchtung unter Umständen gerade umgekehrt plötzlich die Zweijährigkeit in Erscheinung tritt[4]). — Dahingestellt bleibe, ob schon in älterer Zeit Beobachtungen über Mehrjährigkeit von Kulturrüben gemacht wurden; man könnte hieran denken, wenn man in DENNSTEDTS „Anweisung, wie der Landwirt ... Rüben erbauen kann", die 1836 in Sangerhausen erschien, den ganz ernstlich gemeinten Vorschlag liest, eine perennierende Rübe zu züchten, um ihr, wie dem Ahorn, den Saft zeitweise abzuzapfen, — was nach des Verfassers eigener Erfahrung sehr wohl möglich sein soll!

162. Auch hinsichtlich ihres sonstigen Äußeren zeigt die wilde Rübe sehr weitgehende Verschiedenheiten. In vielen Fällen besitzt sie eine dünne, saftarme, holzige Wurzel, die oft nicht stärker als der Stengel ist, oft sogar nur peitschenförmig, dabei beinig und voll haarförmiger Wurzelfasern[5]); in anderen ist bald eine dünne und kurze, bald eine 2—3 cm dicke und bis 1 m tief reichende, haarige oder glatte, zwei-, drei- oder mehrgabelige Pfahlwurzel vorhanden[6]), in noch anderen eine Wurzel von zuweilen fast normaler, zuweilen sogar schöner und regelmäßig gestalteter Kulturform[7]), oder, bei mehrjährigen Rüben, im ersten Jahre eine kurze, fleischige Wurzel nebst kleiner Blattrosette[8]). Exemplare der letzteren Art, so meint VILMORIN, hätten den

[1]) A. a. O.

[2]) Bei PROSKOWETZ: Ö. Bd. 24, S. 227. 1895. — VILMORIN: a. a. O. S. 3ff.

[3]) PROSKOWETZ: Ö. Bd. 24, S. 269. 1895; Bd. 33, S. 512. 1904. — MUNERATI: Journ. fabr. de sucre 1917, Nr. 22; Chemiker-Zeit. Bd. 41, Ref. 341. 1917. — VILMORIN: a. a. O. S. 86, 87.

[4]) PROSKOWETZ: Ö. Bd. 31, S. 317. 1902.

[5]) POSPICHAL: Flora des österreichischen Küstenlandes, S. 360ff. Wien 1897. — PROSKOWETZ: Ö. Bd. 24, S. 274. 1895; Bd. 17, S. 526. 1898; Bd. 21, S. 512. 1902; Bd. 39, S. 633ff. 1910. Vgl. die sehr schönen und lehrreichen Abbildungen.

[6]) DUPONT und RIFFARD: a. a. O. — MUNERATI: Ö. Bd. 40, S. 953. 1911.

[7]) MUNERATI, s. Anm. 3 auf S. 152. — VILMORIN: a. a. O. S. 28.

[8]) VILMORIN: a. a. O. S. 86.

Anwohnern zuerst Anlaß zur Auswahl und Züchtung gegeben, zumal sie bemerken mußten, daß die in guten, lockeren oder gar gedüngten Boden umgepflanzten Wurzeln alsbald größer und voller, zarter und saftreicher wurden[1]), — ganz wie umgekehrt die sibirische Rübe, die in ihrer Heimat eine der Brassica rapa gleichende Wurzel besitzt, diese beim Umpflanzen in andersartigen Boden sofort gänzlich rückbildet[2]). Indessen steht es keineswegs fest, daß die anfängliche Kultur der Rübe ihrer Wurzeln wegen geschah, es ist vielmehr weit wahrscheinlicher, daß sie der Blätter und Stengel halber erfolgte; ihre Wirkung auf Herabminderung der Trockensubstanz steht aber nach PROSKOWETZ auf alle Fälle fest[3]), und MUNERATI[4]) sowie KRÜGER[5]) glauben sogar, daß ihre Einseitigkeit zunächst auch einen erheblichen Rückgang des Zuckergehaltes mit sich brachte, den daher erst spätere Züchtungen wieder auf die ursprüngliche Höhe zu heben hatten. Die nämlichen durchgreifenden Unterschiede, wie betreffs der Größe, Gestalt und Beschaffenheit der Wurzeln, machen sich auch hinsichtlich jener der Stengel und Blätter geltend. Bald zeigt sich nur ein einziger Stengel, bald sind es deren mehrere oder viele, und zwar dick oder dünn, aufrechtstehend, liegend oder selbst kriechend; an der östlichen Adria z. B. bilden auf diese Weise die wilden Rüben nach PROSKOWETZ[6]) und nach FREYN[7]) Kolonien ausgebreiteter, vielstengliger, die Flächen rasenartig bekleidender Klippenpflanzen, die zum Teil den Boden fast glatt bedecken, zum Teil aber sich als wohlentwickelte Halbsträucher erheben; von der anscheinend verkümmerten Zwergform, Beta nana[8]), führen Übergänge jeglicher Art zu den riesigen, dickstengligen, baumartigen Gebilden, die nach RIMPAU perennierend, aber ohne Samen zu bilden, in Kalifornien wachsen[9]), und ebenso, wie weiter oben erwähnt, in St. Helena. Sehr mannigfaltig sind bei den wilden Rüben auch die Verzweigungen der Stengel, die Ausdehnung und Fülle der Belaubung, die Stellung, Form, Färbung und Behaarung (ja Befilzung) der Blätter nebst Stielen und Adern, sowie die Bildung und Entfaltung der Blüten[10]); aber auch die nämliche Rübe kann zu verschiedenen Zeiten der Vegetation auch völlig verschiedene Blätter

---

[1]) BUNGE: a. a. O.

[2]) HLUBEK: Landwirtschaftslehre. Wien 1853. — KNAUER-HOLDEFLEISS: Rübenbau, S. 14. Berlin 1923.

[3]) Ö. Bd. 30, S. 402. 1900. [4]) Circ. hebdom. 1923, Nr. 1799.

[5]) Blätter f. Zuckerrübenbau Bd. 29, S. 58. 1922.

[6]) Ö. Bd. 24, S. 274. 1895; Bd. 39, S. 635. 1910.

[7]) A. a. O. [8]) PROSKOWETZ: Ö. Bd. 39, S. 637. 1910.

[9]) Bei PROSKOWETZ: Ö. Bd. 24, S. 227. 1895; Bd. 39, S. 637. 1910.

[10]) PROSKOWETZ: a. a. O. — DE VRIES: Arten u. Var., S. 43ff., 684. — MUNERATI: Ö. Bd. 40, S. 953. 1911. — DUPONT und RIFFARD: a. a. O. — POSPICHAL: a. a. O.

hervorbringen[1]). Wie weit sich in allen erwähnten Beziehungen die Einwirkungen besonderer äußerer und klimatischer Bedingungen erstrecken, zeigt eine Beobachtung von Martins, der gemäß in Lappland die Blätter der Runkelrübe eine Länge bis zu etwa 58 cm erreichen[2]).

163. Die ganz außerordentliche (jedoch nicht zur Vererbung führende) Variabilität der kultivierten Rübe unter den Einflüssen der Umwelt ist ein Erbteil von der wilden her, deren ungewöhnliche Veränderungs- und Anpassungsfähigkeit, „Plastizität" und „Mutabilität", sämtliche Forscher übereinstimmend betonen, so Schindler[3]), Proskowetz[4]), Bunge[5]), Munerati[6]) und Vilmorin[7]). Sie tritt nach Proskowetz schon am nämlichen Orte hervor, sobald die äußeren Umstände von den gewöhnlichen abweichen, und erstreckt sich auch auf das chemische Verhalten, u. a. auf eine vermehrte Zuckerablagerung in den Wurzeln, ja sogar nur in deren Adventivbildungen (z. B. 12% in diesen, gegen 6% in den Wurzeln selbst)[8]). Auf bloß einmalige Beobachtung hin läßt sich daher der Charakter wilder Rüben überhaupt nicht beurteilen und ihr, bei völliger äußerlicher Übereinstimmung, gänzlich verschiedenes Verhalten gelegentlich der Umzüchtung in die Kulturformen (sog. Domestikation) kann daher nicht wundernehmen[9]). Aber auch bewährte, anscheinend wohlgefestigte Kulturrüben variieren beim Wechsel der äußeren Bedingungen oft plötzlich in überraschender Weise, und dies gilt nicht nur für Pflanzen vom nämlichen einheitlichen Acker, sondern sogar für Abkömmlinge einzelner Rüben, die durch strenge Isolierung mittels Zelten aus Gaze u. dgl. auf Selbstbefruchtung beschränkt wurden; diese letztere ist nämlich, entgegen früheren Annahmen, zwischen verschiedenen Blüten eines und desselben Individuums sehr wohl und in sehr ausgedehntem Maße möglich (bis zu 75%)[10]).

164. Während der weltberühmte Index des kgl. botanischen Gartens in Kew, unter Berücksichtigung älterer Quellen, mindestens 15 Arten der Rübe aufzählt (7 vom Meeresstrand, 4 kontinentale europäische, 4 kontinentale außereuropäische), — ohne daß ihre Fortdauer bis zum

---

[1]) Vilmorin: a. a. O. S. 25.

[2]) Grisebach: Vegetation der Erde, S. 114. Leipzig 1884. [3]) A. a. O.

[4]) Ö. Bd. 21, S. 239, 887. 1892; Bd. 24, S. 227. 1895; Bd. 25, S. 738. 1896; Bd. 33, S. 512. 1904; Bd. 39, S. 633, 635. 1910.

[5]) Bei Proskowetz: Ö. Bd. 24, S. 274. 1895.

[6]) Ö. Bd. 42, S. 1014. 1913. — Dtsch. Zuckerind. 1921, S. 107.

[7]) A. a. O. S. 121ff. [8]) Ö. Bd. 31, S. 315, 362. 1902.

[9]) Proskowetz: Ö. Bd. 25, S. 735. 1896.

[10]) Vilmorin: a. a. O. S. 115, 121ff. — Munerati: ebd. — Nilsson (1922) bei Wittmack: Botanik der kulturtechnisch und landwirtschaftlich wichtigen Pflanzen, S. 65. Berlin 1924.

heutigen Tage feststände[1]) —, und während KOCH von mehreren, VOLKENS von 5—6, und BUNGE von 15 Arten spricht[2]), kam SCHINDLER bereits 1890/91 zum Schlusse, daß es nur eine einzige wilde Rübe gäbe, die Beta maritima, von der Beta vulgaris und Beta cicla bloße Formen seien[3]). Er stützte sich dabei auf die spätere Lehre LINNÉS, auf die Ansichten von GAUTIER, MOQUIN-TANDON, TIMBAL-LAGRAVE, RIMPAU und DECANDOLLE, sowie auf die Domestikationsversuche mit den Samen ein- und zweijähriger Wildrüben aus Coimbra, Montpellier, der Insel Leukate und Bukarest, die teils von den Genannten angestellt worden waren[4]), teils von ihm selbst[5]). Zur nämlichen Folgerung gelangte PROSKOWETZ an Hand seiner umfangreichen, seit 1889 mit größter Genauigkeit und unermüdlicher Beharrlichkeit fortgeführten Züchtungs- und Umzüchtungsarbeiten[6]). Auch nach ihm enthält Beta maritima alle übrigen und sämtliche Kulturformen schon latent in sich[7]); diese sind und waren nichts anderes als Standortsvarietäten, gebildet durch Anpassung an verschiedene klimatische Verhältnisse und äußere Lebensbedingungen; sie weisen keinerlei wahrhaft unterscheidende „konstituierende" Merkmale auf, es kann also nur eine „gute Art" im Sinne der älteren Lehre in Frage kommen[8]). Hieraus folgt indessen keineswegs, daß alle heutigen Kulturformen unmittelbare Abkömmlinge einer bestimmten dieser Standortsvarietäten seien, vielmehr kann jede der letzteren als Stammpflanze unserer gezüchteten Rüben in Betracht kommen, und demgemäß lassen sich alle geprüften Formen der Wildrübe leicht und rasch, oft schon nach ganz wenigen Generationen, in gute einheitliche Kulturrüben überführen[9]).

165. Diese Anschauungen SCHINDLERS und PROSKOWETZ' werden jedoch nicht von allen Forschern durchaus geteilt. Ihre Domestikationsversuche hält VILMORIN zum Teil nicht für unbedingt beweisend, da sie nicht unter völliger Isolierung der einzelnen Individuen ausgeführt wurden, so daß die Möglichkeit einer Fremdbefruchtung besteht, die noch bei 2000 m Entfernung anderer Rüben stattfinden, große Irrtümer bedingen, sowie Mutation vortäuschen kann[10]). Be-

[1]) VILMORIN: a. a. O. S. 3ff. [2]) Ö. Bd. 24, S. 227. 1895. [3]) A. a. O.

[4]) Bei PROSKOWETZ: Ö. Bd. 39, S. 632. 1910.

[5]) Ö. Bd. 21, S. 239. 1892; Bd. 39, S. 632. 1910.

[6]) Ö. Bd. 18, S. 351. 1889; Bd. 21, S. 239, 887. 1892; Bd. 23, S. 201. 1894; Bd. 24, S. 227. 1895; mit vielen, höchst lehrreichen Abbildungen.

[7]) A. a. O.

[8]) Ö. Bd. 24, S. 227, 257ff. 1895; Bd. 25, S. 764. 1896; Bd. 27, S. 524. 1898; Bd. 39, S. 636. 1910.

[9]) SCHINDLER: a. a. O. — PROSKOWETZ: Ö. Bd. 27, S. 493, 502, 508. 1898; Bd. 30, S. 393. 1901; Bd. 21, S. 303. 1902; Bd. 32, S. 354. 1903; Bd. 39, S. 635, 639. 1910.

[10]) A. a. O. S. 21, 114, 123; 11, 18, 115.

treffs der Wildrüben der westlichen Adria glauben MUNERATI und BÉGUINOT (in Padua) an das Vorhandensein mehrerer Arten, denn ihre Samen ergaben ihnen stets mindestens 3 Haupttypen, die nach Wachstumsart, Blätterform und Blütenbildung ganz verschieden waren; sie erwiesen sich als sehr empfänglich für gute Düngung, besonders mit Phosphorsäure, und lieferten hierbei rasch ausdauernde Formen, die zum Teil kaum mehr holzig, reich an Zucker (bis 15%), und auch sonst der Zucker- (nicht der Futter-) Rübe ähnlich waren, dabei aber ebenfalls sehr weitgehende Verschiedenheiten zeigten, u. a. nach Wuchs, Gestalt und Verteilung der Blätter, Eintritt der sog. Vorblüte (schon im Mai) usf.[1]). Nach WIESNER leiten sich von der Beta vulgaris die Varietäten Beta cicla Linné und Beta rapa Dumortier ab (Runkelrübe), und von letzterer wieder Beta rubra (rote Rübe) und Beta altissima (Zuckerrübe)[2]), nach WITTMACK von der Beta maritima die Varietäten Beta crassa (Futterrübe), cruenta (rote Rübe), rapa oder saccharifera (Zuckerrübe) und cicla (Mangold)[3]). KRÜGER hält derlei scharfe Abgrenzungen für unerwiesen und Gegensätze gleich denen zwischen Beta vulgaris als Futterrübe oder Futterrunkel und Beta altissima als Zuckerrübe oder Zuckerrunkel für unberechtigt, wie schon aus der Überlegung erhellt, daß noch vor etwa 100 Jahren die heutige Zuckerrübe nichts anderes war als die „weiße schlesische Runkelrübe"; der Behauptung, alle wilden Rüben seien nur Standortsvarietäten der Beta maritima, vermag er sich jedoch ebenfalls nicht anzuschließen, glaubt vielmehr, daß es doch eine Anzahl, wenn auch nur wenige wilde Arten gebe[4]). VILMORIN endlich ist der Ansicht, daß zwischen Beta maritima, vulgaris, und cicla einige histologische Unterschiede, wie sie MONTEIL gefunden haben will, vielleicht wirklich bestehen, daß es sich aber doch nur um eine einzige LINNÉsche Art handle, wenn auch um eine sehr formenreiche[5]).

166. Unter den kultivierten Rüben sind nach den Versuchen von KAJANUS in Landskrona[6]) sowie nach jenen von VILMORIN[7]) zu unterscheiden: 1. die ihrer Blätter und Stiele wegen gezüchtete Bette oder Poirée; 2. die Speiserübe oder Potagère (nicht zu verwechseln mit der weißen Eßrübe, einer Brassica); 3. die Futterrübe; 4. die Zuckerrübe.

[1]) Ö. Bd. 40, S. 953. 1911; Bd. 42, S. 1014 1913; mit Abbildung. — Blatter f. Zuckerrübenbau Bd. 20, S. 241. 1913. — Chemiker-Zeit. Bd. 37, Ref. 638. 1913. — Zu einigen Punkten vgl. auch DUPONT und RIFFARD: Bull. Ass. Chim. Bd. 25, S. 1310. 1907.

[2]) Rohstoffe des Pflanzenreiches. Leipzig 1902. — Blätter f. Zuckerrübenbau Bd. 9, S. 219. 1902.

[3]) A. a. O. S. 65. [4]) KRÜGER: a. a. O. [5]) A. a. O. S. 7, 10, 85.

[6]) Zeitschr. f. Abstammungslehre Bd. 6, S. 137. 1911. — VILMORIN: a. a. O. S. 79ff.

[7]) A. a. O. S. 17.

1. Eine der Bette oder Poirée ähnliche wilde Rübe ist nach den eingehenden, auf Frankreich bezüglichen Angaben VILMORINS nicht bekannt, doch mag sie von einer Varietät der Beta cicla abstammen[1]), oder (laut VILMORIN-ANDRIEUX' „Plantes potagères" von 1904) eine „betterave" sein, „die man nur auf Blätter, nicht auf Wurzeln kultiviert hat"[2]). Ihre Blätter werden, wie VILMORIN berichtet, in verschiedenen Gegenden Frankreichs noch jetzt so wie Spinat gegessen, und nächst Lyon haben sich auch noch 2 Hauptarten der alten (aus dem 18. Jahrhundert stammenden) poirée oder „poirée blanche à cardes" (mit grünen und blonden Blättern) erhalten, deren sehr dicke und breite Blattstiele (cardes) dort in Mengen als Gemüse dienen[3]); die gegebene Abbildung[4]) macht den Namen poirée begreiflich, denn die Stengel gleichen tatsächlich völlig jenen des Lauches (porrum). Verschiedene Varietäten zeichnen sich durch hübsch geformte bunte Blätter aus und liefern „Zierrüben" für die Gärten[5]).

2. Von den Speiserüben gibt es vielerlei nach Gestalt, Färbung usf. unterschiedene Sorten, u. a. gelbe und rote, letztere bald mit ebenfalls roten, bald mit grünen Blättern; manche, wie die von Castelnaudary, waren in Frankreich schon im 16. Jahrhundert wohlbekannt[6]), die von OLIVIER DE SERRES um 1600 gerühmte kam dagegen erst kurz vor dieser Zeit dahin, vielleicht aus Toskana[7]). In Japan werden auch die Blätter der Speiserüben noch jetzt wie Spinat zubereitet und verzehrt[8]).

3. Die Futterrübe war in Frankreich noch um 1775 so gut wie unbekannt; der Pflanzenzüchter ANDRIEUX erwähnt in seinem „Catalogue pour 1771" nur die betterave de Castelnaudary und betterave rouge (Beta vulgaris), die poirée (Beta cicla viridis), und die poirée blonde à cardes (Beta cicla alba), und erst PH.-V. DE VILMORIN spricht im „Catalogue pour 1778" von einer in Deutschland als Winterfutter für die Kühe angebauten Art der Rübe „le Dickwurzel", die mit der als „disette" (oder bei COMMERELL 1786 als „betterave champêtre") bezeichneten Futterrübe identisch gewesen sein dürfte[9]). Vermutlich war diese schon selbst eine Hybride und gab daher Veranlassung zur Entstehung zahlreicher, oft sehr unbeständiger und deshalb seither zum Teil schon wieder verschwundener Formen[10]), deren Rinde und Fleisch weiß, gelblich, hellgelb, stark zitronen- oder orangengelb und leicht rosa bis tiefrot gefärbt sein kann[11]).

4. Die Zuckerrübe soll nach VILMORIN sein Ahne PH.-V. DE VILMORIN 1775 als „schlesische Rübe" nach Frankreich gebracht haben[12]), was aber in dieser Fassung nicht stimmen kann, da es 1775 noch gar

[1]) A. a. O. S. 17, 23, 24. [2]) Ebd. S. 24. [3]) Ebd. S. 65ff.
[4]) Ebd. S. 66. [5]) Ebd. S. 67. [6]) Ebd. S. 56ff., 60.
[7]) Ebd. S. 22, 68. [8]) Ebd. S. 56ff. [9]) Ebd. S. 32, 33.
[10]) Ebd. S. 46, 51. [11]) Ebd. S. 48, 49. [12]) Ebd. S. 34.

keine „schlesische Rübe“ gab, sondern nur eine weiße Runkelrübe, aus der sich über ein Vierteljahrhundert später auch die genannte entwickelte. Völliges Übergewicht erhielt diese weiße Rübe in Frankreich, wie schon weiter oben ausgeführt, erst beim Wiederaufblühen der Industrie im 19. Jahrhundert, doch werden gelbe Zuckerrüben noch 1879 erwähnt und schwarze mit tiefdunkler runzliger Haut (bei weißem Fleisch) noch 1884[1]).

167. Was die verwandtschaftlichen Verhältnisse anbelangt, in denen die besprochenen 4 Arten untereinander stehen, so sind die Kreuzungen der beiden ersten mit den übrigen noch kaum untersucht[2]), die Beziehungen der restlichen aber zweifelhafter Natur. Nach MUNERATI sind sie zwar sämtlich gegenseitig fruchtbar, doch steht die Futterrübe deutlich abseits von der Zucker- und der Wildrübe, und diese variiert *nur* in Richtung der Zucker-, *nie* der Futterrübe[3]). Weder Zucker- noch Wildrübe zeigen z. B. je Neigung, aus der Erde herauszuwachsen, während die Futterrübe diese in hohem Grade besitzt, sie aber insoweit rasch verliert, als sie durch irgendwelche Einflüsse zuckerreicher wird; durch den hohen Zuckergehalt auch unregelmäßig gestalteter Wurzeln, sowie der aus Kreuzung von Zucker- und Wildrübe hervorgegangenen Individuen, nähert sich die Zuckerrübe deutlich der letzteren, entfernt sich aber von der Futterrübe; wilde Rübe und Zuckerrübe sind in der Regel frei oder nahezu frei von Invertzucker, während die Futterrübe zwar zuweilen auch nur geringe Mengen oder bloße Spuren enthält, zumeist aber sehr erhebliche, von 1,5—3 ansteigende Prozentsätze[4]); manche aufschießende Zuckerrüben ähneln unverkennbar Wildrüben[5]), was bei Futterrüben noch niemals beobachtet wurde usf. Die Unterschiede sind also jedenfalls unverkennbar, doch wenn VILMORIN[6]) und COLIN[7]) ihren Grund in der anatomischen Struktur und physiologischen Funktion des Zellgewebes suchen, so ist dies, solange der heutige Stand unserer einschlägigen Kenntnisse maßgebend bleibt, mehr eine Umschreibung als eine Erklärung der Tatsachen. Die Frage, ob die Zucker- und Futterrübe eine gemeinsame Stammform haben, läßt sich derzeit jedenfalls nicht mit ausreichender Bestimmtheit beantworten. VILMORIN vermißt insbesondere noch die Aufklärung der Quelle, der die so häufigen, mannigfaltigen und lebhaften Farben der Futterrübe zuzuschreiben sind[8]); weshalb, so fragt er, fehlen diese fast durchaus bei

[1]) Ebd. S. 43, 60.

[2]) Ebd. S. 2, 18; in dieser Hinsicht wären die von TSCHERMAK begonnenen Versuche zu erweitern und fortzusetzen, s. Ö. Bd. 39, S. 640. 1910.

[3]) Journ. fabr. de sucre 1917, Nr. 22. — Chem.-Ztg. Bd. 41, Ref. 341. 1917.

[4]) MUNERATI: Circ. hebdom. 1923, Nr. 1799. — VILMORIN: S. 110ff.

[5]) SAILLARD: Chem.-Ztg. Bd. 46, Ref. 361. 1922. [6]) A. a. O. S. 110ff.

[7]) Cpt. rend. Bd. 178, S. 2120. — Bull. Ass. Chim. Bd. 42, S. 13. 1924.

[8]) A. a. O. S. 22.

der Zuckerrübe, obwohl doch noch zu ACHARDS Zeit Zucker- und Futterrübe nahezu das nämliche waren oder erst am Beginne ihrer Differenzierung standen? Allenfalls könnte man vermuten, ACHARDS Rübe sei eine sog. „komplexe Hybride“ gewesen, die im Verlaufe der andauernden Züchtung in gewisse ihrer ursprünglichen Komponenten getrennt wurde, während zugleich andere von diesen entweder völlig verschwanden, oder doch so weitgehend, daß keine Aussicht mehr besteht, sie etwa beim Aufhören der Züchtung wiedererscheinen zu sehen[1]). Auch MUNERATI spricht von der ACHARDschen Rübe als einer „überkomplexen Hybride“[2]); die heutige Zuckerrübe ist aus ihr durch Züchtung entstanden, wäre aber wahrscheinlich auch unmittelbar aus der wilden Rübe zu gewinnen gewesen. Nicht ausgeschlossen erscheint jedoch außerdem die Möglichkeit, daß von den mehreren Arten wilder Rüben (die MUNERATI annimmt) z. B. zwei, α und β, sich gekreuzt und dabei die Zuckerrübe ergeben hätten, während die Futterrübe nur aus β allein hervorging; ein derartiges Verhalten soll es erklärlich machen, daß auch noch gegenwärtig immer wieder Individuen vom Typus der Wildrübe und der Futterrübe auftauchen, so daß schon aus diesem Grunde andauernde Züchtung nötig bleibt.

168. Angesichts eines solchen Auseinandergehens der Meinungen kann also von eindeutiger Lösung der Abstammungsfrage heute noch nicht die Rede sein. Schon DARWIN, dessen Einsicht, Umsicht und Vorsicht zu stets erneuter Bewunderung Anlaß geben, glaubt sich in seinem Buche „Das Variieren der Tiere und Pflanzen“[3]) auf die Vermutung beschränken zu sollen, die Arten der jetzt kultivierten Rübe, oder doch einige dieser Arten, seien der Kreuzung verschiedener Rassen entsprungen. Er erinnert dabei an die kultivierten Formen der Brassica, die vielleicht von einer Art abstammen, vielleicht aber auch von mehreren: Brassica napus z. B. könnte die schwedische Kohlrübe und den Winterraps ergeben haben, Brassica rapa aber die gemeine weiße [Eß-]Rübe und den Rübsen, die gleichfalls sämtlich untereinander fruchtbar sind, trotz ihrer so großen äußerlichen Verschiedenheiten; sicherlich entwickelten auch ihre Stammpflanzen beim Anbau in gutem Boden alsbald große, spindelförmige, faserfreie und nicht beinige Wurzeln, ganz wie umgekehrt die gezüchteten Sorten in schlechtem Erdreiche die Dicke, die schöne Form, den Saftreichtum usf. binnen kürzester Zeit wieder verlieren[4]). — DE VRIES gelangt in seinem grundlegenden Werke über die „Mutationstheorie“[5]) ebenfalls zum Schlusse, daß wir über Abstammung und Entstehung unserer Rüben nichts Sicheres wissen; es bleibt unentscheidbar, ob die heute vorhandenen

[1]) A. a. O. S. 113. [2]) Circ. hebdom. 1923, Nr. 1799.
[3]) Üb. CARUS, Bd. 2, S. 111. Stuttgart 1899.
[4]) Ebd. Bd. 1, S. 362; Bd. 2, S. 38. [5]) Bd. 1, S. 73. Leipzig 1901.

Unterarten schon vor Beginn eines planmäßigen Anbaues wild wuchsen (in den nämlichen oder in verschiedenen Gegenden), so daß sie, sei es zum Teil, sei es sämtlich, aus diesen wilden Ahnen hervorgingen, oder ob sie erst während der Kultur, ja durch diese, infolge besonderer Einflüsse entstanden. Auch in den späteren „Arten und Varietäten"[1]) stellt DE VRIES nur fest, daß sowohl die wilden Typen, wie Beta maritima und Beta patula, als auch die kultivierten, wie Speise-, Zier-, Futter- und Zuckerrüben, derart weitgehend variationsfähig sind, daß eine „einfache Entstehung" zwar als durchaus zulässige Voraussetzung angesehen werden darf, keineswegs aber als eine notwendige, und noch weniger als eine bewiesene: „Alles ist noch jetzt ebenso fluktuierend, wie es zur Zeit des Anfanges der neueren methodischen Züchtung war, also etwa zu der L. DE VILMORINS nach der Mitte des 19. Jahrhunderts[2])."

[1]) S. 43ff. Berlin 1906.

[2]) Ebd. S. 487, 493, 497ff., 499. Über den weiteren Verlauf der Auslese vgl. die lehrreichen Ausführungen FRUHWIRTS in der „Züchtung der vier Hauptgetreidearten und der Zuckerrübe" Bd. 4, S. 322ff. Berlln 1907, und seinen Hinweis auf die Verdienste, die sich VENTZKE, Chemiker der SCHICKLERschen Zuckersiederei in Berlin, seit 1851 erwarb, indem er als erster die andauernde polarimetrische Untersuchung der Rüben als eine unbedingte Notwendigkeit verkündigte; s. LIPPMANN: Die Entwicklung der deutschen Zuckerindustrie von 1850 bis 1900, Festschrift, S. 260ff. Leipzig 1900.

Ergänzungen und Nachträge.

Zu S. 10: Betreffs der Bezeichnung der roten Rübe als „schwarze" vergleiche den *οἶνος μέλας* und vino nero (wörtlich: schwarzen Wein) der Griechen und Italiener. — Im Kataloge der Firma J. C. SCHMIDT in Erfurt für 1925 findet sich unter den roten Rüben (Rahnen, Beeten) auch eine Sorte angegeben „mit fast schwarzem Fleisch"[1]).

Zu S. 24: Der berühmte Arzt RUFUS VON EPHESUS (zu Anfang des 2. Jahrhunderts n. Chr.) bezeichnet *σεῦτλον* (Seutlon), *τεῦτλον* (Teutlon), oder Beta als leichtverdauliches Gemüse von abführender und die Blase reinigender Wirkung[2]). Der Beta ähnlich ist die Melde (*βλίτον* = Bliton; Bleta, Atriplex), deren man sich als Speise und als Heilmittel bedient[3]); verschieden sind hingegen die scharfe, nur durch wiederholtes Kochen zu erweichende *γογγυλίς* (Gongylís), deren Samen man u. a. gegen Samenfluß verwendet[4]), die blähende Steckrübe [rapum[5])], sowie die harntreibende Möhre[6]).

Zu S. 33: THOMPSONS „Assyrian Herbal"[7]) enthält, nach freundlicher Auskunft Herrn Geh.-Rats Prof. Dr. K. SUDHOFF vom 16. Jan. 1925, unter etwa 7000 Erwähnungen von Pflanzenteilen, Drogen usf., von frühassyrischen Zeiten an (vor und um 1000 v. Chr.), nichts über Beta oder Brassica napus, sondern kennt nur Brassica vulgaris (Eßrübe) und Daucus (Möhre), die u. a. auch äußerlich gebraucht wird, z. B. bei Geschwüren und Verbrennungen[8]). — Hiernach kann es nicht überraschen, daß BONAVIAS (älteres!) Werk, das Herr Dr. J. Löw inzwischen verglich, laut gefälliger Nachricht vom 15. Februar 1925 ebenfalls nicht von Beta spricht. Aus dem assyrischen laptu ist nach Löw das mischnisch-hebräische lefet hervorgegangen, und aus diesem wieder das arabische lift. — Noch der byzantinische Lexikograph HESYCHIOS (um 500 n. Chr.?) verzeichnet die Glosse *λάψα* (Lapsa) = Gongylis: „Lexikon", ed. SCHMIDT (Jena 1867), S. 967.

---

1) A. a. O. S. 21.
2) Ed. DAREMBERG-RUELLE, S. 43, 71, 81, 263. Paris 1879.
3) Ebd. S. 17, 81, 487, 488, 506, 529, 540; 532. 4) Ebd. S. 81, 322, 428.
5) Ebd. S. 509. 6) Ebd. S. 8, 29, 530. 7) London 1924.
8) Vgl. SUDHOFFS Besprechung dieses Werkes: M. G. M. Bd. 23, S. 260.

Zu S. 33: Die Angabe eines Rezensenten, die von Ungnad gesammelten [zum Teil bis mindestens 2000 v. Chr. zurückreichenden] religiösen babylonischen Texte erwähnten u. a. auch Rüben, ist unrichtig. Die in Ungnads Werke „Die Religion der Babylonier und Assyrer“[1]) wiedergegebenen Auszüge sprechen vielmehr, außer von Gerste, Weizen, Bier und süßem Weizenbier[2]), nur noch von Hirse[3]), Bohnen[4]), Erbsen[5]), Senf[6]), Zwiebeln[7]), Gurken[8]) und Johannisbrot[9]).

Zu S. 34: Anmerkung 5: Teutrion, als eine Bezeichnung für die rotfärbende Wurzel des Krapps, führen Handschriften des Dioskurides an[10]).

Zu S. 35ff.: Josephus (um 80 n. Chr.) vergleicht die Wurzel einer Pflanze mit einer Steckrübe, nicht mit einer Beta[11]). — Die syrische Dioskurides-Übersetzung berichtet, daß die Blätter eines Gewächses jenen der Beta (Seutlon) ähnlich sind[12]). — Daß rote Rüben zur Zeit des Königs Salomon erwähnt würden, ist erst eine sehr späte und dabei durchaus unsichere Tradition der jüdischen Agada[13]). — Aus der Zeit gegen 1000 n. Chr. wird ein hebräisches (?) Wort überliefert, das die „wieder ausschlagende Wurzel der Beta“ bezeichnet[14]). — Die Möhre scheint aus Persien (?) schon frühzeitig nach Syrien und Palästina gelangt zu sein; sie galt dort später als Kreuzung der Weinrebe mit der weißen Eßrübe, nicht mit der Beta[15]).

Zu S. 48 und 49: Braungart vertritt in seinem Werke „Die Urheimat der Landwirtschaft aller indogermanischen Völker“[16]) die Ansicht, Mangold oder Runkel sei als eine Pflanze, die an den Küsten Westeuropas wild wächst, bereits von den steinzeitlichen Menschen verzehrt worden, ihre Reste hätten sich aber naturgemäß nicht erhalten können[17]). Die „Rübe“ sollen, mit Ausnahme der Kelten, alle europäischen Indogermanen gekannt haben, nicht aber die asiatischen[18]); auch noch im neueren Persien werden die roten und gelben Rüben, die man in Asche zu rösten pflegt, nur in der Nähe größerer Städte angebaut[19]).

Zu S. 84: Nach längeren, sehr dankenswerten Bemühungen der „Sociedad General Azucarera de España“ zu Madrid gelang es dieser, den Urtext des Gil Vicente in der Kgl. Bibliothek aufzufinden und zu vergleichen. Die betreffende Stelle lautet: „Don te demo essa cabeça, / Não tem siso por hum nabo“; nach gefälliger Mitteilung Herrn Geh.-Rats Prof. Dr. K. Voretzsch in Halle a. S. vom 18. Januar 1925

[1]) Jena 1921. [2]) Ebd. S. 299, 309, 311; 177.
[3]) Ebd. S. 243, 271, 308, 309. [4]) Ebd. S. 233. [5]) Ebd. S. 243.
[6]) Ebd. S. 232, 307. [7]) Ebd. S. 269. [8]) Ebd. S. 277.
[9]) Ebd. S. 235. [10]) Löw: Flora Bd. 3, S. 275. [11]) Ebd. S. 360.
[12]) Ebd. S. 68. [13]) Ebd. S. 197. [14]) Ebd. S. 271. [15]) Ebd. S. 447, 449.
[16]) Heidelberg 1912. [17]) Ebd. S. 372. [18]) Ebd. S. 7. [19]) Ebd. S. 284ff.

heißt dieses wörtlich: „Es gab dir ein Dämon diesen Kopf, / Nicht enthält er Gehirn für eine Rübe“ (im Wert einer Rübe). — Die Übersetzung RAPPS war also eine völlig willkürliche und der Zweifel an ihrer Treue durchaus berechtigt.

Zu S. 86ff.: Der SCHMIDTsche Katalog für 1925 schildert eine Sorte Mangold oder Beißkohl mit prächtig gewellten gelbgrünen Blättern und großen silberweißen Blattrippen (letztere werden wie Spargel oder Kompott zubereitet, erstere wie Spinat). Lehrreich ist der Vergleich ihrer Abbildung auf S. 28 mit jener des Porree auf S. 26. — Von der grünen Gartenmelde heißt es auf S. 27, sie werde ungefähr 2 m hoch.

Zu S. 90: Nach GESCHWIND-SELLIER[1]) soll sich PARÉ ausführlich über die Beta äußern[2]). Dies ist aber ein Irrtum, denn der hervorragende Arzt und bahnbrechende Chirurg AMBROISE PARÉ (1510? bis 1580) gedenkt in seinen Werken[3]) nur ganz nebenbei der poirée (porée) oder Beta, deren Saft (succus betae) kühlend wirkt und den Kopf (Nase, Gehirn) reinigt[4]); sie soll „im ersten Grade warm“ sein, während Atriplex im ersten Grade kalt, Brassica im ersten Grade warm, und Rapum im ersten Grade feucht ist[5]).

Zu S. 141: Eine Anweisung zum Rübenbau in holländischer Sprache verfaßte 1811 in den damals ganz unter französischem Einflusse stehenden Niederlanden VAN SWINDEREN zu Groningen[6]). Er spricht von der gewöhnlichen, zu Futterzwecken dienenden Rübe, deren Kopf zum großen Teile aus der Erde herauswächst (racine sur terre), von der roten Rübe, deren Saft u. a. zum Weinfärben dient, von der gelben oder gelblichen mit rötlichen Ringen, die bis 25 Pfund schwer wird, und von der weißen mit rosa Haut, die den meisten Zucker, den reinsten Saft und den besten Geschmack besitzt. Zum Anbau eignen sich nur gute Böden, deren manche aber noch Zufuhr von Kalk oder Mergel verlangen; gründliche Düngung ist nötig, frische aber schädlich, zumal Schafmist den Gehalt der Rübe an Salpeter erhöht, Pferdemist auch den an Chlorkalium, Rindermist auch den an phosphorsaurem und äpfelsaurem [= organisch-saurem] Ammoniak. Die einen versetzen die Rüben, die anderen pflanzen sie mit 15 Zoll Reihenweite gleich auf den Feldern aus; frühzeitiger Anbau hat seine Vorteile, aber auch seine Bedenken, denn eintretende Fröste stören die Entwicklung der Rüben und machen sie aufschießen; völlig verwerflich ist das Abblatten. Große Wichtigkeit kommt der Samenzucht zu,

---

[1]) A. a. O. S. 3.

[2]) MENAGIER, den die nämlichen Autoren ebd. als Schriftsteller anführen, ist offenbar das oben (S. 88) erwähnte Haushaltsbuch „Ménagier de Paris“.

[3]) Ed. MALGAIGNE. Paris 1841. [4]) A. a. O. Bd. 3, S. 126, 586, 587.

[5]) Ebd. Bd. 3, S. 524; 523ff.

[6]) Vgl. LIPPMANN: Zeitschr. f. Zuckerind. Bd. 50, S. 896. 1900.

die daher besondere Sorgfalt erfordert. Im übrigen kann man den Rübenbau nur durchaus empfehlen, namentlich steigert er durch die unentbehrliche Tiefkultur die Getreideerträge.

Zu S. 142: Die Stelle in Davys „Elementen der Agrikulturchemie" lautet[1]): „Wird der Saft aus der Wurzel der Beta (B. vulgaris und cicla) eingekocht und zur nötigen Konsistenz gebracht, so erhält man einen Zucker, der im allgemeinen mit dem aus Trauben übereinkommt, nur aber einen schwach bitteren Geschmack hat." — Thaer bemerkt hierzu: „Wir haben aber durch fernere reinigende Behandlung des Runkelrübensaftes einen ebenso reinen, sich ebenso kristallisierenden und von allem Beigeschmack freien Zucker herzustellen gelernt [wie aus Zuckerrohrsaft]."

Zu S. 147: Das angeführte Werk J. de Vilmorins enthält eine große Zahl (über 100) sehr schöner und lehrreicher Abbildungen, z. T. auch farbiger, auf die besonders hinzuweisen ist.

Zu S. 149: Der Name Flahault findet sich verschiedentlich auch Flahaut geschrieben.

---

[1]) Üb. Wolff, mit Vorrede und Anmerkungen von A. Thaer, S. 90. Berlin 1814.

Kurze chronologische Übersicht.

		Seite
Vor Christus.		
Vor und um 1000	Beta, weiß und rot, in Sizilien	34
Vor 800	Beta in Syrien	33
Um 750	Beta im kgl. Küchengarten zu Babylon	33
,, 425	Beta wohlbekannt in Griechenland (Aristophanes)	5
,, 350	Wilde Rübe erwähnt (Diokles von Karystos)	8
Im 3. Jahrhundert	Beta wohlbekannt in Ägypten	31
,, 3. ,,	Rote Rübe wohlbekannt in Griechenland (Diphylos)	9, 10
Um 200	Beta wohlbekannt in Italien (Cato)	13
Nach Christus.		
812	Beta im „Capitulare" Karls des Grossen	50
Um 850	Beta wohlbekannt in China	44
Vor 900	Beta wohlbekannt im arabischen Spanien	41
Vor 1150	Beta erwähnt in den Rheinlanden (hl. Hildegard)	52
Um 1230	Beta erwähnt in Südfrankreich (Barth. Anglicus)	50
,, 1250	Beta erwähnt in Norditalien (Petr. Crescentius)	57
,, 1400	Beta erwähnt in den Rheinlanden, im Elsaß, in Südwestdeutschland	61
,, 1500	Beta erwähnt in Bayern und Schlesien	62
,, 1500	Beta erwähnt in den Niederlanden	76
,, 1525?	Die Spanier bringen die Stammform der Zuckerrübe nach den Niederlanden?	122
,, 1575?	Wallonen bringen sie von dort aus in die Pfalz	120
,, 1600	Erste botanische Behandlung der Beta (Caesalpinus)	83
,, 1600	Anbau der Beta in England (als Gemüse)	98
,, 1700	Feldmäßiger Anbau der Beta im westlichen, im südwestlichen Deutschland u. in Franken	101
1747	Entdeckung des Zuckers in der Rübe (Marggraf)	108

		Seite
Um 1750	Feldmäßiger Anbau der Beta im mittleren Deutschland	101ff.
,, 1780	Feldmäßiger Anbau der Beta im östlichen und nordöstlichen Deutschland	104ff.
,, 1780	Ebenso in Böhmen	126
,, 1780	Ebenso in Frankreich	123
1786	ACHARD beginnt seine Anbauversuche	110
1799	ACHARDS Schrift ,,Über die Kultur der Runkelrübe"	111
1799	,,Zuckerrübe" bei MEYER und RÖSSIG	116, 119
1799	,,Rohzucker" u. ,,Rübenzucker" bei ACHARD	112, 113
1799	,,Rohzuckerfabrik" bei NÖLDECHEN	118
1802	ACHARDS erstes Betriebsjahr in Cunern	129
1809	ACHARDS Hauptwerk ,,Die europäische Zuckerfabrikation aus Runkelrüben"	132

Verzeichnis der Autorennamen,

einschließlich der Titel von Werken unbekannter Verfasser.
(854 Namen.)

Verzeichnis der geographischen und Eigennamen.

Sachverzeichnis.

GPSR Compliance

The European Union's (EU) General Product Safety Regulation (GPSR) is a set of rules that requires consumer products to be safe and our obligations to ensure this.

If you have any concerns about our products, you can contact us on ProductSafety@springernature.com

In case Publisher is established outside the EU, the EU authorized representative is:

Springer Nature Customer Service Center GmbH
Europaplatz 3
69115 Heidelberg, Germany

Batch number: 10844675

Printed by Printforce, the Netherlands